Η γοητεία της Διαλεκτικής
ενός αισθητού
υπεραισθητού κόσμου

Η γοητεία της Διαλεκτικής
ενός αισθητού υπεραισθητού κόσμου
Κωνσταντίνος Σκουλάτος

Εκδόσεις ηλιοτρόπια
Χώρα Νάξου
email επικοινωνίας: costisscoulatos@gmail.com

ISBN: 978-618-84357-1-1

ΚΩΝΣΤΑΝΤΙΝΟΣ ΣΚΟΥΛΑΤΟΣ

Η γοητεία της Διαλεκτικής

ενός αισθητού
υπεραισθητού κόσμου

ή

Η Φυσική ως Διαλεκτική

ηλιοτρόπια

στην Άντια

τις πιο θερμές μου ευχαριστίες
στον Αλέξανδρο Κεχαγιά
και στον Αντώνη Μελά

Περιεχόμενα

Ὥστ' εἴπερ διὰ τὸ φεύγειν
τὴν ἄγνοιαν ἐφιλοσόφησαν,
φανερὸν ὅτι διὰ τὸ εἰδέναι
τὸ ἐπίστασθαι ἐδίωκον
καὶ οὐ χρήσεώς τινος ἕνεκεν.

Αριστοτέλης, *Μετά τα Φυσικά*, Α2.

Η αντίφαση

Η φύση

Είναι αλήθεια ότι η επιμονή στην εξέταση μιας διάκρισης που η ανθρώπινη συνείδηση από τα πρώτα της κιόλας βήματα μαθαίνει να πραγματοποιεί, της διάκρισης δηλαδή ανάμεσα στην ίδια και σε εκείνο το άλλο που, περιλαμβάνοντας τελικά ακόμη και την δική της σωματική υπόσταση, ονομάζει στη συνέχεια φύση, θα στερούνταν κάθε σημασίας αν δεν κέρδιζε διαρκώς έδαφος η υποψία ότι είναι ακριβώς η πρώτη, η ίδια δηλαδή η συνείδηση, εκείνη που, υποχρεωμένη να χρησιμοποιεί δομές οικείες για την ίδια και που χαρακτηρίζουν άμεσα μόνο τον δικό της εαυτό ώστε να είναι τελικά σε θέση να μετατρέπει τις, αλλιώς, ασύνδετες παραστάσεις της σε συγκροτημένα φυσικά αντικείμενα,[1] αναδιπλασιάζει ουσιαστικά το δικό της περιεχόμενο, ή τουλάχιστον ένα μέρος του, θέτοντας το τελευταίο ως κάτι εξωτερικό και ξένο απέναντί

1. «Αντικείμενο είναι εκείνο που στην έννοιά του έχει συνενωθεί το πολλαπλό μιας δεδομένης εποπτείας. Αλλά κάθε συνένωση των παραστάσεων απαιτεί ενότητα της συνειδήσεως στη σύνθεσή τους. Κατά συνέπεια η ενότητα της συνειδήσεως είναι εκείνο, που συνιστά, μονάχα την αναφορά των παραστάσεων σ' ένα αντικείμενο, άρα το αντικειμενικό τους κύρος, άρα ότι αυτές [οι παραστάσεις] γίνονται γνώσεις· πάνω σ' αυτό στηρίζεται επομένως η ίδια η δυνατότητα της νοήσεως.» Καντ, *ΚΚΛ*, Β 137.

της, ως φύση· μια υποψία που η τυχόν επιβεβαίωσή της εξηγεί άλλωστε με τον πιο άμεσο τρόπο, καθώς αίρεται και τυπικά η προϋποτιθέμενη ξενότητα, γιατί η φύση, ενώ χαρακτηρίζεται ως κάτι απόλυτα ανόμοιο απέναντι στη συνείδηση, αποτελεί ταυτόχρονα ότι πιο οικείο και γνώριμο για την τελευταία.

Μια τέτοια ωστόσο συνείδηση, αντιμέτωπη με την πιο έκδηλη αντίφαση, αφού περιέχει εντός του εαυτού της εκείνο που ήδη έχει τεθεί ως το εξωτερικό της, είναι εξαναγκασμένη από τη μία να τροποποιεί διαρκώς το δικό της εσωτερικό οικειοποιούμενη κάθε τι το εξωτερικό[2] και από την άλλη να δοκιμάζει και να μεταφέρει προσεκτικά τις έννοιές της στη φύση, ταλαντευόμενη βέβαια συχνά αν η διαδικασία συμβαίνει χάριν της ίδιας ή αν επιβάλλεται από εκείνη, αλλά έχοντας πάντα κατά νου ότι δεν πρέπει να παραβιάζει επιπόλαια τις διαχωριστικές γραμμές, αφού ήδη γνωρίζει καλά, τόσο ότι "η έννοια του σκύλου δεν γαυγίζει" όσο και ότι είναι η φύση εκείνη που υψώνεται συχνά απέναντι στην ανθρώπινη κοινότητα ως ένα τελικά ανυπέρβλητο εμπόδιο μπροστά στο οποίο διαψεύδονται οι πλέον ευγενικές επιθυμίες και που μέσα στις πιο διαφορετικές περιστάσεις προσφέρει, μαζί με την οδύνη της αποτυχίας, τα αναγκαία πρακτικά παραδείγματα για την τεκμηρίωση της διαφοράς.

Αλλά, τότε, ποιος εγγυάται την επιτυχία; Αν μέσα σε τούτη την αναπόφευκτη διπλή κίνηση είναι δυνατό να διαχωριστεί εκείνο που προέρχεται αποκλειστικά από τις ανάγκες της συνείδησης από εκείνο που επιβάλλεται στη νόηση από την εμπειρική ενασχόλησή της με τη φύση, τότε από που πηγάζει η εμπιστοσύνη στην εφαρμογή του πρώτου στην τελευταία; Γιατί, δηλαδή, να συναντάμε σκοπιμότητα στις λειτουργίες μιας φύσης που στερείται συνείδησης ή έστω να κάνουμε ακόμη λόγο για φυσική αναγκαιότητα ή για καθολικούς φυσικούς νόμους, όταν αδιαφιλονίκητα επιχειρήματα έχουν προσκομιστεί ότι τόσο η αναγκαιότητα όσο και

2. «Παρόμοια, η εσωτερική αυθεντική αυτοκίνηση, η τάση εν γένει, ... δεν είναι άλλο από το γεγονός ότι, από μία και την αυτή άποψη, κάποιο πράγμα είναι εντός του ίδιου του εαυτού του και είναι η έλλειψη, *το αρνητικό του ίδιου του εαυτού του.*» Χέγκελ, *GW11*, σελίδα 287.

η καθολικότητα δεν είναι καθόλου σε θέση να νομιμοποιήσουν τον εαυτό τους επικαλούμενες απλώς την μαρτυρία της εμπειρίας;

Η αμφισβήτηση, ωστόσο, σε ό,τι αφορά την εγκυρότητα της απόδοσης τέτοιων εννοιών στη φύση προϋποθέτει συχνά μια εμπιστοσύνη στις εικόνες, στους ήχους και γενικά στα άμεσα ερεθίσματα που καταγράφονται μέσω των αισθητηρίων οργάνων. Άλλωστε, στη μεγάλη της πορεία μέσα στη γνώση, η νόηση έρχεται κάποια στιγμή αντιμέτωπη με την πιο απροσδόκητη εξέλιξη ανακαλύπτοντας ότι δεν είναι οι δικές της έννοιες που προσδίδουν στη φύση μια επίφαση ομοιότητας με αυτήν αλλά, ακριβώς αντίθετα, ότι είναι η φύση εκείνη που αυτοδιαφοροποιείται και σχηματίζει τους ζωντανούς οργανισμούς και μαζί τους την ίδια τη νόηση, ότι, δηλαδή, νόηση και φύση ταυτίζονται επειδή η πρώτη, άρα και κάθε λειτουργία της συνείδησης, είναι *μόνο* φύση, απλή λειτουργία ενός μέρους της, συνάψεις μεταξύ συγκεκριμένων νευρώνων του εγκεφάλου. Ως συνέπεια, οι μόνες πληροφορίες που διαθέτουμε για τη φύση προέρχονται αποκλειστικά από τις αισθήσεις[3] ενώ η νόηση οφείλει να αυτοπεριορίζεται αυστηρά στην επεξεργασία των ερεθισμάτων τους.[4]

Όσο, όμως, κι αν ο ερεθισμός του αμφιβληστροειδή χιτώνα είναι πράγματι μια φυσική σχέση ανάμεσα σε φυσικά πράγματα, ακόμα και η ίδια η καταγραφή ενός τέτοιου άμεσου αισθήματος

3. Στη γνωστή έκφραση *nihil est in intellectu, quod non fuerit in sensu*, «δεν υπάρχει τίποτε μέσα στη νόηση, που δεν υπήρξε μέσα στην αίσθηση», θα μπορούσαμε πλέον να συμπληρώσουμε ότι ο άνθρωπος, στην ιστορία του, δεν κατασκευάζει μόνο εργαλεία που λειτουργούν ως προεκτάσεις του χεριού του αλλά ταυτόχρονα κατασκευάζει συσκευές, που λειτουργούν ακριβώς ως "μηχανικά αισθητήρια όργανα" διευρύνοντας την ποιότητα και πολλαπλασιάζοντας την ποσότητα των πληροφοριών για τη φύση.

4. «Ότι κάθε γνώση μας αρχίζει με την εμπειρία, αυτό δεν επιδέχεται καμιά αμφιβολία· γιατί με τι άλλο θα μπορούσε να αφυπνιστεί η γνωστική μας δύναμη για να ασκήσει το έργο της, αν όχι με αντικείμενα που ερεθίζουν τις αισθήσεις μας και που πότε προκαλούν από μόνα τους τη γέννηση παραστάσεων και πότε βάζουν τη νοητική μας ενέργεια σε κίνηση να τις συγκρίνει, να τις συνδέσει ή να τις χωρίσει και έτσι να κατεργαστεί το άμορφο υλικό των κατ' αίσθηση εντυπώσεων για τον σχηματισμό μιας γνώσεως των αντικειμένων που ονομάζεται εμπειρία;» Καντ, *ΚΚΛ*, Β1.

προϋποθέτει ότι ήδη προϋπάρχει κάτι νοητικό, διαφορετικό από το προηγούμενο.[5] Θα ισχυριζόταν βέβαια κανείς ότι "αυτό εδώ" το αίσθημα του πράσινου οφείλεται φυσικά σε τούτο δω το πράσινο βιβλίο που βρίσκεται απέναντί μου και ότι η μη δυνατότητα διάκρισης μεταξύ του χρώματος αυτού του βιβλίου, του χρώματος του διπλανού του και του χρώματος μιας σειράς άλλων πραγμάτων οδηγεί στη συγκράτηση μόνο της ομοιότητας μεταξύ των ξεχωριστών αισθημάτων, ενώ αν δεν είναι δυνατό να δείξουμε σε κάποιον αυτό το πράσινο βιβλίο και θέλουμε να αναφερθούμε σε αυτήν την άμεση αίσθηση, χρειαζόμαστε απλώς μία λέξη, ένα σύμβολο για την αναφορά σε αυτό. Η διαδικασία, όμως, με την οποία φαίνεται να προκύπτει το γενικό από τα ατομικά, φαίνεται να "σβήνει" μέσα στο τελικό προϊόν, και μάλιστα το αποτέλεσμα να μετατρέπεται τελικά σε αιτία του ίδιου του τού εαυτού, καθώς είναι εξίσου σωστό ότι, ακριβώς αντίστροφα, είναι η ύπαρξη του γενικού που οδηγεί τη νόηση να διαχωρίσει και να απομονώσει μέσα στην μελλοντική απροσδιόριστη εμπειρική αίσθηση τον συγκεκριμένο ερεθισμό του αμφιβληστροειδή, χαρακτηρίζοντας έτσι το χρώμα του αντίστοιχου αντικειμένου ως "πράσινο". Το κοινό λοιπόν στοιχείο, ενώ φαίνεται να έχει δημιουργηθεί από τα επιμέρους ως αποτέλεσμα της σύγκρισής τους, εμφανίζεται στη συνέχεια ως αιτία διαχωρισμού, καταγραφής και ονομασίας των τελευταίων. Τελικά, ο κάθε όρος ορίζεται και δημιουργείται μέσω της προϋπόθεσης της ύπαρξης του άλλου. Όταν λέμε ότι το γενικό είναι το "κοινό στοιχείο *μεταξύ*..." αναμένουμε προφανώς την αναφορά σε κάποια προϋπάρχοντα άλλα. Αλλά το άλλο διακρίνεται ως ίδιο με το προηγούμενο επειδή ακριβώς προϋπάρχει το γενικό που συγκροτεί τα ατομικά ως τέτοια. Η αντίφαση είναι ξανά εμφανής. Πώς συμβιβάζονται οι δύο αντίθετες κινήσεις; Πώς το απο-

5. Όπως υποδεικνύουν και οι σύγχρονες μελέτες για τις λειτουργίες του εγκεφάλου, ο τελευταίος δεν είναι άγραφο χαρτί στο οποίο απλώς εντυπώνονται διαδοχικά τα ερεθίσματα, αλλά αντίθετα είναι αναγκαίο να δραστηριοποιείται, έτσι ώστε τα τελευταία να καταγράφονται ως τέτοια. Άλλωστε το μάτι δυσκολεύεται να δει ή το αυτί να ακούσει κάτι που ο εγκέφαλος θεωρεί εκ των προτέρων ότι δεν υπάρχει.

τέλεσμα μιας απλής διαδικασίας σύγκρισης αποτελεί ακριβώς την προϋπόθεση ώστε να υπάρξει η ίδια η σύγκριση;

Η γλώσσα

Η ανθρώπινη κοινότητα, γνωρίζοντας καλά πως η κατανόηση του τρόπου της φύσης είναι ο μοναδικός δρόμος για την δική της επιβίωση, δεν ατενίζει καθόλου την τελευταία με απάθεια αλλά, καταβάλλοντας κάθε προσπάθεια να την μετατρέψει σε ωφέλιμη για την ίδια, συζητά γι' αυτήν, μεταφέρει την εμπειρία της στις νεώτερες γενιές, μετατρέπει ήχους και εικόνες σε σύμβολα, ώστε να διασώσει και να κωδικοποιήσει τη συλλογική εμπειρία της. Τι πληροφορία, όμως, θα ήταν δυνατόν να μεταδοθεί αν όλα ήταν ανόμοια και κάθε τι συνέβαινε διαφορετικά σε άλλο τόπο ή σε άλλο χρόνο; Οι άνθρωποι συνεννοούνται μεταξύ τους συγκροτώντας γενικούς όρους διότι η καθημερινή τους πείρα τους πείθει ότι αυτό που είναι τώρα εδώ πράσινο θα είναι ξανά πράσινο εκεί και αργότερα. Είναι φανερό ότι οι πληροφορίες δεν μπορεί παρά να αφορούν εκείνα που συμβαίνουν ή που θεωρούμε ότι συμβαίνουν με τον ίδιο πάντα τρόπο υπερβαίνοντας τους χρονικούς και τοπικούς περιορισμούς, ώστε να είναι σε θέση να αποβούν πραγματικά χρήσιμες σε εκείνους που πρόκειται να τις αξιοποιήσουν. Η ανθρώπινη σκέψη κατά την μακραίωνη εξελικτική της πορεία, έστρεφε πάντα την προσοχή της σε τούτα τα πράγματα ή, ακριβέστερα, συγκροτούνταν μέσα από την απόπειρα μετάδοσής τους, ενώ ο ίδιος ο σχηματισμός της γλώσσας αποτελεί την πιο χειροπιαστή απόδειξη για την ύπαρξη κανονικοτήτων στη φύση. Από αυτή τη σκοπιά οι κατηγορίες της νόησης, παρά τον φαινομενικά υποκειμενικό χαρακτήρα τους, είναι αναπόφευκτα αντικειμενικές, καθώς αποσκοπούν στην μετάδοση πληροφοριών που οφείλουν να είναι αποδοτικές και συνεχώς επαληθεύσιμες.

Αλλά ενώ είναι η κοινωνία εκείνη η οποία συμπυκνώνει την μακρόχρονη πείρα της απέναντι στη φύση στις έννοιες της γλώσσας που η ίδια δημιουργεί, οι τελευταίες αποβάλλουν την αντικειμενική τους υπόσταση και εμφανίζονται ως ελεύθερες δημιουργίες του υποκειμενικού νου, διότι η γλώσσα δεν αποτελεί μόνο αποκλειστικό προϊόν της κοινωνίας αλλά, ακριβώς αντίθετα, αποτελεί και την απόλυτη προϋπόθεση για την συγκρότηση της τελευταίας. Ένας άνθρωπος, μόνος του, μέσα στη φύση δεν είναι καθόλου άνθρωπος παρά μόνο μια από τις πολλές μορφές άγριας ζωής. Ο άνθρωπος μετατρέπεται σε άνθρωπο μόνο μέσα στην ανθρώπινη κοινότητα επειδή από τις πρώτες κιόλας στιγμές του, εκείνη αγκαλιάζει με τη γλώσσα της το νεοφερμένο *δυνάμει* μέλος της, αποσκοπώντας στην πραγματοποίηση αυτής ακριβώς της δυνατότητάς του, της αξιοποίησης, δηλαδή, των ιδιαίτερων ικανοτήτων που, ως ο πραγματικός "υιός του ανθρώπου", διαθέτει ο ανεπτυγμένος εγκέφαλος του μικρού ανθρώπινου ζώου, ώστε να πραγματοποιηθεί η ταχύτερη μετατροπή του σε πραγματικό κοινωνικό άνθρωπο. Ως εκ τούτου η κοινωνία, βιαστική να κληρονομήσει στον μικρό άνθρωπο την εμπειρία χιλιετηρίδων ανθρώπινου πολιτισμού, σε πρώτη φάση επιτυγχάνει, με τον επιτυχημένο χειρισμό της γλώσσας από τον τελευταίο έστω και δίχως ο ίδιος να το συνειδητοποιεί, την ασταμάτητη πρακτική επανάληψη των βασικών κανόνων και νοημάτων που συστήνουν την ανθρώπινη γνώση. Έτσι, από την αρχή, η κληρονομημένη γλώσσα της κοινωνίας όχι απλώς επηρεάζει αλλά κυριολεκτικά δημιουργεί τα μέλη της τελευταίας. Ως αποτέλεσμα, το κάθε ξεχωριστό άτομο αναπτύσσει την ατομικότητά του μαθαίνοντας να μιλά και να γράφει, μαθαίνοντας ουσιαστικά να σκέφτεται μέσω της σκέψης των άλλων και να μιλάει για πράγματα που γνωρίζουν οι άλλοι και που το ίδιο ίσως δεν τα έχει παρατηρήσει να συμβαίνουν ποτέ, αποκτώντας έτσι γνώσεις και κανόνες που ουσιαστικά προκαταλαμβάνουν μέρος της μελλοντικής εμπειρίας του, λειτουργώντας πραγματικά ως a priori σε σχέση με αυτήν.

Όσο απομονωμένη, λοιπόν, και αν είναι η σπηλιά του Ιωάννη από τον πολιτισμό, ο ίδιος ο Ιωάννης εξακολουθεί πάντα να γνωρίζει με ακρίβεια πράγματα που ο ίδιος δεν έζησε ποτέ, αφού εξακολουθεί να γράφει και έτσι να χρησιμοποιεί τον πλούτο των εμπειριών που οι προηγούμενες από αυτόν γενιές έχουν ενσωματώσει σε αυτόν τον μαγικό κόσμο των ήχων και των χαραγμάτων.

Ο απομονωμένος διανοητής, προσηλωμένος στην κατεύθυνση που του υποδεικνύει η "λογική" του, δεν κάνει τίποτε περισσότερο από το να διευκρινίζει τις προϋποθέσεις της πρακτικής εμπειρίας της κοινωνίας του και να επεξεργάζεται, μέσα από τις κωδικοποιημένες διατυπώσεις, τα διαφορετικής ποιότητας και βαρύτητας νοήματα στα οποία είναι κωδικοποιημένη.

Ακόμη περισσότερο ο στοχαστής, βυθισμένος στη λογική των σκέψεών του, είναι σε θέση όχι απλά να αναπαράγει αλλά και να διευρύνει τη γνώση για τον κόσμο. Άλλωστε είναι αλήθεια ότι, όσο περισσότερο, ηθελημένα, απομακρυνόμαστε από τον βουερό κόσμο της εμπειρίας και των αισθήσεων με την ελπίδα να διεισδύσουμε και να περιπλανηθούμε στα δύσβατα μονοπάτια των αφηρημένων εννοιών, ακόμη κι αν η βεβαιότητα για τον σωστό δρόμο έχει πια χαθεί, τόσο πιο πολύ νοιώθουμε να μας κυριεύει η επιθυμία κι εκείνη η ανεξήγητη λεπτή συγκίνηση, που μοιάζει να είναι ίδια με την αίσθηση του θείου όταν πλησιάζει κανείς στα άδυτα των αδύτων. Κι είναι επίσης αλήθεια ότι, ενώ τα βαριά παραπετάσματα του ιερού αποκόπτουν την επαφή με τη φύση, οι σκέψεις των θεωρητικών, οι μοναχικοί στοχασμοί του Αϊνστάιν ή η μαθηματική σκέψη του Νεύτωνα, προσφέρουν με τέτοια αξιοθαύμαστη ακρίβεια προβλέψεις για το τι συμβαίνει μακριά στο διάστημα ή πάνω στη γη. Αρκεί όμως η ιδιαιτερότητα της ιδιοφυΐας του ξεχωριστού ατόμου ή, ακόμη, η εμπιστοσύνη στην προσωπική διαίσθηση για την απόκτηση του θείου δώρου της αλήθειας; Ή και εδώ όπως και αλλού είναι πάντα απαραίτητος ο σωστός τρόπος, η μέθοδος;

Η διαλεκτική

Από τα μακρινά χρόνια του Αριστοτέλη, ο άνθρωπος, έχοντας επίγνωση ότι η γλώσσα της κοινωνίας προϋποθέτει περισσότερα πράγματα απ' όσα φαίνεται να λέει, όπως ακριβώς η νόηση διασπά την άμεση ενότητά του με την εμπειρία, και κατά συνέπεια με τη φύση, θέτοντάς την απέναντι ως το αντικείμενο της νόησης, έτσι, με τη φιλοσοφία, ως σκέψη που εξετάζει τον εαυτό της, διασπά την άμεση ενότητα με την ίδια τη νόηση εξετάζοντας, όπως άλλωστε και η ψυχανάλυση, τις νοητικές διαδικασίες όχι με τη μορφή της φυσιολογίας του εγκεφάλου αλλά με τη μορφή της έννοιας καθεαυτής. Άλλωστε, η εμπειρία μέσω της αποκτημένης κοινωνικής γλώσσας διαχωρίζει, ταξινομεί και οργανώνει την ποικιλία των αισθημάτων και των καταγραφών, συνδέοντάς τες τοπικά ή χρονικά, μόνο που τόσο οι συνδέσεις όσο και μια σειρά από νοητικές διαδικασίες παραμένουν σε ένα μάλλον "υποσυνείδητο" επίπεδο· είναι, δηλαδή, και δεν είναι γνωστές, αφού, από τη μία, μπορούν εύκολα να περάσουν στο συνειδητό, ώστε να είναι δυνατό να ξετυλιχτεί η αλυσίδα της ερμηνείας τους και έτσι να υποστούν την κριτική του τελευταίου, ενώ, από την άλλη, όσο μένουν σ' αυτή τη μορφή, η αναγνώρισή τους παραμένει τυχαία και επιφανειακή. Ως εκ τούτου, η φιλοσοφία, εκπροσωπώντας το συνειδητό τμήμα της νόησης, στην ενασχόλησή της με τις αφηρημένες μορφές της τελευταίας, αντιμετωπίζει τα προϊόντα της επιστήμης με τον ίδιο τρόπο, με τον οποίο αντιμετωπίζει η επιστήμη τη φύση, προϋποθέτοντας, δηλαδή, την αφηρημένη ταυτότητα των εννοιών, εξετάζει τα προηγούμενα, επιδιώκοντας να συναγάγει τον γενικό τρόπο συγκρότησής τους, και έτσι φέρεται απέναντι στην επιστήμη με επιστημονικό τρόπο, αφομοιώνοντας τελικά και χρησιμοποιώντας τις αρχές της τελευταίας.

Κατά την έρευνα, όμως, των λογικών αρχών της νόησης, γίνεται πάντα γρήγορα αντιληπτή μια απλή καθολική αρχή με την οποία θα συμφωνούσε κατ' αρχήν ο οποιοσδήποτε συνετός άνθρωπος, η λεγόμενη αρχή της μη αντίφασης,[6] μια αρχή άλλωστε που δεν εμφανίζεται μόνο στην αφετηρία κάθε επιστήμης της λογικής αλλά φαίνεται να βρίσκεται και στην αφετηρία της φιλοσοφικής συζήτησης που ξεκίνησε στη Δυτική Ευρώπη εν μέσω της διαφαινόμενης κατάρρευσης των μεσαιωνικών κοινωνιών. Είναι γνωστό ότι ο γενικευμένος σκεπτικισμός του Καρτέσιου σε ό,τι αφορά την εγκυρότητα της οποιασδήποτε γνώσης πρότεινε ως την πιο σίγουρη μέ-

6. Σύμφωνα με την διατύπωση του Αριστοτέλη: τὸ γὰρ αὐτὸ ἅμα ὑπάρχειν τε καὶ μὴ ὑπάρχειν ἀδύνατον τῷ αὐτῷ καὶ κατὰ τὸ αὐτό. *Μετά τα φυσικά*, Γ3, 1005b 19–20.

θοδο προς την αλήθεια την καθαρή, ευκρινή και απαλλαγμένη από αντιφάσεις σκέψη, μια τοποθέτηση που σίγουρα βρισκόταν στη βάση των θεωρήσεων των πιο γνωστών διανοητών της εποχής. Έναν όμως περίπου αιώνα αργότερα, στο πιο ουσιαστικό ίσως σημείο της κριτικής του Καντ στην "παλιά μεταφυσική", που προσπαθούσε απεγνωσμένα να αποδείξει τη μία ή την άλλη από αντιμαχόμενες μεταξύ τους προτάσεις, υποστηρίζεται ότι, σε ορισμένες τουλάχιστον περιπτώσεις,[7] είναι δυνατόν να αποδειχθεί με αυστηρότητα ότι δύο απόλυτα αντίθετες τοποθετήσεις αναδεικνύονται ως απόλυτα ισότιμες.[8]

Αλλά αν αντίθετες μεταξύ τους απόψεις διεκδικούν με την ίδια βαρύτητα την αλήθεια, τα θεμέλια όχι μόνο της κοινής λογικής, αλλά και κάθε δυνατής γνώσης, φαίνονται να καταρρέουν, καθώς είτε κάθε σκέψη που αποδέχεται τις αντιφάσεις απορρίπτεται εκ των προτέρων, είτε θεωρείται αδύνατη εκείνη η πραγματικότητα[9] στην οποία αναφέρονται οι τελευταίες. Όμως, όπως στον αρχαίο κόσμο θα ήταν ίσως ο πλατωνικός Σωκράτης που θα διατύπωνε τις έντονες αντιρρήσεις του, στη νεώτερη εποχή ήταν ουσιαστικά ο Χέγκελ εκείνος που ανέδειξε ξανά την θετική πλευρά της λειτουργίας της αντίφασης, αναγνωρίζοντας την αρνητική στιγμή της κατάρρευσης ως αναγκαία θετική βαθμίδα για την ολοκλήρωση κάθε νοητικής διεργασίας που αποσκοπεί στη συγκρότηση του ενιαίου.

7. Ο Καντ ως γνωστό αναδεικνύει τέσσερις "αντινομίες" που αφορούν τις έννοιες του σύνθετου και του απλού, του πέρατος ή μη, του σύμπαντος και της αρχής του χρόνου, τη σχέση της ελευθερίας με την αναγκαιότητα και τέλος την θεώρηση του Θεού ως αναγκαία αιτία του κόσμου.

8. «Εάν ένας άνθρωπος μπορούσε ν' αποποιηθεί κάθε ενδιαφέρον και να εξετάζει τους ισχυρισμούς του λόγου μόνο ως προς το περιεχόμενο των αιτιολογήσεών τους, αδιαφορώντας για όλες τις συνέπειες, τότε, αν υποτεθεί ότι δεν γνωρίζει καμία άλλη διέξοδο, για να βγει από την αμηχανία, εκτός από το ν' ασπασθεί τη μία ή την άλλη από τις αντίδικες διδασκαλίες, αυτός θα ήταν σε μία ακατάπαυστα ταλαντευόμενη κατάσταση.» Καντ, *ΚΚΛ*, A 475, B 503.

9. Το πιο χαρακτηριστικό βέβαια παράδειγμα είναι εκείνο του Παρμενίδη και του Ζήνωνα με την απόρριψη της κίνησης.

Συγκεκριμένα, ο Χέγκελ υποστηρίζει ότι, καθώς μια διαφορά προϋποθέτει την ταυτότητα, και αντίστροφα η ταυτότητα έχει νόημα μόνο όπου προϋποτίθεται μια πραγματική διαφορά, η νόηση, πραγματοποιώντας κάθε φορά τούτη την διπλή σύγκριση, υπερβαίνει τους δύο αρχικούς όρους που συναντά άμεσα μπροστά της, συγκροτώντας έναν τρίτο όρο, ο οποίος, υποχρεωμένος να συμπεριλάβει μαζί τόσο την ταυτότητα όσο και την διαφορά των προηγούμενων όρων, συγκροτείται ακριβώς ως η *ταυτότητα της ταυτότητας και της μη ταυτότητας*». Το ιδιαίτερο, δηλαδή, περιεχόμενο των δύο αντιφατικών κρίσεων αφομοιώνεται ουσιαστικά στο νοηματικό περιεχόμενο της νέας έννοιας. Ο Χέγκελ χαρακτηρίζει τους αρχικούς ανεπεξέργαστους όρους ως "περατούς", ως όρους δηλαδή που αναζητώντας ο καθένας το νόημά του, όντας από μόνος του ελλιπής, είναι υποχρεωμένοι, υπερβαίνοντας τον εαυτό τους, να χρησιμοποιούν ακριβώς τον όρο που στέκεται απέναντί τους. Αντίθετα, ο παραγόμενος τρίτος όρος χαρακτηρίζεται ως "άπειρος" αφού τούτος ο εξωτερικός αλληλοσυσχετισμός των δύο προηγούμενων γι' αυτόν δεν συνιστά τίποτε άλλο παρά μια εσωτερική διαδικασία έκθεσης ακριβώς του δικού του ορισμού.[10]

Ως εκ τούτου, η αναγνώριση δύο αντίθετων όρων δεν μπορεί παρά να αποτελεί μόνο την αφετηρία σε κάθε πραγματική νοητική διαδικασία. Αν επιμείνουμε απλώς στην τυπική μορφή της αντίθεσης δίχως να εξετάσουμε το *συγκεκριμένο* περιεχόμενο που προσκομίζει κάθε κρίση, η διαδικασία πράγματι αυτοδιαλύεται και καταργείται. Αν όμως κατανοήσουμε την ουσιαστική αιτία της επιμονής κάθε πλευράς, τότε, μπροστά στα μάτια μας συντελείται μια πραγματική επανάσταση. Τώρα, δεν είναι η διαδικασία που καταργείται, αλλά η ίδια η αυθυπαρξία των αρχικών όρων, οι

10. «Η φύση της θεωρητικής νόησης ... συνίσταται μόνο στην πρόσληψη των αντιτιθέμενων στιγμών σύμφωνα με την ενότητά τους. Εφόσον η κάθε μια, και μάλιστα πραγματολογικά, αναδεικνύεται ως έχουσα στον εαυτό της το ενάντιό της και ως συμβαδίζουσα μέσα του με τον εαυτό της, έτσι η καταφατική αλήθεια είναι τούτη η εντός εαυτού αυτοκινούμενη ενότητα, η σύναξη των δύο σκέψεων, η απειρία τους, –η αυτοσχεσία, όχι η άμεση, αλλά η άπειρη.» Χέγκελ, *GW21*, σελίδα 139.

οποίοι διαλύονται ακριβώς μέσα στη σχέση τους, ενώ είναι αυτή η ίδια η θεώρηση του τρόπου της νόησης όχι πλέον ως μιας συγκροτημένης δομής κάποιων αυτοτελών νοηματικά όρων, αλλά ακριβώς ως μιας διαδικασίας, που δεν φοβάται να ολοκληρώνει κάθε φορά την πορεία της, αναιρώντας τις αρχικές της κρίσεις, εκείνο που συνιστά την συγκεκριμένη συνεισφορά, το επιπλέον της διαλεκτικής[11] στην κατανόηση της ανθρώπινης σκέψης.

Αυτή είναι άλλωστε η πραγματική πορεία που οφείλει να ακολουθήσει η σκέψη όταν επιδιώκει να κατανοήσει τη σχέση της νόησης με τη φύση ή του ατομικού αισθήματος με τον αντίστοιχο γενικό όρο. Πράγματι, νόηση και φύση αποτελούν δύο ποιοτικά διάφορα, αλληλοαποκλειόμενα άκρα, και παραμένουν έτσι όσο μέσα σ' αυτήν την απόλυτη γενικότητά τους τίθενται η μία απέναντι από την άλλη. Νόηση και φύση όμως, ενώ σε πρώτη ματιά φαίνονται ότι διαθέτουν αυτοτελές νόημα, στην πράξη χρησιμοποιούν η μία την άλλη για να αλληλοπροσδιοριστούν, και έτσι, μέσα από αυτή την διαδικασία συσχετισμού τους, όπου κάθε μια, από κάποια ορισμένη άποψη, περιέχει την άλλη, τροποποιείται το αρχικό ελλιπές νόημα κάθε έννοιας, ώσπου να συγκροτηθεί εκείνη η σχέση που αποδίδει το ακριβές περιεχόμενο των δύο όρων.

Η νόηση, δηλαδή, ενώ αποτελεί μέρος της φύσης, υποχρεώνεται, θεωρώντας ήδη τον εαυτό της αυτοτελή ολότητα, πρώτα να μετατρέπει τη φύση σε κάτι όμοιο με αυτήν, σε έννοια, για να αποξενώνεται στη συνέχεια από τον ίδιο της τον εαυτό, προσδίδοντας σ' αυτόν μια εξωτερική ως προς την ίδια υπόσταση ή, αλλιώς, επειδή δεν μπορεί παρά να μιλά με όρους μόνο νοητικούς για κάτι που δεν είναι καθόλου νοητικό, να προϋποθέτει απέναντί της τη φύση ως κάτι εξωτερικό και ξένο την ίδια κιόλας στιγμή που αναιρεί την προϋπόθεση μέσω των εννοιών της. Η φύση, άλλωστε, ήταν πάντα για την ανθρώπινη κοινωνία "ενδεδυμένη" με

11. Ο Χέγκελ χαρακτήρισε ως διαλεκτική αυτή τη φιλοσοφική μέθοδο, θεωρώντας ότι η αρχική επισήμανσή της έγινε στους αρχαίους χρόνους από τον Παρμενίδη και τον Πλάτωνα, αναπτύσσοντας ταυτόχρονα, κυρίως με την *Επιστήμη της Λογικής*, τον τρόπο που οφείλουμε να κατανοούμε τις συνδέσεις μεταξύ των συγκεκριμένων κατηγοριών της νόησης.

θεωρητικές έννοιες, αφού, μόλις χάνεται η αμεσότητα στη σχέση του ανθρώπου με τη φύση, κάνει την εμφάνισή της, πρώτα, η ανθρωπομορφική απλοϊκή εμμεσότητα του μύθου και, στη συνέχεια, η αφηρημένη "αυστηρότητα" της επιστήμης, ενώ είναι πάντα η νόηση εκείνη η οποία, διακρίνοντας *συγκεκριμένες* διαφορές της φύσης, αποφασίζει τι χαρακτηριστικά έχει το αντικείμενο που βρίσκεται απέναντί της· μόνο που αποφασίζει δεσμευμένη από την αναγκαιότητα των υλικών σχέσεων στις οποίες και η ίδια συμμετέχει.[12]

Η απάντηση, λοιπόν, στο παλιό ερώτημα για τον υλισμό ή τον ιδεαλισμό, στο ερώτημα για την προτεραιότητα του πνεύματος ή της φύσης, αποκτά διαφορετική σημασία όταν αντιπαρατίθεται η επιστήμη με τη θεολογία και διαφορετική όταν η συζήτηση αφορά τις μεθόδους που ακολουθεί η ίδια η επιστήμη. Στην πραγματικότητα, η νόηση, χειριζόμενη *τις δικές της έννοιες*, *αποδεικνύει* την υλικότητα του κόσμου, κατανοώντας τελικά ότι η ίδια δεν έχει κάποιο δικό της αυτοτελές περιεχόμενο, αλλά ότι το περιεχόμενό της συνίσταται ακριβώς στην αποκάλυψη, στην "φανέρωση",[13] κάποιας –επιμέρους πάντα– πλευράς εκείνου που όχι μόνο διαφέρει από την ίδια, αλλά ακόμη περισσότερο, από μια συγκεκριμένη άποψη, η ίδια η νόηση αποτελεί μέρος του. Ωστόσο, η συνείδηση εκείνη, που έχει απλώς συνηθίσει να χειρίζεται "περατές" έννοιες είτε οδηγείται στον απόλυτο διαχωρισμό της φύσης από το πνεύμα, οδηγούμενη σε εκείνες τις θεωρήσεις όπου το πνεύμα ή, σε άλλη εκδοχή, η ψυχή, απαλλαγμένο από οποιαδήποτε υλική εξάρτηση, συγκροτεί έναν κόσμο που έχει όλη τη δυνατότητα να ανα-

12. Άλλωστε και στα πειραματικά εργαστήρια, όπου οι διατάξεις έχουν κατασκευαστεί μέσα σε συγκεκριμένα θεωρητικά πλαίσια, η φύση "ρωτιέται" πάντα με συγκεκριμένο τρόπο και εκείνη απαντάει *στην συγκεκριμένη ερώτηση* με όλη, βέβαια, την ειλικρίνεια που την διακρίνει. Ωστόσο, είναι φανερό ότι το περιεχόμενο της ερώτησης περιορίζει πάντα το περιεχόμενο της απάντησης.

13. «Ο νους δεν είναι κάποιο περιεχόμενο, προς το οποίο η εξωτερική εκδήλωση ή η εξωτερικότητα είναι δήθεν μόνο μία διακριτή από το ίδιο μορφή· έτσι δεν φανερώνει κάτι, αλλά το περιεχόμενο είναι αυτό το ίδιο το φανερώνειν.» Χέγκελ, *Εγκυκλοπαίδεια των φιλοσοφικών επιστημών*, §383.

νεώνει μονομερώς το δικαίωμά του στην ύπαρξη, ανεξάρτητα από την οποιαδήποτε άποψη της φύσης πάνω σ' αυτό, είτε οδηγείται στην ακραία εκδοχή της ταυτότητας των δύο όρων, που μετατρέπει τελικά τον φυσικό κόσμο σε έναν κόσμο απλώς ανθρώπινων αισθημάτων.

Η ίδια λογική είναι υπεύθυνη και για τον διαχωρισμό του υλικού της νόησης στα αισθήματα και τις παραστάσεις από τη μία και στους λογικούς κανόνες και τις αφηρημένες έννοιες από την άλλη, αλλά και για την εμπιστοσύνη που αξιώνει σχετικά με τα πρώτα, θεωρώντας ως ακριβείς τις πληροφορίες που προσκομίζουν για τη φύση, δυσπιστώντας παράλληλα στις πιο αφηρημένες έννοιες, ενώ είναι ακριβώς αυτές οι καθολικές σχέσεις που όχι μόνο συγκροτούν την ουσία των φαινομένων αλλά, σε τελευταία ανάλυση, συνιστούν και την αναγκαία προϋπόθεση για την ίδια την συγκρότησή τους. Άλλωστε, ακόμη και η συγκρότηση της πιο απλής εσωτερικής σχέσης μεταξύ των ατομικών αισθημάτων ως σχέσης μεταξύ δύο αυτοτελών ποιοτικά διαφορετικών όρων, όπου το ατομικό αποδίδεται συχνά στη φύση ενώ το γενικό φαίνεται να παραπέμπει στο υποκειμενικό, υποδεικνύει ότι η νόηση δεν μπορεί να συγκροτήσει το ατομικό παρά μόνο ως κάτι γενικό, επομένως το άμεσο ως κάτι έμμεσο, το αντικειμενικό ως υποκειμενικό· ότι, δηλαδή, στην κάθε κίνησή της προς το αντικείμενο, είναι υποχρεωμένη να θέτει εκείνο ακριβώς, την ύπαρξη του οποίου έχει ήδη η ίδια προϋποθέσει.

Η επιστήμη

Στο βιβλίο αυτό θα προσπαθήσουμε να εξετάσουμε ένα μέρος αυτής της ιστορίας του τρόπου που συγκροτήθηκαν και συμπυκνώθηκαν σε σύμβολα οι πληροφορίες της ανθρώπινης κοινότητας για τη φύση. Επειδή στην καθημερινή πρακτική, όπου τα όρια ακριβούς χρήσης το επιτρέπουν, έχουμε έναν τρόπο σήμανσης των πραγμάτων αρκετά ελλιπή και πρωτόγονο, οι επιστημονικές θεωρίες, υποχρεωμένες να υπερβούν τις ανακρίβειες των φυσικών γλωσσών, δημιουργούν τα δικά τους γλωσσικά συστήματα, όπου οι λεπτές διαφορές οδηγούν στη συγκρότηση του αντίστοιχου εξειδικευμένου συμβολισμού. Αρκεί, άλλωστε, κανείς να παρακολουθήσει ένα από τα συνέδρια θεωρητικής φυσικής για να διαπιστώσει ότι οι φυσικοί ανταλλάσσουν τα συμπεράσματά τους χρησιμοποιώντας μια δική τους "γλώσσα", μία, θα λέγαμε, ιδιόμορφη "διάλεκτο", όπου η αναπόφευκτη κίνηση των μαθηματικών συμβόλων φαίνεται να υποτάσσει τη ροή του λόγου τους.

Η εσωτερική, ωστόσο, ζωή των προϊόντων της σκέψης, η αναγκαία ανάπτυξη των δικών τους εσωτερικών σχέσεων φαίνεται να έχει αυτονομηθεί τόσο από την συνειδητή πρόθεση των ίδιων των δημιουργών τους όσο ακόμη και από το ίδιο το αντικείμενο στο οποίο οφείλουν να αναφέρονται. Η συμφωνία της θεωρητικής σκέψης με τους αριθμούς των πειραμάτων αποκαλύπτεται μόνο στον τελευταίο υπολογισμό, εκεί όπου ο προσδιορισμένος αριθμός οφείλει να συμφωνήσει με την ένδειξη της μετρητικής συσκευής. Ο απτός εμπειρικός κόσμος του εργαστηρίου έχει, στη διάρκεια των υπολογισμών, εξαφανισθεί. Μόνο στο τέλος, στη διατύπωση της πρόβλεψης, η επιτυχία της οποίας μοιάζει σαν κάτι λιγότερο ή κάτι περισσότερο από ένα μαγικό τρικ, γίνεται φανερό για ποιο πράγμα γίνεται όλος ο θόρυβος. Η αντίθεση ανάμεσα στο έμμεσο, την αφηρημένη σχέση, και στις μετρήσεις, τις άμεσες ενδείξεις των συσκευών, εκδηλώνεται εδώ με τον πιο εντυπωσιακό τρόπο.[14]

Ο συμβολισμός και οι θεωρίες της σύγχρονης φυσικής αποτελούν σίγουρα την εξέλιξη των πρώτων εκείνων συμβολισμών και

14. «Στις πρώτες απλές γενικεύσεις είναι βέβαια φανερή η άμεση προέλευση του αφηρημένου από την παρατήρηση, όπως επίσης είναι φανερό ότι το αφηρημένο *διατυπώνει σχέσεις μεταξύ των συγκεκριμένων παρατηρήσεων*. Όταν όμως στη θεωρία διεισδύει ένα πολυποίκιλο υλικό από διαφορετικούς τομείς φαινομένων, η διατύπωση, μετά από μια πορεία αφαιρέσεων, των πιο γενικών νόμων οδηγεί στην εξαφάνιση του εμπειρικού, του άμεσου. Πράγματι, στις φορμαλιστικές διατυπώσεις των νόμων της σύγχρονης φυσικής η αναφορά στο πείραμα έχει σχεδόν εξαφανιστεί. Οι συμβολικές σχέσεις φαίνονται προϊόντα άλλων συμβολικών σχέσεων και η αλυσίδα φαίνεται τόσο μακριά, που δίνει την εντύπωση ότι αυτοδημιουργείται.» Σκουλάτος, *Διαβάζοντας Κβαντική Φυσική*, σελίδα 3.

υπολογισμών των αρχαίων Αιγυπτίων ή των Αζτέκων όταν, θέλοντας να προβλέψουν τις θέσεις των άστρων, έβαζαν δίπλα στις κουκκίδες τις γραμμές για να προβλέπουν τη θέση της Αφροδίτης. Αλλά, όπως και εκεί, για την κατανόηση των νοημάτων αυτής της ιδιότυπης συμπλοκής συμβόλων δεν αρκεί η απλή μετάφραση, αφού οι συμβολισμοί και οι κώδικες διατυπώνονται μέσα σε διαφορετικά ιστορικά πλαίσια και για την κατανόησή της απαιτείται πρώτα απ' όλα η προσεκτική εξέταση των ευρύτερων προϋποθέσεων που τα συνοδεύουν και που μόνο οι συγκεκριμένες κοινωνίες ή τα μέλη των αντίστοιχων επιστημονικών κοινοτήτων γνωρίζουν με πληρότητα.

Ακόμη περισσότερο, το έργο της αποκωδικοποίησης γίνεται πιο δύσκολο επειδή η νόηση, όπως άλλωστε έχει ήδη εκτεθεί, όταν αποπερατώνει κάθε φορά το έργο της, δεν φαίνεται παρά να συγκρατεί μόνο τους σταθμούς, τις νοητικές στιγμές που χρησιμοποίησε, και να ξεχνά την διαδικασία από την οποία προέκυψαν οι τελευταίες. Αν όμως η γλώσσα κινείται κατ' αυτόν τον τρόπο, δηλαδή την ίδια κιόλας στιγμή της δημιουργίας της συσκοτίζει την κίνησή της, αφήνοντας να φανούν μόνο οι προεξοχές ενός θαμμένου και χωρισμένου σε κομμάτια αρχαίου αγάλματος, που δεν είναι παρά τα σύμβολα που χρησιμοποιεί, καταλαβαίνουμε πόσο σημαντική είναι η διαδικασία της επανασύνδεσης, της αποκατάστασης δηλαδή του νοήματος των ορισμών, της ανάδειξης του φαινομενικά ξένου στοιχείου ως οικείου, και αντίστροφα της επίφασης της ομοιότητας ως ξένης, ώστε η συγκροτημένη με κανόνες δομή ξένων στοιχείων να μετατραπεί σε μία διαδικασία αυτοανάπτυξης, που πάντοτε κατανοείται στο σύνολο των πραγματικών συνθηκών της.

Άλλωστε, ακόμη και σε μια πρώτη ματιά στις θεωρίες της φυσικής φαίνεται να κυριαρχεί το περατό. Η μέθοδος της μεταφυσικής να αποκόπτει βίαια τους αντιτιθέμενους αλλά τόσο πολύτιμους για την κατανόηση αντιφατικούς ισχυρισμούς θεωρείται μάλλον αυτονόητη, ενώ από την άλλη, στο όνομα της "επεξεργασίας των δεδομένων", κάθε τεχνητή κατασκευή μοιάζει θεμιτή. Ως αποτέλεσμα, αλλόκοτες υπάρξεις που θεμελιώνουν την ύπαρξή τους στη σύγχυση ή την άγνοια εμφανίζονται κατά καιρούς ορμητικά στο προσκήνιο, για να εξαφανιστούν σιωπηρά στην επόμενη καμπή της θεωρίας,[15] ενώ δεν θα ήταν καθόλου υπερβολή να ισχυριστούμε ότι, διακόσια χρόνια μετά η κριτική του Χέγκελ ότι «στην πράξη βρισκόμαστε μέσα σε ένα είδος μαγικού κύκλου, όπου προσδιορισμοί της ύπαρξης και προσδιορισμοί του αναλογισμού, θεμέλιο και θεμελιωμένο, φαινόμενα και φαντάσματα θρασομανούν μέσα σε μια αξεδιάλυτη συντροφιά και απολαμβάνουν ίδιο κύρος το ένα με το άλλο»[16] μοιάζει να είναι γραμμένη μόλις χθες. Ο μόνος όμως τρόπος για να κατανοηθεί και ίσως να αποκατασταθεί το νόημα των θεωριών για τη φύση συνίσταται ακριβώς στην προκαταβολική αποδοχή των ισχυρισμών τους ως αληθινών, ώστε στη συνέχεια, μέσα από την συνεπή ανάδειξη του περιεχομένου τους, να οδηγηθούν ως την ουσιώδη αντίφαση, όπου πλέον είναι δυνατό να αναδειχθεί με ευκρίνεια η πραγματική σχέση τους, μια σχέση που ταυτόχρονα αποδίδει πιστότερα την αληθινή φύση των πραγμάτων.[17]

Η κριτική λοιπόν της φυσικής δεν μπορεί παρά να είναι από τη σκοπιά της φιλοσοφίας, μόνο που η τελευταία οφείλει να στηρίζεται στα συγκεκριμένα συμπεράσματα που έχει συναγάγει κατά την μακρά ενασχόλησή της με τον τρόπο της ανθρώπινης σκέψης,

15. «Η σύγχυση γίνεται εν τέλει ακόμα μεγαλύτερη, όταν προσδιορισμοί της σκέψης και απλώς υποθετικοί αναμιγνύονται με άμεσους προσδιορισμούς του ίδιου του φαινομένου, και οι πρώτοι είναι εκφρασμένοι σαν να ανήκαν στην άμεση εμπειρία. Έτσι μερικοί που έρχονται σ' αυτές τις επιστήμες με αγνή πίστη είναι της γνώμης ότι τα μόρια, τα κενά μεσοδιαστήματα, η φυγόκεντρος δύναμη, ο αιθέρας, η απομονωμένη ακτίνα φωτός, η ηλεκτρική, μαγνητική ύλη και ακόμη πλήθος άλλων πραγμάτων τέτοιου είδους είναι πράγματα ή σχέσεις, τα οποία έτσι που μιλά κανείς γι' αυτά σαν να είχαν μια άμεση ύπαρξη, είναι πράγματι παρόντα μέσα στην αντίληψη.» Χέγκελ, *GW11*, σελίδα 306.

16. ό.π., σελίδες 306-307.

17. «Η φιλοσοφία της φύσεως παραλαμβάνει την ύλη, που της ετοιμάζει η φυσική αντλώντας από την εμπειρία, από το σημείο, όπου την έφερε η φυσική, και την αναπλάθει ξανά, δίχως να την θεμελιώνει στην εμπειρία ως έσχατη επαλήθευση· έτσι η φυσική πρέπει να βοηθήσει τη φιλοσοφία στο έργο της, προκειμένου αυτή να μεταγράψει το διανοητικό καθόλου, που της παραδίδεται, στην έννοια, με το να δείχνει πως αυτό εκπορεύεται ως ένα αναγκαίο μέσα στον εαυτό του σύνολο από την έννοια.» Χέγκελ, *Εγκυκλοπαίδεια των φιλοσοφικών επιστημών*, §246.

ένας τρόπος όμως που περιέχει ήδη τον τρόπο της φυσικής. Η κριτική, δηλαδή, της φυσικής είναι μαζί κριτική και έλεγχος της ίδιας της φιλοσοφίας. Άλλωστε, οι αναπόφευκτα αφηρημένες διατυπώσεις της τελευταίας αποκτούν σάρκα και οστά μέσα από την εξέλιξη των συγκεκριμένων εννοιών της φυσικής.[18] Η κατανόηση του τρόπου με τον οποίο εκείνες αναπτύσσονται, παρά το ότι οφείλουν συχνά τη γέννησή τους σε κοινωνικές συγκυρίες ή σε τυχαία περιστατικά, αποκαλύπτει τελικά όχι μόνο τα κρυμμένα μυστικά της φύσης αλλά μαζί και τα κρυμμένα μυστικά της νόησης, τον ιδιαίτερο τρόπο που συγκροτεί τις έννοιές της η τελευταία και που ταυτόχρονα συγκροτείται η ίδια. Ως εκ τούτου, επειδή πράγματι και στις μέρες μας "ο τρόπος της φυσικής δεν ικανοποιεί την έννοια"[19] αλλά παράλληλα και η ίδια η λογική χρειάζεται τον τρόπο της φυσικής για να ελέγξει τον εαυτό της, είναι αναγκαίο να εξετάσουμε την διαλεκτική των εννοιών όπως αυτή αναδεικνύεται από τον τρόπο χρήσης των συμβόλων μέσα στα γλωσσικά "παίγνια" της τελευταίας, έχοντας όμως κατά νου ότι η θεώρηση του Χέγκελ σε ό,τι αφορά την συγκρότηση της "άπειρης σχέσης" ίσως αποτελεί το πιο καθοριστικό σημείο για την κατανόηση του νοήματός τους.

18. Η τόσο γενική μέθοδος, από μόνη της, είναι ταυτόχρονα και η πιο φτωχή και ελλιπής μακριά από το συγκεκριμένο έτερόν της: την συγκροτημένη και συγκεκριμένη σκέψη των επιστημών. Ο ίδιος ο Χέγκελ θεωρούσε ότι οι επιστήμες πρέπει να συμπεριληφθούν στη λογική, θεωρώντας τες ως ήδη *εφαρμοσμένη* λογική και έχοντας κατακρίνει από την αρχή όλους εκείνους, που θέλουν τις μεθόδους και τα συμπεράσματα της φιλοσοφίας ξένα προς τις κατακτήσεις τους.

19. «Ο φιλοσοφικός τρόπος της έκθεσης δεν είναι μία αυθαιρεσία, δεν είναι σαν να βαδίζει κανείς μία φορά για αλλαγή στο κεφάλι αφού βάδισε πολλή ώρα στα πόδια ή να δει μια φορά το καθημερινό του πρόσωπο βαμμένο· αλλά επειδή ο τρόπος της φυσικής δεν ικανοποιεί την έννοια, γι' αυτό προχωρά κανείς παραπέρα.» ό.π., §246, προσθήκη.

Μορφή

Χώρος

Η εμπειρική εποπτεία του κόσμου που απλώνεται γύρω μας φαίνεται να χαρακτηρίζεται από ένα θεμελιώδη εσωτερικό διχασμό ανάμεσα σε αυτό εδώ, όπου όταν αγγίζουμε προκαλείται ένας ερεθισμός στην αφή και μαζί μια εικόνα για την όραση, και σε εκείνο εκεί, όπου οποιοδήποτε άμεσο αίσθημα απουσιάζει. Αλλά καθώς εδώ, όπου τώρα η αφή αναγνωρίζει μια επιφάνεια, αργότερα δεν είναι τίποτε, ενώ εκεί έχει συμβεί ακριβώς το αντίθετο, ο νους, προχωρώντας ένα βήμα παραπέρα, θέτει πίσω από κάθε τέτοια επιφάνεια στον χώρο κάτι διαφορετικό από αυτήν, ένα υποκείμενο, που, διατηρώντας την ταυτότητά του στον χρόνο, είναι υπεύθυνο, είτε εδώ είτε εκεί, για την δημιουργία των άμεσων αισθημάτων.

Η διάκριση ωστόσο του εμπειρικού κόσμου σε πράγματα και κενό είναι τόσο σημαντική για τον νου, ώστε ο τελευταίος, για να την παραστήσει, κάνοντας αφαίρεση από τις πολυποίκιλες ιδιότητες των πραγμάτων, σχηματίζει μια "καθαρή" εποπτεία όπου το μόνο που έχει απομείνει είναι το περίγραμμα της μορφής κάθε πράγματος να οριοθετεί μια περιοχή διαφορετικής ποιότητας από εκείνη του κενού χώρου που το περιβάλλει. Αλλά η νόηση την ίδια στιγμή που αναγνωρίζει μέσα σε αυτήν την εποπτεία την διαφορά, οφείλοντας, όπως πάντα, να προϋποθέτει εκείνη την συγκεκριμένη ταυτότητα που την στηρίζει, διαβεβαιώνει με τον πιο κατηγορηματικό τρόπο ότι κάθε πραγματική ύπαρξη ταυτίζεται, από μια ορισμένη άποψη, ακριβώς με την απόλυτη άρνησή της, το κενό, ή αλλιώς ότι κάθε τι που υπάρχει εκτείνεται στον χώρο.

Η καθαρή όμως εποπτεία του χώρου αναδεικνύει την αναγκαία για την συγκρότησή της ταυτότητα, όχι εφόσον η ίδια είναι εκείνη η στατική εποπτεία μέσα στην οποία περιοχές όπου είναι τα πράγματα απλώς διακόπτουν τις περιοχές όπου αυτά δεν είναι, αλλά πολύ περισσότερο εφόσον η ίδια είναι η καθαρή εποπτεία ενός παρατηρητή, ο οποίος, έχοντας τη δυνατότητα ακόμη και μετά την απομάκρυνση κάθε πράγματος να διακρίνει, μέσα στην απόλυτη ομοιομορφία της πρώτης και πάντα σε σχέση με τον ίδιο, την διαφορά ανάμεσα στο δεξιά και στο αριστερά, στο πάνω και στο κάτω ή στο κοντά και στο μακριά, είναι σε θέση, οριοθετώντας την οποιαδήποτε περιοχή της, να προσδιορίζει την τελευταία ως θέση, ως κάτι δηλαδή, το οποίο –αδιαφορώντας αν εκείνη την στιγμή είναι πράγμα ή κενό, αναγνωρίζοντας, δηλαδή, γι' αυτόν ακριβώς το λόγο, μία ορισμένη ταυτότητα μεταξύ των προηγουμένων, την έκταση– ορίζεται τελικά ως η δυνατότητα να μετατρέπεται μέσα στον χρόνο από πράγμα σε κενό και αντίστροφα,[20] υποδεικνύοντας ταυτόχρονα ότι η ίδια ως έννοια προσδιορίζεται ουσιαστικά όχι ως η απλή ταυτότητα ανάμεσα στους δύο συγκροτητικούς της όρους, αλλά ως εκείνη η ιδιαίτερη ενότητα μέσα στην οποία συνδέονται η σχέση της διαφοράς με την σχέση της ταυτότητας των τελευταίων.

---

20. «Σχετικά με την ιδέα του χώρου, η ιδέα του σωματικού αντικειμένου φαίνεται πώς θα 'πρεπε να της προηγείται. ...Έτσι, το διάστημα είναι ανεξάρτητο από την ειδική εκλογή του σώματος που προορίζεται να το καλύψει· κι' αυτό ισχύει γενικά και για τις σχέσεις του χώρου. Είναι φανερό πώς αυτό το ανεξάρτητο, που είναι μια κύρια προϋπόθεση για την χρησιμότητα της διαμόρφωσης των καθαρά γεωμετρικών ιδεών, δεν είναι και a priori αναγκαιότητα. Μου φαίνεται πως η αφετηρία της ιδέας του χώρου είναι προπαντός αυτή η ιδέα του διαστήματος ξέχωρα από την ειδική εκλογή του σώματος πού προορίζεται να το καλύψει.» Αϊνστάιν, *Πώς βλέπω τον κόσμο*, *Το πρόβλημα του χώρου, του αιθέρα και του πεδίου στη Φυσική*, σελίδες 166-167.

Αλλά, αν κάθε συγκεκριμένη περιοχή δεν είναι μια τέτοια αμεσότητα όπως είναι το κενό, που χρειάζεται απαραίτητα το άλλο του, δηλαδή το πράγμα, ως κάτι εξωτερικό ως προς το ίδιο για να προσδιοριστεί, αλλά αντίθετα είναι μια αμεσότητα που, έχοντας αφομοιώσει στο νόημά της το ίδιο της το αρνητικό, εμφανίζεται ως μία κλειστή ολότητα, ως ένα, το οποίο, όπως υποδεικνύει η καθαρή εποπτεία, αποκλείει και αποκλείεται από οποιοδήποτε άλλο, τότε ο χώρος, αποκτώντας πλέον τη δυνατότητα να αναλύεται σε ένα πλήθος τέτοιων ποιοτικά όμοιων ενοτήτων, αποκτά μαζί και τη δυνατότητα να μετατρέπεται τόσο σε καθαρή ποσότητα όσο και σε προσδιορισμένο αριθμό. Πράγματι, καθώς οι σχέσεις της εμπειρικής εποπτείας –όπου η ξεχωριστή ποιότητα κάθε πράγματος διακόπτεται από την ιδιαίτερη ποιότητα κάποιου άλλου ή του κενού, που θέτει μαζί και τα φυσικά όρια της ύπαρξής του πρώτου– έχουν παραχωρήσει τη θέση τους σε εκείνες των σχέσεων των περιοχών της καθαρής εποπτείας, όπου κάθε μία από τις τελευταίες, ενώ διακόπτεται αναγκαία από κάποια άλλη ταυτόχρονα προεκτείνεται ως ποιοτικά ίδια μέσα στην τελευταία, παρέχεται έμμεσα η δυνατότητα για την άρση του μεταξύ τους ορίου και κατ' επέκταση για την θεώρηση μιας νέας ενιαίας συνεχούς ενότητας. Αυτή όμως η προκύπτουσα συνεχής θεώρηση που διατηρεί τη δυνατότητά της να διαιρείται μέσω οποιουδήποτε τρόπου σε διακεκριμένες ενότητες, οι οποίες δεν υφίστανται παράλληλα ή ανεξάρτητα από την πρώτη, αλλά αντίθετα αποτελούν την αναγκαία προϋπόθεση για την δική της συγκρότηση, είναι εκείνη που προσδίδει στον χώρο τον χαρακτήρα γενικά της ποσότητας. Επιπλέον, επειδή από την πρώτη κιόλας στιγμή ο προσδιορισμός της περιοχής ως κλειστής ολότητας υποδεικνύει τα όρια και τον περιορισμό με τον οποίο είναι επιβαρημένη η τελευταία, κάθε τέτοια ξεχωριστή περιοχή αναδεικνύεται όχι σε ποσότητα γενικά αλλά, ακόμη περισσότερο, σε καθορισμένη ποσότητα, δηλαδή, όπως εμφανίζεται στη συγκεκριμένη περίπτωση, σε απόσταση.

Αλλά, ενώ ο νους μαθαίνει να αριθμεί αναγνωρίζοντας την ύπαρξη του ίδιου ποιοτικού καθορισμού σε διαφορετικές περιοχές του χώρου, όταν πρόκειται για την μετατροπή μιας συγκεκριμένης απόστασης σε αριθμό, η ίδια διαδικασία αποδεικνύεται ολότελα ανεπαρκής, αφού πέρα από την ποιοτική ταυτότητα, σε αυτή την περίπτωση, απαιτείται επιπλέον η ισότητα μεταξύ των συστατικών μονάδων του τελευταίου. Η αναγκαία, όμως, για την ταυτότητα των μονάδων, προϋπόθεση της ποσοτικής σχέσης έχει ως δική της αναγκαία προϋπόθεση ακριβώς αυτήν τη ζητούμενη ταυτότητα μεταξύ των τελευταίων, καθιστώντας έτσι αναπόφευκτη την επιστροφή στον ίδιο τον ορισμό της περιοχής και στην αναζήτηση εκείνων των ποιοτικών στιγμών που εμπεριέχει και μέσω των οποίων είναι δυνατό να προκύψει, πραγματικά, η συγκεκριμένη ταυτότητα. Αλλά καθώς κάθε προσδιορισμένη απόσταση, με την μοναδικότητα των ποιοτικών στοιχείων που θέτει ως όριά της, όπως αυτό εδώ το δένδρο ή εκείνο εκεί το σπίτι, καθιστά αδύνατη την άμεση ταύτισή της με οποιαδήποτε άλλη, είναι μόνο η αδιαφορία κάθε επιμέρους περιοχής για την συγκεκριμένη ποιότητα που μεσολαβεί ανάμεσα στα δύο άκρα της, που επιτρέπει την έμμεση συγκρότηση, όχι ακριβώς της ταυτότητας δύο διαφορετικών αποστάσεων στον χώρο, αλλά, μέσω της μεσολάβησης ενός πραγματικού αντικειμένου, όπως μιας άκαμπτης ράβδου, της διαδικασίας εξακρίβωσης της πρακτικής σύμπτωσης των άκρων της τελευταίας με τα συγκεκριμένα άκρα κάθε περιοχής, και τη δημιουργία έτσι της απαραίτητης προϋπόθεσης για την αναγνώριση των αντίστοιχων αποστάσεων ως μονάδων, με την εξασφάλιση βέβαια ότι η ράβδος παραμένει ποιοτικά αναλλοίωτη κατά την εκάστοτε τοποθέτηση και έχοντας πάντα εμπιστοσύνη ότι η αμοιβαία επικάλυψη των άκρων δύο όμοιων ράβδων συμβαίνει ανεξάρτητα από την συγκεκριμένη περιοχή τοποθέτησής τους στον χώρο.

Η γεωμετρία είναι βέβαια εκείνη που ενώ οφείλει τη γέννηση, όπως και το όνομά της, σε πολύ πρακτικές ανάγκες της ανθρώπινης κοινότητας όπως είναι η ορθολογική διάθεση του νερού κατά την άρδευση των χωραφιών, έθεσε ουσιαστικά στο επίκεντρο της προσοχής της την εξακρίβωση της ισότητας μεταξύ των διαφορετικών αποστάσεων. Αλλά η μετατροπή της σε αυτοτελή και ταυτόχρονα αλάνθαστη ως προς τα πορίσματά της επιστήμη πραγματοποιείται όταν, αυτονομημένη από τον σκληρό κόσμο των αναγκών, κατασκευάζει πλέον ουσιαστικά η ίδια το αντικείμενό της, δημιουργώντας έναν ιδεατό κόσμο επιφανειών, γωνιών ή αποστάσεων μέσω μιας νοητικής διαδικασίας αφαίρεσης, όπου συγκρατούνται μόνο πλευρές της μορφής αντικειμένων της καθημερινής εμπειρίας, όπως μακρόστενων άκαμπτων ράβδων, λείων επίπεδων επιφανειών ή σκευών με σφαιρικά ή ακόμη κυλινδρικά χαρακτηριστικά. Η γεωμετρία, λοιπόν, μεταφέροντας και ταυτόχρονα μετατρέποντας την χοντροκομμένη μορφή των πραγματικών αντικειμένων στις λεπτές γραμμές που η ίδια σύρει πάνω στο χαρτί κι ακόμη αντικαθιστώντας την κοπιώδη μεταφορά πραγματικών υλικών με την χρησιμοποίηση του ανοίγματος του διαβήτη αναλαμβάνει να διερευνήσει την τυχόν ισότητα, ή το είδος της ανισότητας, που προκύπτει όταν αποστάσεις, ως συγκροτητικά μέρη μιας συγκεκριμένης διάταξης, έχοντας δηλαδή απολέσει την αυτονομία που από τη γέννησή τους, ως ανήκουσες σε διαφορετικές περιοχές, τις χαρακτηρίζει, υπόκεινται πλέον σε αμοιβαίους περιορισμούς.

Την ίδια στιγμή, όμως, που η γεωμετρία σχεδιάζει με το δικό της σταθερό χέρι τις γραμμές της πάνω στο χαρτί, η νόηση, από την άλλη, έχοντας απέναντί της ένα υλικό που γνωρίζει ότι δεν προέκυψε από την ίδια, και ξεκινώντας από τα πιο απλά, μαθαίνοντας, δηλαδή, να διακρίνει και να αναγνωρίζει τις διαφορετικές ποιότητες των στοιχείων που συναντά μπροστά της, όπως εκείνη του σημείου ή της ευθείας ή την διαφορά ανάμεσα στην ευθεία και την καμπύλη γραμμή ή ακόμη να χαρακτηρίζει ως γωνία το άνοιγμα που σχηματίζεται όταν σχεδιαστούν δύο ημιευθείες με αφετηρία το ίδιο σημείο, συνειδητοποιώντας ότι, ακόμη περισσότερο, ούτε οι σχέσεις μεταξύ αυτών των στοιχείων μπορούν να προκύψουν ως προϊόν αποκλειστικά δικής της εσωτερικής διαδικασίας, υποχρεωμένη ταυτόχρονα να εκδηλώνει παντού την δική της ιδιαίτερη φύση ως μέθοδο επεξεργασίας του υλικού, καταφεύγει στο σπουδαίο τέχνασμα –αφού πρώτα αναζητήσει το σύνολο εκείνων των ανεξάρτητων μεταξύ τους αλλά καθολικών σχέσεων, των σχέσεων δηλαδή που διαισθάνεται η ίδια ότι οφείλουν να διαπερνούν τον οιονδήποτε αναδυόμενο σχηματισμό των παραπάνω στοιχείων αλλά και μαζί να επικυρώνονται σε κάθε τέτοια περίπτωση από την ίδια την εποπτεία– να μεταμφιέζει τις σχέσεις αυτές σε αξιώματα, σε δικές της, δηλαδή, λογικές προτάσεις, που, ενώ διατηρούν την αντικειμενική τους σημασία για τον κόσμο της εποπτείας, ταυτόχρονα της προσφέρουν εκείνη την απαραίτητη υποκειμενική βάση πάνω στην οποία η ίδια θα στηριχτεί, ώστε, ξετυλίγοντας τη δύναμη των συλλογισμών της, να μπορέσει τελικά να προβλέψει ή να "αποδείξει" κάθε επιμέρους σχέση που θα παρουσιάζεται μπροστά στα μάτια της.

Προσφεύγοντας ωστόσο στη συνδρομή της εποπτείας, γίνεται γρήγορα φανερό ότι αυτές οι θεμελιώδεις προτάσεις, που αφορούν είτε τη δυνατότητα σχεδιασμού είτε αυτή καθαυτή τη δυνατότητα της ισότητας μεταξύ των αμοιβαία περιορισμένων γραμμών, είναι διαφορετικές όταν οι τελευταίες σχεδιάζονται πάνω σε επίπεδη επιφάνεια και διαφορετικές όταν σχεδιάζονται πάνω στην επιφάνεια της σφαίρας ή του κυλίνδρου. Η πρακτική ευχέρεια, όμως, από τη μία, που προσφέρει ο σχεδιασμός πάνω στην πρώτη, αλλά κυρίως η πεποίθηση και μαζί η απαίτηση ότι οι προτάσεις της επίπεδης γεωμετρίας συνιστούν ταυτόχρονα προτάσεις μιας πρώτης αλλά απόλυτης φυσικής, έθεσε ως κύριο μέλημα, από το ξεκίνημά της, στη γεωμετρική σκέψη την με κάθε δυνατή ακρίβεια διερεύνηση της δομής των σχέσεων των σχημάτων του επιπέδου, μια εργασία που, αν και απροσδόκητα μακραίωνη στην ολοκλήρωσή της, από τα πρώτα της κιόλας βήματα επέφερε πάντως ως εντελώς αναπάντεχο αποτέλεσμα την υπονόμευση των θεμελίων μιας συγγενικής ως προς τη γεωμετρία δραστηριότητας, της ίδιας δηλαδή της αριθμητικής.

Πράγματι, η αριθμητική, παραβλέποντας, κατ' αρχήν, τις ειδικές σχέσεις μέσα στις οποίες εμφανίζονται πάντα τα γεωμετρικά μεγέθη και επιζητώντας τη δυνατότητα σύγκρισης κάθε απόστασης με την οποιαδήποτε άλλη, χρησιμοποιεί την μονάδα ως εκείνο το αναγκαία κοινό στοιχείο αναφοράς που οφείλει να μεσολαβεί κατά την διαδικασία της σύγκρισης ώστε να προκύπτει το πλήθος, ως η προσδιορισμένη διαφορά. Από την άλλη, κάθε προσδιορισμένη απόσταση, επειδή διατηρεί πάντα τη δυνατότητα να αποβάλλει προσωρινά τη μορφή της ως ενιαίας οντότητας, και, διαιρούμενη σε μια σειρά από ανεξάρτητα μεταξύ τους μέρη –τα οποία, ενώ είναι περατά, καθώς έχουν τον ίδιο ποιοτικό καθορισμό με την ίδια, υπερβαίνοντας, μέσω αυτού του προσδιορισμού, τον εαυτό τους, διατηρούνται το ένα μέσα στο άλλο–, αποκτά τη δυνατότητα να επιστρέψει πίσω στον εαυτό της ως κάτι ενιαίο ξανά, όχι όμως πια ως κάτι απλό αλλά ως σύνθετο, που με την προϋπόθεση της ισότητας μεταξύ των μερών του έχει αποκτήσει το δικαίωμα να υπάγεται και αυτό στη γνωστή διαδικασία αρίθμησης των στοιχείων ενός συνόλου, να μπορεί δηλαδή τελικά να εμφανίζεται ως αριθμός.

Αλλά, θέτοντας ως προϋπόθεση ακριβώς ότι κάθε προσδιορισμένη απόσταση οφείλει να αναλύεται σε ένα πεπερασμένο πλήθος ίσων τμημάτων, αποδεικνύεται ότι, για ορισμένες αποστάσεις, όπως είναι, για παράδειγμα, εκείνη που συνδέει τα ελεύθερα άκρα δύο ίσων τμημάτων που σχηματίζουν ορθή γωνία, δεν είναι δυνατόν να επιλεχθεί εκείνη η μονάδα μέτρησης που θα τους επέτρεπε να συμμετάσχουν και αυτές στην συγκεκριμένη διαδικασία αρίθμησης των συστατικών τους στοιχείων, ώστε να είναι πράγματι αριθμοί. Η γεωμετρία, λοιπόν, ενάντια σε κάθε εμπειρική μαρτυρία των αισθήσεων και σε κάθε απόπειρα τελειοποίησης της ακρίβειας στην πρακτική της μέτρησης, ενώ φαίνεται ότι αποδεικνύει το αδύνατο, στην πραγματικότητα αναδεικνύει την αντίφαση που χαρακτηρίζει ή που από δω και πέρα θα χαρακτηρίζει τον ίδιο τον αριθμό, ότι δηλαδή, ενώ ο τελευταίος είναι υποχρεωμένος να εμφανίζεται ως κάτι αυτοτελές μέσα στον εαυτό του, προσδιορίζεται ουσιαστικά ως εσωτερική σχέση μεταξύ των ομοίων του.

Άλλωστε και η ίδια η αρίθμηση, μέσα από την απλή ενότητα της διαδικασίας της, σκοπεύει αποκλειστικά στη διαφορά, στη σχέση, και τελικά στον ίδιο τον προσδιορισμό μέσα από αυτήν· ο αριθμός δημιουργείται με σκοπό όχι τον ίδιο του τον εαυτό αλλά ακριβώς για τη σχέση με τους υπόλοιπους. Συνεπώς, η νέα απόσταση, ως καθαρή σχέση, παρότι δεν υπόκειται στην αρίθμηση, δεν είναι δυνατόν να εξαιρεθεί από το σύνολο των αριθμών, αντίθετα, ως νεοφερμένο μέλος, είναι υποχρεωμένο όχι μόνο να συγκριθεί με τα ήδη υπάρχοντα αλλά και να προσδιοριστεί κατηγορηματικά ως συγκεκριμένη σχέση μεταξύ των τελευταίων. Αλλά, καθώς οι τέσσερις πράξεις της αριθμητικής έχουν ήδη αποτύχει και ο μόνος ανοιχτός δρόμος που απομένει οδηγεί στον προσδιορισμό μέσω της διατύπωσης συγκεκριμένων σχέσεων ανισότητας με τους ήδη προσδιορισμένους αριθμούς, σε τούτο ακριβώς το εγχείρημα είναι που αναδεικνύεται, απρόσμενα ίσως, όμως κατ' αναγκαιότητα, η αληθινή μάλλον ποιότητα του αριθμού, η δυνατότητα δηλαδή της απειρίας.

Πράγματι, ενώ φαίνεται ότι είναι μόνο το μήκος μιας ευθείας γραμμής που αντιπροσωπεύει το μέγεθος του αριθμού, ο πραγματικός προσδιορισμός του τελευταίου δεν επιτυγχάνεται παρά μόνο με την χρησιμοποίηση μιας ποιότητας διαφορετικής από εκείνη της γραμμής, αυτής του σημείου. Αλλά η χρήση του σημείου, ακόμη και ως απλού πέρατος μιας απόστασης, προβάλλει στην πρώτη γραμμή την λησμονημένη καταγωγή της ίδιας της έννοιας της ποσότητας. Είναι πράγματι αλήθεια ότι, όταν αφαιρούμε από τις αισθητές ποιότητες του χώρου με σκοπό να συγκροτήσουμε τις αποστάσεις, φαίνεται σαν να αφήνουμε οριστικά πίσω μας το φωτεινό βασίλειο της ποιότητας, για να περάσουμε στο αφηρημένο βασίλειο της ποσότητας· όμως, στην πρώτη μας κιόλας προσπάθεια να οριοθετήσουμε συγκεκριμένες αποστάσεις, η ποιότητα κάνει την ενοχλητική επανεμφάνισή της: Όταν αναφερόμαστε στην απόσταση από αυτό εδώ το δένδρο έως εκείνο εκεί το σπίτι, είναι φανερό ότι επιστρατεύουμε ποιοτικά στοιχεία, ώστε να είναι εφικτός ο προσδιορισμός. Αυτοί οι στερημένοι ποσότητας προσδιορισμοί, που συγκροτούν τα δίχως έκταση συγκεκριμένα όρια κάθε ορισμένης απόστασης, είναι αυτοί ακριβώς που εμφανίζονται ως σημεία.

Αν όμως κάθε ποιότητα του χώρου έχει τη δυνατότητα, ορίζοντας μια αφετηρία ή ένα πέρας, ενώ φαίνεται ότι συρρικνώνει την πραγματική της έκταση, ουσιαστικά να την αρνείται, τότε δεν υπάρχει βέβαια κανένας εκ των προτέρων περιορισμός, σε ό,τι αφορά το πλήθος των σημείων που είναι δυνατόν να αναδυθούν ως συστατικά στοιχεία ενός, πεπερασμένου κατά τα άλλα, ευθύγραμμου τμήματος, ώστε, δηλαδή, το πλήθος αυτό να χαρακτηρίζεται ως άπειρο. Η εμφάνιση, λοιπόν, του ποσοτικού απείρου οφείλεται ουσιαστικά στην επανεμφάνιση της ποιότητας, που, με την ειδική μορφή ακριβώς της μη ποσότητας, καθιστά εφικτή την πρακτική κάθε φορά πραγματοποίηση της ίδιας της ορισμένης ποσότητας.

Αλλά η απειρία στην οποία περιπίπτει έτσι η ποσότητα δεν είναι ένα εξωτερικό ως προς την τελευταία χάος, που αναδύεται περιστασιακά όταν αναγκαία ίσως αλλά οπωσδήποτε ξένα ως προς αυτή καθαυτή την έννοιά της στοιχεία τραβούν κάτω από τα πόδια της το στέρεο έδαφος των, πεπερασμένου πρακτικά πλήθους, δικών της εμφανίσεων· αντίθετα είναι εκδήλωση του ποιοτικού καθορισμού που χαρακτηρίζει την αληθινή φύση της ίδιας της έννοιας της ποσότητας, ως της δυνατότητάς της να αναιρεί ακριβώς την άρνηση του δικού της εαυτού, που δεν είναι άλλη από την οποιαδήποτε μορφή του πεπερασμένου.

Αν, λοιπόν, έτσι έχουν τα πράγματα, ότι δηλαδή για μια ποσότητα, όπως για παράδειγμα για την υποτείνουσα του ισοσκελούς ορθογωνίου τριγώνου, δεν είναι δυνατόν να ειπωθεί ούτε καν αυτό που λέγεται ως αυτονόητο για τον προσδιορισμό ενός ακεραίου αριθμού, ότι είναι μικρότερος από τον συγκεκριμένο αριθμό *α* και μεγαλύτερος από τον συγκεκριμένο αριθμό *β*, τότε το μόνο που απομένει για τον αριθμητικό προσδιορισμό της δεν αποτελεί πλέον παρά την πιο κοινότυπη ταυτολογία, ότι, δηλαδή, απλά, είναι εκείνος ο αριθμός που είναι μικρότερος από όλους τους αριθμούς που είναι μεγαλύτεροί του και μεγαλύτερος από όλους εκείνους τους αριθμούς που είναι μικρότεροι από αυτόν.[21]

Αλλά ενώ, ακόμη και ως απλοϊκή, η απόπειρα να οριστούν κάποιοι αριθμοί ως καθαρή μόνο σχέση μεταξύ των υπολοίπων φαίνεται να προμηνύει μια εντυπωσιακή θεωρητική αντιστροφή, στην πραγματικότητα το εγχείρημα αυτό έρχεται να προσφέρει την τόσο επιθυμητή θεωρητική νομιμοποίηση σε μια άλλη επανάσταση, που, παρά τις αμφισβητήσεις για τον ανορθόδοξο τρόπο της, έχει από καιρό, με τις αλλεπάλληλες επιτυχίες της, συνταράξει όλες σχεδόν τις περιοχές της παραδοσιακής μαθηματικής πρακτικής.

21. «Θα νοούμεν τουτέστιν ότι ο ανωτέρω καταμερισμός ορίζει *ασύμμετρον αριθμόν*, όστις ενταύθα σημειούται δια του $\sqrt{5}$. Δια του συμβόλου τούτου νοούμεν εδώ αριθμόν μεγαλύτερον πάντων των της τάξεως Α και μικρότερον πάντων των της τάξεως Β, ήτοι θα νοώμεν αυτόν παρεμβαλόμενον μεταξύ των δύο τάξεων.» Ζερβός, *Απειροστικός Λογισμός*, σελίδα 4.

Πράγματι, η πιο απλή μορφή απειρίας είναι αυτή που χαρακτηρίζει το σύνολο των λεγόμενων φυσικών αριθμών, δηλαδή το σύνολο των θετικών ακεραίων. Μάλιστα, ενώ για τον σχηματισμό ενός φυσικού αριθμού φαίνεται να απαιτούνται μόνο οι έννοιες του ένα, η έννοια δηλαδή της αυτοτελούς ανεξάρτητης από κάθε τι άλλο ολότητας που εσωκλείει ολόκληρο τον εαυτό της, και η έννοια του πλήθους ως αναγκαίας στιγμής για να επιτευχθεί η διάκριση του ενός αριθμού από τον άλλο, στην πραγματικότητα η θεωρητική εξασφάλιση της πρακτικής δυνατότητας υπέρβασης του οποιουδήποτε ακεραίου αριθμού προς κάποιον μεγαλύτερό του αποτελεί την συγκαλυμμένη ίσως αλλά εξίσου αναγκαία προϋπόθεση για την συγκρότηση της έννοιας του τελευταίου. Το άπειρο λοιπόν αυτό, όπως σωστά έχει ειπωθεί, δεν είναι καθόλου ένας ακόμη αριθμός,[22] όπως άλλωστε και η λέξη "σύνολο" εδώ δεν σημαίνει κάποια κλειστή ολότητα πραγμάτων, αλλά αντίθετα παραπέμπει στην ίδια την έννοια του ακεραίου αριθμού, η οποία περιλαμβάνει ως συγκροτητική στιγμή της και την έννοια της απειρίας.

Ως εκ τούτου, ακόμη και η δυνατότητα ολοκλήρωσης των πράξεων της αριθμητικής, η εξασφάλιση δηλαδή της ύπαρξης του πλήθους του νέου αριθμού που αντιστοιχεί σε ένα ζευγάρι δύο άλλων, προϋποθέτει τη δυνατότητα της απειρίας, μόνο που ενώ, όταν το αποτέλεσμα προκύπτει είτε ως νέα ολότητα ανεξάρτητων αλλά ίδιων μονάδων (πρόσθεση) είτε ως άμεση μετάβαση από ένα πλήθος μονάδων σε ένα άλλο αν πραγματοποιηθεί μια μετατροπή της μονάδας (πολλαπλασιασμός), προκύπτει ξανά ένας ακέραιος, στην αντίστροφη της τελευταίας πράξη, τη διαίρεση, είναι δυνατό η ίδια η μονάδα να προκύπτει ως πλήθος, αποτελούμενη, δηλαδή,

22. «Ο συνηθισμένος ορισμός του μαθηματικού απείρου είναι ότι πρόκειται για ένα μέγεθος πέραν του οποίου δεν υπάρχει άλλο μεγαλύτερο –αν ορίζεται ως το απείρως μεγάλο, ή άλλο μικρότερο– αν ορίζεται ως το απείρως μικρό, ή το οποίο είναι μεγαλύτερο στη μια περίπτωση, ή μικρότερο στην άλλη, απ' οποιοδήποτε αυθαίρετο μέγεθος. ... Ως μέγεθος ορίζεται στα μαθηματικά κάτι που μπορεί να αυξομειώνεται – άρα ως αδιάφορο όριο εν γένει. Εφόσον λοιπόν το απείρως μεγάλο ή μικρό είναι κάτι που δεν αυξομειώνεται πια, στην πραγματικότητα δεν είναι πια ποσόν ως τέτοιο.» Χέγκελ, *GW21*, σελίδα 239.

από μονάδες μικρότερες από την ίδια. Με το ερώτημα λοιπόν που απασχολεί τη διαίρεση σχετικά με το δυνατό πλήθος που συνιστά την μονάδα και δεδομένης της προηγούμενης έννοιας του απείρου εμφανίζεται η δεύτερη μορφή απειρίας, η δυνατότητα δηλαδή, τελικά, της ύπαρξης ενός νέου αριθμού μεταξύ οιωνδήποτε δεδομένων άλλων.

Ενώ, όμως, μέσω της διαίρεσης ο νέος αριθμός, που προκύπτει, μπορεί να περιμένει υπομονετικά την κατοχυρωμένη δυνατότητα της υπέρβασής του είτε προς κάποιον μεγαλύτερο είτε προς κάποιον μικρότερό του, αντίθετα, στον προσδιορισμό ενός άρρητου αριθμού αυτή ακριβώς η προκύπτουσα απειρία καλείται να παίξει τον πρωταγωνιστικό ρόλο, παραμερίζοντας τον ίδιο τον πρωταρχικό ορισμό μέσω της μονάδας και του πλήθους. Οι προηγούμενες έννοιες, αφού δημιούργησαν τις σχέσεις των αριθμών, αποχωρούν από το προσκήνιο, ώστε η απειρία, από απροσδιόριστη δυνατότητα, να μετατραπεί σε προσδιορίζουσα δύναμη. Πράγματι, ο $\sqrt{2}$ έχει την μοναδική ιδιότητα να εμφανίζει το άπειρα μικρό ως διαφορά μεταξύ των δύο κλάσεων των αριθμών που τον ορίζουν ως μεγαλύτεροί του οι μεν ως μικρότεροί του οι δε.[23] Η δυνατότητα της συγκεκριμένης απειρίας συμβαίνει γι' αυτόν και μόνο γι' αυτόν.[24]

Αλλά έτσι αριθμητικές εκφράσεις όπως είναι οι άπειρες ακολουθίες και η άπειρη σειρά, ένα άθροισμα, δηλαδή, από μη περιορισμένο πλήθος όρων, απαλλάσσονται από το προπατορικό τους αμάρτημα της ατελούς από την άποψη του πλήθους και της μονάδας ποσότητας, και μετατρέπονται, με το απλό κριτήριο της απείρως δυνατής μικρότητας μεταξύ δύο διαδοχικών όρων τους,

---

23. «Δοθέντος αριθμού ρητού θετικού, οσονδήποτε μικρού ε, δυνάμεθα να εύρωμεν αριθμόν από την τάξιν Β και αριθμόν από την τάξιν Α τοιούτους, ώστε η διαφορά των να είναι μικροτέρα του ε.» Ζερβός, *Απειροστικός Λογισμός*, σελίδα 2.

24. «Έχομεν ούτως ότι εις έκαστον καταμερισμόν των ρητών εις δύο τάξεις Α και Β, τοιαύτας ώστε πας αριθμός της Α να είναι μικρότερος παντός αριθμού της τάξεως Β, αντιστοιχεί, ένας (και μόνον) αριθμός ρητός ή ασύμμετρος, ο οποίος χρησιμεύει ως σύμβολον του καταμερισμού αυτού και λέγεται *τομή* (Ντέντεκιντ).» ό.π., σελίδα 4.

σε προσδιοριστικές αριθμών. Κάθε συγκλίνουσα ακολουθία δεν είναι απλώς μια απροσδιόριστη ποσότητα, δεν είναι ούτε μόνο η ρητή έκφραση της δυνατότητας για διαδοχική υπέρβαση του ρητά εκφρασμένου μέρους της, ενώ από την άλλη ως ποσότητα δεν είναι αυτή καθ' αυτή ούτε ορισμένη αλλά ούτε και άπειρη, αφού δεν μπορεί να υπερβαίνει τον οποιονδήποτε αριθμό, αλλά μάλλον επειδή μπορεί και είναι όλα αυτά, την ίδια στιγμή, είναι ακριβώς ένας αριθμός, όπως άλλωστε με τον ίδιο τρόπο υφίσταται κάθε άλλος αριθμός.

Ενώ όμως οι έννοιες του αριθμού ως πλήθους και του αριθμού ως συγκλίνουσας ακολουθίας, ακόμη και αν η δεύτερη προκύπτει ως εσωτερική δυνατότητα της πρώτης, στέκονται, τουλάχιστον στις εφαρμογές, ως ανεξάρτητες και απομακρυσμένες νοηματικά η μία από την άλλη, η δεύτερη, πλέον ανεπτυγμένη θεώρηση, δικαιώνεται ως προς την αληθινή της υπεροχή έναντι της πρώτης, όταν επιστρέφοντας πίσω στον τόπο γέννησής της, επιχειρεί να προσδιορίσει ένα πλήθος, που όχι μόνο εμφανίζεται ως ένας λόγος όπου ενώ ο παρονομαστής εξακολουθεί να παίζει, όπως πάντα, τον παραδοσιακό ρόλο της αναγωγής στη μονάδα, αριθμητής και παρονομαστής, μετρήσιμο μέγεθος και μονάδα, προέρχονται από δύο διαφορετικές μεταξύ τους ποσότητες, αλλά ως ένας λόγος που είναι υποχρεωμένος να αποκτά νόημα ακόμη και μετά το πέρας του προσδιορισμού του, αποκλειστικά και μόνο με αυτή τη μορφή.[25] Καθώς όμως ο λόγος μεταξύ δύο απόλυτα ανεξάρτητων περατών διαστημάτων δεν θα είχε παρά ένα τυχαίο και πρόσκαιρο νόημα, οι δύο μεταβλητές ποσότητες οφείλουν προηγουμένως να συνδέονται με μια καθορισμένη σχέση, μια συνάρτηση, που υποχρεώνει την οποιαδήποτε τιμή της μίας μεταβλητής να αντιστοιχεί σε μία συγκεκριμένη τιμή της άλλης.

Πράγματι, οι διάφοροι λόγοι μεταξύ δύο τέτοιων διαστημάτων γύρω από κάθε συγκεκριμένη τιμή της μίας μεταβλητής είναι δυνα-

25. «Έχει υποδειχθεί ότι τα αποκαλούμενα ως απειροστά εκφράζουν την εξαφάνιση των πλευρών της αναλογίας ως ποσών, και πως ό,τι παραμένει δεν είναι παρά η ποσοτική σχέση τους απλώς ως ποιοτικά προσδιορισμένη· ...» Χέγκελ, *GW21*, σελίδα 268.

τόν να μετατραπούν σε τιμές μιας άπειρης ακολουθίας και, κάτω από συγκεκριμένες προϋποθέσεις, σε τιμές μιας συγκλίνουσας ακολουθίας. Ως εκ τούτου ένας νέος αριθμός εμφανίζεται στον ορίζοντα, μια νέα αντιστοίχηση, μόνο που εδώ ο πρακτικός προσδιορισμός της τελευταίας, προϋποθέτει μια διαδικασία που συνεχώς θέτει και την ίδια στιγμή αναιρεί τους τυπικά απόλυτα αντίθετους όρους της, καθώς δεν είναι μόνο το άπειρο που θέτει ξανά το περατό, αλλά, μιας και το αποτέλεσμα της διαδικασίας ανήκει δικαιωματικά, αποκλειστικά στο δίχως έκταση σημείο, το τελευταίο είναι υποχρεωμένο να αποκτήσει, κατά τη διάρκειά της, μια πραγματικά δική του περιοχή, να αποκτήσει, δηλαδή, μια –είναι αλήθεια αυτοεκμηδενιζόμενη, αλλά πάντως δική του– έκταση, ως απαραίτητη προϋπόθεση ώστε να υπάρξει η τυπική δυνατότητα να σχηματίζονται κάθε φορά τόσο ο παρονομαστής όσο και ο αριθμητής του κλάσματος. Αλλά και το πεπερασμένο διάστημα που περικλείει κάθε φορά το σημείο δεν χρησιμοποιείται κατά τη διαδικασία ως τέτοιο, ως πεπερασμένη δηλαδή ποσότητα, αλλά αξιοποιείται σύμφωνα μόνο με την κρυμμένη φύση του ίδιου του αριθμού, σύμφωνα δηλαδή με τη δυνατότητα της απειρίας του. Το σημείο, λοιπόν, ως αντανάκλαση της ποιότητας, αρνείται τον ίδιο του τον εαυτό, μετατρεπόμενο σε ποσότητα, σε μια ποσότητα, όμως, από την οποία δεν έχει απομείνει παρά μόνο, ως ουσιώδης προσδιορισμός, εκείνη η δυνατότητα της αυτοαναίρεσης μέσω της οποίας προσδιορίζεται ποιοτικά μια νέα σχέση.

Η αναγνώριση, όμως, αυτών των νοηματικών αντιστροφών καθιστά εμφανές ότι σημείο και διάστημα, ποιότητα και ποσότητα δεν παραμένουν πλέον έτσι όπως, στην αρχή της διαδικασίας, στέκονταν ως αυθύπαρκτες ξεχωριστές ποιότητες, συμπληρωματικά, η μία δίπλα στην άλλη. Η θεωρητική νόηση, συλλαμβάνοντας τη δυνατότητα που ανακαλύπτει στην πραγματική φύση των τελευταίων, τις οδηγεί, ως αυτοτελείς οντότητες, στον αφανισμό, ώστε, ανεμπόδιστη από την ανεξάρτητη παρουσία τους, να επιτύχει την απαραίτητη νομιμοποίηση, για να χρησιμοποιεί τις ίδιες τις διαδικασίες της αυτοαναίρεσής τους ως ουσιαστικές στιγμές στην δική της απόπειρα νοηματικού προσδιορισμού μιας τόσο εξόφθαλμα αντιφατικής έννοιας, όπως είναι η σχετική μεταβολή που ανήκει σε ένα στερούμενο διαστήματος, και επομένως ποσοτικής μεταβολής, σημείου. Αλλά καθώς με τη νέα μέθοδο ο παλιός παγιωμένος κόσμος των πραγμάτων της παραδοσιακής γεωμετρίας έχει πλέον οριστικά διαλυθεί, τα στοιχεία της τελευταίας, απελευθερωμένα από τον πεπερασμένο, σύμφωνα με το πλήθος και την μονάδα, ποσοτικό προσδιορισμό τους, απαλλάσσονται μαζί και από την απόλυτη ποιοτική διαφορετικότητά τους.

Ως άμεση πρακτική συνέπεια μια σειρά από αδύνατες, κατά την κλασική άποψη αντικαταστάσεις, όπως για παράδειγμα είναι η αντικατάσταση του καμπύλου τμήματος του τόξου, μέσα στην κατάλληλη σχέση, με το ευθύγραμμο τμήμα της αντίστοιχης χορδής ή της εφαπτομένης,[26] προσφέρουν τη δυνατότητα στη νέα άλγεβρα όχι μόνο να αναπαράγει όλες τις γνωστές σχέσεις της γεωμετρίας ή να επιτυγχάνει λύσεις σε δυσεπίλυτα, για την τελευταία, προβλήματα αλλά ακόμη περισσότερο να προσφέρει μια πραγματική δυνατότητα εξερεύνησης σε περιοχές μάλλον απρόσιτες μέχρι τότε γι' αυτήν, με πιο χαρακτηριστική ίσως περίπτωση τη δυνατότητα διερεύνησης των σχέσεων μέσω των οποίων συνδέονται τα στοιχεία της, όταν τα τελευταία έχουν υποχρεωθεί να σχεδιάζονται επάνω σε διαφορετικές από εκείνη του επιπέδου επιφάνειες, όπως της σφαίρας, του κώνου ή του κυλίνδρου.

Η θεωρητική σκέψη λοιπόν οικοδομεί και στη συνέχεια αξιοποιεί με επιτυχία μια απόλυτα αντιφατική πορεία, ακριβώς για να μπορέσει να δώσει τη δυνατότητα στον ίδιο της τον εαυτό να συλλογιστεί μέσα από αυτήν, έχοντας ως απώτερο σκοπό, προσ-

26. «Καθώς, σύμφωνα με τον ορισμό της, μια ευθεία γραμμή είναι η *πιο σύντομη* απόσταση μεταξύ δύο σημείων, η διαφορά της από την καμπύλη γραμμή είναι βασισμένη στον προσδιορισμό *του μεγέθους*, ... σ' έναν προσδιορισμό, επομένως, μιας *ποσότητας*. Αλλά αυτός ο προσδιορισμός εξαφανίζεται στη γραμμή όταν λαμβάνεται ως ένα εντατικό μέγεθος, ως μια άπειρη στιγμή, ως ένα στοιχείο, και με αυτόν, επίσης, η διαφορά της από την καμπύλη γραμμή που στηρίχτηκε μόνο στη διαφορά του ποσού. Ως άπειρα, επομένως, η ευθεία γραμμή και το τόξο δεν διατηρούν πλέον οποιαδήποτε ποσοτική σχέση ούτε συνεπώς, βάσει του υποτιθέμενου καθορισμού, οποιαδήποτε ποιοτική διαφορά μεταξύ τους· αντίθετα, η πρώτη μεταβαίνει στο τελευταίο.» ό.π., σελίδα 270.

διορίζοντας για παράδειγμα το νόημα μιας άπειρης ακολουθίας περατών πηλίκων ως την κλίση μιας συγκεκριμένης εφαπτομένης ή αντίθετα μιας άπειρης ακολουθίας περατών αθροισμάτων ως το εμβαδόν που σχηματίζεται από το γράφημα μιας συγκεκριμένης συνάρτησης, πέρα από την δική της ικανοποίηση, να παραδώσει τελικά στην πρακτική αυτό το οποίο, για την τελευταία, αποτελεί το μοναδικά αληθινό ενδιαφέρον της, την προσδιορισμένη, δηλαδή, νοηματικά, ποιοτική μετάβαση από μία αρχική σχέση δυνάμεων σε μια άλλη, την παράγωγο ή αντίστροφα το αόριστο ολοκλήρωμα, όπως λέγεται, της πρώτης.[27] Αλλά αυτή η άλγεβρα του απείρου, με όλο τον ενθουσιασμό του νεοφερμένου κατακτητή, και ενώ έχει μπροστά της έναν απεριόριστο ορίζοντα εφαρμογών, είναι υποχρεωμένη πριν απ' όλα να επιστρέψει σε εκείνη την έννοια η οποία φαίνεται να αποτελεί την πραγματική προϋπόθεση της πιο καθολικής ίσως παράστασης του ίδιου του ακέραιου αριθμού, της παράστασής του, δηλαδή, ως διαδοχικής σειράς συμβάντων μέσα στον χρόνο.[28]

---

27. «Ο στόχος του ολοκληρωτικού λογισμού είναι αυτός: όταν ένα ορισμένο μέρος ενός μαθηματικού αντικειμένου (π.χ. μιας καμπύλης) υποτίθεται ότι είναι η παραγόμενη συνάρτηση, ποιο άλλο μέρος του αντικειμένου εκφράζεται από την αντίστοιχη αρχική συνάρτηση; Είναι γνωστό ότι όταν η συνάρτηση της *τεταγμένης* δίνεται από την εξίσωση της καμπύλης ως *παραγόμενη* συνάρτηση, η αντίστοιχη αρχική συνάρτηση δίνει την ποσοτική έκφραση για την *περιοχή* της καμπύλης που κόβεται από αυτήν την τεταγμένη· και, όταν προσδιορίζεται ένας *ορισμένος εφαπτομενικός* προσδιορισμός με την παραγόμενη συνάρτηση, η αντίστοιχη αρχική συνάρτηση εκφράζει το μήκος του τόξου που ανήκει σε αυτόν τον εφαπτομενικό προσδιορισμό, και τα λοιπά. ... Η μοναδική αξία εδώ της μαθηματικής οξύνοιας είναι να ανακαλύψει από τα ήδη αλλού γνωστά αποτελέσματα, ποιες συγκεκριμένες πλευρές ενός μαθηματικού αντικειμένου στέκονται στη σχέση της αρχικής προς την παραγόμενη συνάρτηση.» ό.π., σελίδες 294-295.

28. «Την έννοια του μεγέθους εν γένει δεν μπορεί κανένας να την εξηγήση [ορίση] παρά μόνο έτσι: ότι είναι ο προσδιορισμός ενός πράγματος που επιτρέπει να νοείται πόσες φορές η μονάδα περιέχεται μέσα σ' αυτό. Αλλά αυτό το "πόσες φορές" στηρίζεται στη διαδοχική επανάληψη, συνεπώς στο χρόνο και στη σύνθεση [του ομοειδούς] μέσα σ' αυτόν.» Καντ, *ΚΚΛ*, Α 242.

Χρόνος

Η έννοια του χρόνου προϋποθέτει τόσο την έννοια της ποιοτικής μεταβολής, αφού χαρακτηρίζουμε ένα *γεγονός* ως προγενέστερο ή υστερότερο από ένα άλλο προϋποθέτοντας ήδη έναν κόσμο όπου κάθε αισθητή ποιότητα εξαφανίζεται και στη θέση της εμφανίζεται κάποια άλλη, όσο και το ενδιαφέρον όχι μόνο σε ό,τι αφορά την κατανόηση του τρόπου που συμβαίνει κάθε ξεχωριστή μεταβολή αλλά και της σειράς με την οποία οι ποιότητες κάνουν την εμφάνισή τους σε διαφορετικές θέσεις του χώρου. Ωστόσο, η πρακτική σημασία της αναφοράς στην έννοια του χρόνου δεν εξαντλείται απλώς σε μια καταγραφή αυτής της διάταξης με την οποία αναδύονται απομακρυσμένα μεταξύ τους γεγονότα, παρότι μ' αυτήν υποδεικνύεται η δυνατότητα της ποσοτικής φύσης του τελευταίου, καθώς, η πρώτη, αναδεικνύεται ουσιαστικά όταν και ο ίδιος ο χρόνος εμφανίζεται στην πλέον ανεπτυγμένη του μορφή, όταν δηλαδή χρησιμοποιείται ακριβώς ως αριθμός.

Πράγματι, όταν, παρατηρώντας ότι, ενώ οι ποιότητες $α_1$ και $β_1$ εμφανίζονται ταυτόχρονα στις θέσεις Α και Β αντίστοιχα, η ποιότητα $α_2$ εμφανίζεται στη θέση Α αφού προηγουμένως στη θέση Β έχει ήδη εμφανιστεί η ποιότητα $β_2$, ισχυριζόμαστε, παραλείποντας κάθε άλλη αναφορά στις ενδιάμεσα μεσολαβούσες ποιότητες, ότι η διάρκεια του γεγονότος $α_1α_2$ που πραγματοποιήθηκε στη μία θέση είναι μεγαλύτερη από εκείνην του γεγονότος $β_1β_2$ που συνέβη στην άλλη θέση, έχουμε συγκροτήσει –και άλλωστε ήδη χαρακτηρίσει ως διάρκεια– εκείνη την αναγκαία για την συγκεκριμένη σύγκριση μεταξύ των δύο διαδικασιών ταυτότητα, μια ταυτότητα την οποία, αναζητώντας την από αντανάκλαση στο εσωτερικό πλέον κάθε μίας τέτοιας διαδικασίας –στη σχέση, δηλαδή, μεταξύ οποιωνδήποτε δύο δικών της γεγονότων–, μετατρέπει κάθε νεοεμφανιζόμενη ποιότητα απλώς σε μια στιγμή, απαραίτητη μόνο για τον προσδιορισμό μιας, κατ' αυτό τον τρόπο συγκροτημένης, ως αυτοδιατηρούμενης μέσα στην αδιάκοπη αναίρεση της μορφής του δικού της εαυτού, αφηρημένης ποσότητας. Αλλά ενώ τα σημεία, μέσω των οποίων προσδιορίζεται κάθε ορισμένη απόσταση στον χώρο, δεν είναι παρά στερημένες από έκταση ποιότητες, κάθε τέτοια αντίστοιχη χρονική στιγμή είναι προσδιορισμένη ως κάτι ανώτερο, νοηματικά, από την απλή ποιότητα, δηλαδή ως μεταβολή της τελευταίας, ως ένα γίγνεσθαι στερημένο από χρονική διάρκεια.

Αν, όμως, ενώ όταν η ποιότητα $α_3$ εμφανιστεί στη θέση Α αφού προηγουμένως έχει εμφανιστεί στην ίδια θέση η ποιότητα $α_2$, μπορούμε πράγματι να ισχυριστούμε ότι η διάρκεια του γεγονότος $α_1α_3$ είναι μεγαλύτερη από εκείνην του γεγονότος $α_1α_2$, από την άλλη, δεν υπάρχει καμία εμπειρική παρατήρηση η οποία να είναι σε θέση να επικυρώσει ή να διαψεύσει άμεσα την άποψη ότι η διάρκεια οποιουδήποτε γεγονότος, όπως του $α_1α_2$, που συμβαίνει στη θέση Α είναι ίση με τη διάρκεια οποιουδήποτε γεγονότος που συμβαίνει στη συνέχεια στην ίδια θέση, ακόμη και αν τα δύο γεγονότα περιγράφουν την ίδια ακριβώς ποιοτική μεταβολή. Καμία, δηλαδή, εμπειρική παρατήρηση δεν είναι σε θέση να επικυρώσει ή να διαψεύσει ότι η χρονική διάρκεια ανάμεσα στους διαδοχικούς κτύπους ενός ρολογιού είναι πάντα η ίδια,[29] καθώς αν υποθέσουμε ότι συνέβαινε, κάποια περιστροφή, για παράδειγμα, του δείκτη ενός ρολογιού να διαρκέσει λιγότερο ή περισσότερο από την αμέσως προηγούμενή της, κάτι τέτοιο δεν θα ήταν καθόλου δυνατό να γίνει αντιληπτό από μια άμεση σύγκριση ανάμεσα στις διάρκειες των δύο περιστροφών, αφού άλλωστε η πρώτη, ακόμη και κατά τη διάρκεια της δεύτερης περιστροφής, έχει παρέλθει οριστικά· ενώ βέβαια θα ήταν απόλυτα αδύνατη ακόμη και η απλή καταγραφή κάθε τέτοιας διαταραχής αν, μαζί με τη διάρκεια της συγκεκριμένης περιστροφής επηρεαζόταν μ' έναν αντίστοιχο τρόπο, εκείνη την χρονική περίοδο, και η διάρκεια όλων των υπολοίπων γεγονότων του κόσμου.

Καθώς λοιπόν, μέσω της άμεσης παρατήρησης, είναι δυνατό να προσδιοριστεί μόνο η ισότητα ανάμεσα στις διάρκειες των γεγονότων $α_1α_2$ και $β_1β_2$ που συμβαίνουν στις θέσεις Α και Β αντίστοιχα,

29. Το 1898 ο Πουανκαρέ, στο *The Measure of Time*, γράφει: «Δεν διαθέτουμε καθόλου μια άμεση εποπτεία για την ισότητα δύο χρονικών διαστημάτων.» *The Value of Science*, σελίδα 27.

μέσω βέβαια του ελέγχου της ταυτόχρονης εμφάνισης τόσο των ποιοτήτων $α_1$ και $β_1$ όσο και των ποιοτήτων $α_2$ και $β_2$, γίνεται κατανοητό ότι η –απαραίτητη για την μετατροπή του χρόνου σε αριθμό– ταυτότητα μεταξύ των αυτοτελών και ανεξάρτητων μεταξύ τους μονάδων δεν επιτυγχάνεται παρά μόνο εκ των υστέρων, μόνο δηλαδή μετά την μεσολάβηση αυτής της –σταθερά επικυρωμένης μέσω του ταυτόχρονου– εξωτερικής αντιστοιχίας των στιγμών, που προσδιορίζουν κάθε τέτοια χρονική μονάδα, προς οποιαδήποτε άλλη ή, που είναι το ίδιο, με όλες τις μεταβολές του κόσμου που εξελίσσονται ταυτόχρονα με αυτήν, στις υπόλοιπες περιοχές του χώρου, καθώς είναι μόνο μέσω αυτής ακριβώς της μεσολάβησης που οι επαναλαμβανόμενες, ως παράδειγμα, καθ' όλα ποιοτικά ταυτόσημες περιστροφές των δεικτών ενός συγκεκριμένου ρολογιού αποκτούν τη δυνατότητα να ταυτίζονται και μεταξύ τους ως μονάδες, ακριβέστερα τώρα ως εκείνο για το οποίο χρησιμοποιούνται στην πραγματικότητα, ως σταθερές δηλαδή αντιστοιχίες, ώστε ο χρόνος που μετρούν να μπορεί να είναι τελικά ένα πλήθος από αυτοτελείς αλλά και ίσες μεταξύ τους χρονικές διάρκειες.

Αλλά, ακόμη κι αν για το χρονικό προσδιορισμό των υπόλοιπων μεταβολών ίσως θα επαρκούσε η χρησιμοποίηση μόνο των ακεραίων μονάδων, μαζί βέβαια με το σύνολο των κλασματικών μερών τους, η αριθμητική έκφραση για τον χρόνο είναι υποχρεωμένη να αποκτήσει την πιο ολοκληρωμένη μορφή του πραγματικού αριθμού όταν καλείται να προσδιορίσει την χρονική διάρκεια γεγονότων, οι στιγμές των οποίων ορίζονται ως συμπτώσεις ανάμεσα σε μια συγκεκριμένη κάθε φορά περιοχή του χώρου και στην έκταση που καταλαμβάνει ένα πράγμα καθώς το τελευταίο κινείται.

Κίνηση

Είναι αλήθεια ότι ο νους έχει τη δυνατότητα να καταγράφει και να αναγνωρίζει την κίνηση με τον ίδιο άμεσο τρόπο με τον οποίο διαμέσου της εποπτείας καταγράφει και αναγνωρίζει τα πράγματα ως εικόνες με σχήμα και χρώματα ή όπως, ελέγχοντας τον τρόπο εστίασης του κρυσταλλοειδούς φακού, αποκτά την αίσθηση της απόστασης. Αλλά ενώ φαίνεται ότι, όσο παραμένουμε στα πλαίσια της εποπτείας, χώρος και χρόνος υφίστανται ανεξάρτητα από την κίνηση και μάλιστα αποτελούν άμεσες προϋποθέσεις για τον ορισμό της τελευταίας, όταν στρεφόμαστε στην εξέταση των εννοιών τους, διαπιστώνουμε ότι, στην πραγματικότητα, τόσο ο χώρος αλλά ακόμη και ο ίδιος ο χρόνος δεν είναι δυνατόν να θεμελιωθούν πρακτικά παρά μόνο στηριζόμενοι σε αυτό για το οποίο έχουν αποτελέσει ήδη το θεμέλιο, δηλαδή την κίνηση. Η εξέταση, λοιπόν, της έννοιας της τελευταίας συνδέεται με την πιο αντιφατική λογική διαδικασία, αφού η κίνηση, όχι πια ως άμεσο αίσθημα αλλά ως συγκροτημένη έννοια, στέκεται στη βάση του ορισμού εκείνων ακριβώς των όρων που η ίδια προϋποθέτει για τον δικό της ορισμό.

Πράγματι, η κίνηση προϋποθέτει τον χώρο ως δεδομένο, υπό την έννοια ότι διαφορετικές ποιότητες καταλαμβάνουν και μ' αυτό τον τρόπο διαφοροποιούν τις περιοχές του τελευταίου, ώστε η ίδια να καταγράφεται μέσω μιας σειράς διαδοχικών συναντήσεων ή συμπτώσεων του κινούμενου πράγματος με τις διακεκριμένες ποιότητες και τελικά με τις ίδιες τις περιοχές του. Αλλά καθώς, όταν ένα πράγμα στέκεται δίπλα σε ένα άλλο ή καταλαμβάνει απλώς μια περιοχή του χώρου, δεν λέμε ότι αυτό κινείται αλλά μάλλον ότι είναι ακίνητο, η κίνηση είναι υποχρεωμένη να αυτοπροσδιορίζεται νοηματικά ως η απλή ενότητα αυτής της πρώτης αρνητικής ως προς την ίδια αναφοράς και της τυπικής άρνησης της τελευταίας: Κάτι κινείται όταν είναι και *ταυτόχρονα* δεν είναι στην ίδια περιοχή του χώρου. Ο αντιφατικός, λοιπόν, προσδιορισμός της διέλευσης του κινούμενου πράγματος από μια περιοχή του χώρου, σε αντίθεση με τον ορισμό της ακινησίας, εμπεριέχοντας ουσιαστικά τον προσδιορισμό ενός γίγνεσθαι, ορίζει παράλληλα μια στιγμή από την άποψη του χρόνου, δηλαδή μια στιγμή που έχει τη δυνατότητα να συσχετιστεί από την άποψη του ταυτόχρονου με τις ποιοτικές μεταβολές που συμβαίνουν στις άλλες περιοχές του χώρου. Η κίνηση, όμως, ως γεγονός που εξελίσσεται στον χρόνο, παρουσιάζει την ιδιομορφία, σε αντίθεση με τις υπόλοιπες μεταβολές, να είναι ακριβώς οι ποιοτικά διαφοροποιημένες θέσεις του χώρου εκείνες που καλούνται να προσδιορίσουν τις στερημένες από χρονική διάρκεια στιγμές της.

Ενώ όμως ο ορισμός της κίνησης προϋποθέτει κάποιον προσδιορισμό της έννοιας του χώρου, δεν πρόκειται παρά για τον χώρο που, ακόμη και στην πιο απλή του σημασία, ορίζεται ακριβώς ως η δυνατότητα της αμοιβαίας αναδιάταξης όλων των αισθητών ποιοτήτων, αναδιάταξη που πρακτικά πραγματοποιείται με την μετακίνηση του οποιουδήποτε πράγματος, της οποιασδήποτε ποιότητας, στην οποιαδήποτε περιοχή του· το τραπέζι μπορεί πάντα να μεταφερθεί μέσα στο δωμάτιο ανταλλάσσοντας τη θέση του με εκείνη της καρέκλας ή καταλαμβάνοντας μια οποιαδήποτε άλλη θέση. Ακόμη περισσότερο, αν είναι η απλή ύπαρξη του πράγματος που αποδεικνύει την πραγματική ύπαρξη του τόπου, που εκείνο βρίσκεται, είναι ξανά η μετακίνηση των πραγμάτων αυτό που, όχι μόνο προσδιορίζοντας αλλά ταυτόχρονα αποδεικνύοντας πρακτικά τόσο την ταυτότητα όσο και την αδιάσπαστη συνέχεια των επιμέρους τόπων, θέτει ουσιαστικά το θεμέλιο ώστε η νόηση, υπερβαίνοντας την απλή έννοια του τόπου, να αποδίδει στον χώρο τον χαρακτήρα της ποσότητας.

Η κίνηση λοιπόν, ενώ συγκροτεί τον χώρο, προϋποθέτει ήδη την συγκρότηση του τελευταίου για τον προσδιορισμό της. Αλλά καθώς κάθε αναφορά στον χώρο εμπεριέχει και μια τοποθέτηση σχετικά με τη δυνατότητα της κίνησης των εκεί εμπειρικά ευρισκόμενων αντικειμένων, η προηγούμενη αντίφαση βρίσκεται ουσιαστικά στο εσωτερικό της ίδιας της κίνησης. Η κίνηση, δηλαδή, κάθε φορά που χρησιμοποιεί την εκάστοτε διαμορφωμένη συγκρότηση του χώρου, ώστε να προσδιοριστεί και να αναγνωριστεί ως τέτοια στα πλαίσιά της, δεν χρησιμοποιεί στην πραγματικότητα παρά μόνο την δική της, αποτυπωμένη ως ιδιότητα του χώρου, προϋπάρχουσα εμπειρία, διατηρώντας πάντα το αυτονόητο δικαίωμα να επαναπροσδιορίζει η ίδια το οποιοδήποτε περιεχόμενο της τελευταίας.

Στην πιο απλή μορφή της η προηγούμενη αντίφαση εκδηλώνεται όταν η ανθρώπινη πρακτική, ενδιαφερόμενη για το πόσο κοντά ή μακριά βρίσκεται κάτι, προχωρά, μέσω της κίνησης, σε ένα είδος "επαναχαρτογράφησης" των τόπων που βρίσκονται γύρω από μία συγκεκριμένη περιοχή προσδίδοντάς τους το επιπλέον χαρακτηριστικό της απόστασης. Αξιοποιώντας βέβαια τη δυνατότητα κάθε περιοχής του χώρου να μετατρέπεται στην οποιαδήποτε ποιότητα, φαίνεται πάντα εφικτή η πραγματοποίηση ενός πλήθους τοποθετήσεων της ίδιας πάντα άκαμπτης ράβδου με τέτοιο τρόπο που όχι μόνο το σημείο που ορίζει κάθε φορά το πέρας της τελευταίας κατά τη μία τοποθέτηση να συμπίπτει με το σημείο που ορίζει την αφετηρία της κατά την αμέσως επόμενη τοποθέτηση αλλά και έτσι ώστε η νοητή εποπτεία του συνόλου των τοποθετήσεων να εμφανίζεται ως μια ευθεία γραμμή. Τότε τα σημεία, που προσδιορίζουν τις προηγούμενες συμπτώσεις, διακρίνονται μεταξύ τους μέσω του συγκεκριμένου αριθμού των τοποθετήσεων που προηγήθηκαν ώστε να σχηματιστεί το κάθε ένα από αυτά ενώ, ακόμη και τυχόν απόλυτα όμοιοι ποιοτικά τόποι, διακρίνονται πλέον μεταξύ τους όχι μέσω των συγκεκριμένων πραγμάτων που φιλοξενούν, αφού κάτι τέτοιο οφείλεται μόνο σε τυχαίες περιστάσεις, αλλά μέσω της σχέσης τους με το πράγμα αναφοράς του οποίου συνιστούν το κοντινό ή πιο μακρινό περιβάλλον.

Ωστόσο, καθώς πέρα από τα ερωτήματα για την εξακρίβωση της ταυτότητας των ράβδων σε διαφορετικές περιοχές του χώρου αλλά και τον ίδιο τον ορισμό της ευθείας γραμμής, η διαδοχική τοποθέτηση μιας ράβδου ή μιας σειράς από αυτές, της μίας κατόπιν της άλλης, δεν αποτελεί, ιδιαίτερα για τις μεγάλες αποστάσεις, την πιο εύχρηστη μέθοδο για την μέτρηση των τελευταίων, είναι η κίνηση εκείνη που φαίνεται να είναι πάντα σε θέση να επιτύχει, και μάλιστα με τον πιο άμεσο τρόπο, την αριθμητική διαφοροποίηση των περιοχών του χώρου, αν σε κάθε τέτοια περιοχή, την στιγμή της διέλευσης του κινούμενου πράγματος από αυτήν, αντιστοιχηθεί, ως ταυτόχρονη με την τελευταία, η καταγραφή της ένδειξης για τον χρόνο που πραγματοποιείται στην οποιαδήποτε άλλη περιοχή του χώρου. Αναγκαία όμως προϋπόθεση για την εξασφάλιση ότι σε ίσες χρονικές διάρκειες αντιστοιχούν ίσες αποστάσεις συνιστά, καθώς η κίνηση διαθέτει πάντα έναν δικό της ποσοτικό καθορισμό, μιαν ένταση, η σταθερότητα του αριθμητικού προσδιορισμού της τελευταίας, η σταθερότητα δηλαδή της ταχύτητας του κινητού. Αλλά έτσι, είναι σαν να απαιτείται το κινητό να διανύει τη διαδρομή δύο φορές, την πρώτη, ώστε να πραγματοποιηθεί ο έλεγχος της σταθερότητας και μαζί ο αριθμητικός προσδιορισμός της ταχύτητας, και κατόπιν τη δεύτερη, όπου εκεί γίνεται πλέον εφικτή, μέσω της καταγραφής των αριθμητικών τιμών του χρόνου, η τελική διαφοροποίηση των αποστάσεων.

Από την άλλη, η διαδικασία μέτρησης της απόστασης μέσω της κίνησης, προϋποθέτοντας την ανεξάρτητη ως προς την ίδια δυνατότητα μέτρησης του χρόνου, προϋποθέτει ουσιαστικά την ανεξάρτητη από κάθε κίνηση δυνατότητα προσδιορισμού του ταυτόχρονου. Όμως, η διαπίστωση ότι δύο γεγονότα συμβαίνουν ταυτόχρονα προϋποθέτει, αν μη τι άλλο, μια γρήγορη ματιά στις δύο περιοχές όπου αυτά λαμβάνουν χώρα. Αν, όμως, το φωτεινό σήμα που μεταφέρει την εικόνα για το κάθε συμβάν μεταδίδεται κι αυτό με πεπερασμένη ταχύτητα, τότε η χρονική καθυστέρηση στη λήψη του στιγμιότυπου της ένδειξης του χρόνου για ένα απομακρυσμένο γεγονός δημιουργεί μια περιπλοκή, όχι μόνο στη μέτρηση της απόστασης, αλλά και στην πρακτική εξακρίβωση του ταυτόχρονου χαρακτήρα των γεγονότων γενικά.

Ένα εμπειρικό δεδομένο λοιπόν έρχεται να αναδιαμορφώσει την θεωρητική σχέση του χρόνου με την κίνηση· δεν είναι πλέον μόνο η κίνηση που προϋποθέτει τον χρόνο για τον ορισμό της, αλλά και ακριβώς αντίστροφα είναι ο ίδιος ο χρόνος που απαιτεί άμεσα μια κίνηση για την δική του θεμελίωση. Αλλά, αυτός ο προβληματισμός σχετικά με τον έλεγχο του ταυτόχρονου, είτε συνιστά μια απλώς πρακτική δυσκολία που αν και καθιστά, είναι αλήθεια, την μέτρηση της απόστασης λίγο πιο περίπλοκη, θα παραμείνει τελικά επουσιώδης σε ό,τι αφορά την ουσία της διαδικασίας, όπως διαισθάνεται ή θέλει να διαισθάνεται το 1884 ο Τζέιμς Τόμσον[30] ή, αντίθετα, αυτή η πρακτική "λεπτομέρεια" θα αποδει-

30. «Η μέτρηση της απόστασης εμπεριέχει μια δυσκολία που αφορά την ατέλεια των μέσων που διαθέτουμε για την εξακρίβωση, τον προσδιορισμό ή την ξεκάθαρη σύλληψη της ταυτοχρονίας γεγονότων, σε διαφορετικές θέσεις. Γι' αυτό συνήθως χρησιμοποιούμε ποικίλα σήματα: ήχου, φωτός, ηλεκτρισμού, συνδέουμε καλώδια ή ράβδους και επιστρατεύουμε διάφορα άλλα μέσα. Ο χρόνος που απαιτείται για την μετάδοση του σήματος εμπερικλείει

χθεί τόσο σημαντική ώστε να οδηγήσει στη ριζική επανεξέταση του τρόπου που συνδέονται οι αριθμητικοί προσδιορισμοί του χώρου του χρόνου και της κίνησης, όπως θα επιδιώξει να αποδείξει λίγο αργότερα ο Αϊνστάιν.[31] Το σίγουρο είναι ότι οι παγιωμένες μαθηματικές αναλογίες ανάμεσα στις τιμές του χρόνου, της ταχύτητας και της απόστασης δεν μπορούν πλέον να παραμένουν υπεροπτικά στον γεμάτο από σιγουριά κόσμο τους καθώς, ενθυμούμενες την εμπειρική τους καταγωγή, είναι υποχρεωμένες να προσφύγουν στην αναζήτηση των συγκεκριμένων εμπειρικών νόμων που διέπουν τη διάδοση των φωτεινών σημάτων αλλά μαζί και του τρόπου που συνδέονται μεταξύ τους οι κινήσεις γενικά.

Σχετική κίνηση και μονάδα μέτρησης

Είναι αλήθεια ότι, ενώ για τις υπόλοιπες επιστήμες που εξετάζουν ιδιαίτερους τομείς της φύσης, η φιλοσοφία έρχεται συνήθως προς το τέλος, θέτοντας το αμείλικτο ερώτημά της για την αληθινή

την ατέλεια των ανθρώπινων δυνάμεων, σχετικά με την εξακρίβωση του ταυτοχρόνου, αναφορικά με γεγονότα που συμβαίνουν σε διαφορετικές θέσεις. Πιθανόν, όμως, να μη συνεπάγεται οποιαδήποτε δυσκολία στο να συλλάβουμε ή να φανταστούμε την ίδια την ύπαρξη του ταυτόχρονου. Προφανώς δεν φαίνεται αυτή η δυσκολία να μπορεί να συγκριθεί με εκείνη που κρύβει η προσπάθεια να διαμορφωθεί μια ευδιάκριτη έννοια ταυτότητας της θέσης, σε έναν μη διαφοροποιημένο μέσω κάποιας σήμανσης χώρο, σε διαδοχικούς χρόνους.» όπως παρατίθεται: Ντισάλλε, *Space and Time: Inertial Frames*, ενότητα 2.4.

31. «Θα ήταν ίσως δυνατό να υπερνικηθούν όλες οι δυσκολίες που συνοδεύουν τον ορισμό του "χρόνου" αν όπου "χρόνος" θέσουμε "ένδειξη του μικρού δείκτη του ρολογιού μου". Και πραγματικά ένας τέτοιος ορισμός είναι ικανοποιητικός όταν ενδιαφερόμαστε να ορίσουμε κάποιον χρόνο αποκλειστικά για τον τόπο στον οποίο βρίσκεται το ρολόι· αλλά δεν είναι πλέον ικανοποιητικός όταν πρέπει να συσχετίσουμε χρονικά μια σειρά γεγονότων που συμβαίνουν σε διαφορετικούς τόπους, ή –που τελικά είναι το ίδιο– να υπολογίσουμε τους χρόνους γεγονότων που συμβαίνουν σε τόπους μακριά από το ρολόι.» Αϊνστάιν, *Η Ειδική Θεωρία της Σχετικότητας, Επί της ηλεκτροδυναμικής των κινουμένων σωμάτων*, σελίδες 34-35.

φύση των προσκομιζόμενων θεωριών, σε ό,τι αφορά την ίδια τη Φυσική, η στιγμή της αλήθειας έχει ήδη φθάσει από την πρώτη κιόλας στιγμή: Αρκεί κάποιος να κινείται σταθερά δίπλα σε ένα κινούμενο αντικείμενο, ώστε η "πρώτη ύλη" της, το ίδιο, δηλαδή, το αίσθημα της κίνησης του τελευταίου να εξαφανιστεί. Κίνηση λοιπόν και ακινησία, τουλάχιστον από τη σκοπιά του άμεσου αισθήματος, δεν διακρίνονται απόλυτα καθώς το ίδιο αντικείμενο την ίδια χρονική στιγμή προκαλεί σε κάποιον παρατηρητή το αίσθημα της κίνησης ενώ σε κάποιον άλλο το αίσθημα της ηρεμίας.

Ο άνθρωπος όμως δεν παρατηρεί μόνο την κίνηση των αντικειμένων αλλά μετακινείται και ο ίδιος, γνωρίζοντας τουλάχιστον ότι όταν στέκεται συμβαίνει κάτι διαφορετικό από ό,τι όταν βαδίζει ή όταν τρέχει. Έτσι, όταν προχωράμε προς το βουνό παρατηρώντας το τελευταίο να κινείται προς το μέρος μας παρεμβαίνει η εμπειρία και διορθώνει την όραση απορρίπτοντας αυτό το αίσθημα της κίνησης του αντικειμένου ως απατηλό, αποδίδοντας ταυτόχρονα την εμφάνισή του στη δική μας πραγματική κίνηση. Σύμφωνα λοιπόν με την εμπειρία, τόσο για τον άνθρωπο όσο και για τα πράγματα, η κίνηση διακρίνεται απόλυτα από την ηρεμία διότι σε κάθε περίπτωση κάθε τι που υφίσταται την κίνηση υφίσταται ταυτόχρονα περαιτέρω μεταβολές στην κατάστασή του, οι οποίες ουδέποτε εμφανίζονται στην αντίθετη περίπτωση. Συνεπώς κάθε φορά που δημιουργείται το αίσθημα της κίνησης κάποιου αντικειμένου θα πρέπει να εξετάζεται η "γνησιότητά" του ώστε η κίνηση να μην αποδίδεται απλώς σε κάποιο αντικείμενο που φαίνεται ότι κινείται αλλά σε εκείνο το αντικείμενο που υφίσταται και τις επιπτώσεις της.

Ως εκ τούτου και καθώς οι άνθρωποι ζουν μέσα σε ένα φυσικό περιβάλλον όπου κάθε τι που παραμένει σταθερά συνδεδεμένο με το έδαφος και για όσο χρόνο συμβαίνει κάτι τέτοιο, αυτό φαίνεται να στερείται τις επιπτώσεις άρα και τη δυνατότητα συμμετοχής του στην πραγματική κίνηση, αρκεί ένας παρατηρητής να παραμένει σταθερά συνδεδεμένος με το έδαφος, ώστε να διαθέτει το απόλυτο πλεονέκτημα σε ό,τι αφορά τον έλεγχο της γνησιότητας κάθε κίνησης, καθώς, αφού ο ίδιος στερείται εκ των πραγμάτων της τελευταίας, κάθε κίνηση αντικειμένου που παρατηρεί, αν δεν αποτελεί αποκύημα της φαντασίας του, οφείλει να αποδίδει ταυτόχρονα και την πραγματική κινητική κατάσταση του τελευταίου.

Αλλά ενώ, όταν κάποιος λειτουργεί ως παρατηρητής της κίνησης, δεν είναι σε θέση να μετέχει και ο ίδιος των εννοιών της κίνησης και της ηρεμίας, κατηγορήματα που νομιμοποιούνται εκ των πραγμάτων να του αποδίδονται μόνο από κάποιον άλλο παρατηρητή, καθώς σε καμία περίπτωση δεν έχει νόημα η αυτοπαρατήρηση του ίδιου του παρατηρητή και μαζί του δικού του συστήματος παρατήρησης, κάτι που θα οδηγούσε άλλωστε απλώς στην ταυτολογική αυτοδιαπίστωση της ακινησίας κάθε ξεχωριστού παρατηρητή, το ουσιαστικό επιχείρημα, ότι δηλαδή τα βουνά στερούνται των συνεπειών άρα και της ίδιας της κίνησης, προϋποθέτει όχι μόνο τη γνώση του τρόπου που συμβαίνουν οι μεταβολές των πραγμάτων στη φύση, αλλά και του τρόπου που τροποποιεί αυτές τις μεταβολές η κίνηση, και ως εκ τούτου και του κριτηρίου εάν τα τελευταία κινούνται ή είναι ακίνητα. Επιχειρώντας δηλαδή να ορίσουμε τι είναι η κίνηση, επικαλούμαστε μια θεωρία που στηρίζεται σε εκείνο ακριβώς που επιχειρούμε να προσδιορίσουμε, καθώς η θεωρία για τις μεταβολές στην πραγματικότητα έχει συγκροτηθεί στα πλαίσια ενός προεπιλεγμένου συστήματος παρατήρησης, μέσω του οποίου έχει ήδη όχι μόνο προκαθοριστεί αλλά και τεθεί ως αναγκαίος όρος για την δική της επικύρωση ακριβώς αυτός ο συγκεκριμένος τρόπος διάκρισης ανάμεσα στην κίνηση και την ακινησία.

Ως συνέπεια, υποχρεωμένοι να υιοθετήσουμε μια πιο προσεκτική διατύπωση, οφείλουμε να περιοριστούμε στη διαπίστωση ότι, επιλέγοντας ένα συγκεκριμένο σύστημα παρατήρησης, όπως είναι η γήινη επιφάνεια, διαθέτουμε απλώς το προνόμιο να επιβεβαιώνουμε τις προβλέψεις μιας συγκεκριμένης θεωρίας που αφορά τα κινούμενα αντικείμενα έτσι όπως αυτά αναγνωρίζονται άμεσα ως τέτοια. Η επιλογή, δηλαδή, μιας συγκεκριμένης κατάστασης παρατήρησης δεν προσφέρει καθόλου τη δυνατότητα ελέγχου της γνησιότητας της κίνησης ή της ηρεμίας, αλλά προσφέρει ένα συγκριτικό πλεονέκτημα για την συγκρότηση και την εφαρμογή μιας θεωρίας που αφορά τον τρόπο που συμβαίνουν οι μεταβολές των πραγμάτων. Ένας παρατηρητής, για παράδειγμα, που βρίσκεται πάνω σε ένα τραίνο που μετακινείται σχετικά με το έδαφος, είναι υποχρεωμένος να σκεφτεί όπως ακριβώς και ένας παρατηρητής πάνω στο τελευταίο, ώστε να μην θεωρήσει εσφαλμένα ότι ο κινούμενος, σε σχέση με τον ίδιο, σταθμάρχης του σταθμού από τον οποίο διέρχεται, επιβαρύνεται από τις επιπτώσεις με τις οποίες αναπόφευκτα θα επιβαρυνόταν αν αυτή του η κίνηση είχε παρατηρηθεί από τον άλλο παρατηρητή στο έδαφος.

Αλλά εδώ ακριβώς βρίσκεται όλο το πρόβλημα. Αν κάθε φορά που χρειάζεται να μιλήσουμε για τις μεταβολές των πραγμάτων είμαστε υποχρεωμένοι να ασπαζόμαστε την οπτική γωνία ενός συγκεκριμένου παρατηρητή, τότε, από τη μία, για όλους τους πρακτικούς σκοπούς η διατύπωση της δεύτερης θεώρησης μοιάζει μάλλον περιττή ενώ ακόμη περισσότερο θα έπρεπε να επαναπροσδιορίσουμε την ίδια την έννοια της κίνησης θέτοντας ως αναγκαία προϋπόθεση για την αναγνώριση της τελευταίας όχι μόνο την άμεση παρατήρηση του κινούμενου αντικειμένου αλλά μαζί με αυτήν και τις επιπτώσεις που εκείνος ο παρατηρητής έχει συναγάγει ότι υφίσταται το τελευταίο από αυτήν, κάτι βέβαια που στην πράξη πραγματοποιεί ήδη η φυσική γλώσσα καθώς, θέλοντας να προειδοποιήσει για τις πρακτικές συνέπειες, λέει "κινούμαι προς το σπίτι" και όχι ότι βλέπω το σπίτι να κινείται προς εμένα.

Αν όμως ασπαστούμε αυτή την θεώρηση και επιλέξουμε οριστικά κάποιο συγκεκριμένο σύστημα παρατήρησης για να ορίζουμε την κίνηση, πιστεύοντας ουσιαστικά στην απόλυτη αλήθεια της αντίστοιχης θεωρίας για τις μεταβολές, είναι σαν να αποκλείουμε μια για πάντα από κάθε άλλον παρατηρητή την θεωρητική δυνατότητα να επεξεργαστεί τα δικά του παρατηρησιακά δεδομένα, ώστε να συγκροτηθεί μία διαφορετική, ανεξάρτητη θεωρία, που θα συνδέει την αναγκαιότητα των μεταβολών με την παρατηρούμενη κίνηση. Αλλά ακόμη και αν θεωρήσουμε αυτή την επιλογή ως μια συμβατική διατύπωση που αποσκοπεί απλώς στην οικονομία της έκφρασης, γίνεται φανερό ότι, ενώ ξεκινήσαμε να μελετήσουμε την κίνηση κάνοντας αφαίρεση από τον τρόπο που συμβαίνουν οι μεταβολές των ποιοτήτων στη φύση, τώρα διαπιστώνουμε ότι δεν νομιμοποιείται η ίδια η παρατήρηση της πρώτης, αν δεν εγκριθεί ακριβώς από τη θεωρία για τις μεταβολές, από αυτό δηλαδή το οποίο αφαιρέσαμε, αφού ο οποιοσδήποτε παρατηρητής δεν έχει το δικαίωμα να πιστοποιεί άμεσα την κίνηση που καταγράφει ως τέτοια, παρά μόνο αν προηγουμένως έχει χρησιμοποιήσει μια θεωρία για τη φύση μέσω της οποίας προβλέπεται ακριβώς η κίνηση που παρατηρεί. Ενώ δηλαδή, από τη μία, κάθε θεωρία για τις μεταβολές είναι υποχρεωμένη να προσδιορίζει ρητά ποιο σύστημα παρατήρησης της κίνησης έχει χρησιμοποιηθεί για την συγκρότησή της, προϋποθέτοντας έτσι ως δεδομένο τον ορισμό της κίνησης, από την άλλη, αναγκαία προϋπόθεση, ώστε να υπάρξει ως πραγματικό το άμεσο αίσθημα της κίνησης, είναι η επιστροφή ακριβώς από τη διαμεσολαβούσα εμμεσότητα της θεωρίας.

Έχοντας ωστόσο ως δεδομένη την υποστήριξη εκ μέρους της θεωρίας του απόλυτου χαρακτήρα του γήινου συστήματος αναφοράς, όπως για παράδειγμα συνέβαινε με τη φυσική του Αριστοτέλη, αλλά και ταυτόχρονα την εδραίωση των πορισμάτων της θεωρίας μέσω ακριβώς αυτής της απολυτοποίησης,[32] η αναζήτηση εναλλακτικών θεωριών για την κίνηση μέσω εναλλακτικών συστημάτων παρατήρησης θα αναδεικνυόταν εκ των πραγμάτων ως επιβεβλημένη είτε αν αποδεικνυόταν λαθεμένη η σύνδεση της παρατηρούμενης κίνησης με συγκεκριμένες επιπτώσεις στην ποιότητα των κινουμένων αντικειμένων, κάτι όμως υπέρ του οποίου φαίνεται να συνηγορεί ολόκληρη η πρακτική εμπειρία, ή αλλιώς αν αμφισβητούνταν άμεσα και με τον πιο κατηγορηματικό τρόπο το απόλυτο πλεονέκτημα του γήινου συστήματος παρατήρησης σε ό,τι αφορά την μελέτη γενικότερα των κινήσεων. Αλλά επειδή όλοι οι παρατηρητές που κινούνταν πάνω στο έδαφος είχαν χάσει

32. Είναι χαρακτηριστικό ότι, ενώ στην αρχαιότητα αναγνωρίζεται ο σχετικός εν γένει χαρακτήρας του φαινομενολογικού ορισμού της κίνησης, στην πρώτη απόπειρα σύνδεσης της τελευταίας με τις ποιοτικές μεταβολές των πραγμάτων, και συγκεκριμένα στην αριστοτελική φυσική, προϋποτίθεται ως αυτονόητο θεμέλιό της η ακύρωση του σχετικού προσδιορισμού της κίνησης και της συμβατικής μόνο αναφοράς στο θεωρούμενο ως "ακίνητο" αντικείμενο, θέτοντας τη γήινη επιφάνεια ως αδιαμφισβήτητο απόλυτο σημείο αναφοράς για την αναγνώριση της πρώτης. Έτσι, η πρώτη ουσιαστικά απόπειρα να συγκροτηθεί μια εμπειρική θεωρία για τη φύση επιλέγει την άμεση στήριξή της στο "κοινό αίσθημα" ότι ο ήλιος κινείται ως προς τη γη, παραβιάζοντας ολοφάνερα τη λογική ανάλυση που διαπιστώνει ότι μαζί με αυτό ισχυριζόμαστε ταυτόχρονα ότι η γη κινείται ως προς τον ήλιο.

προ πολλού την αξιοπιστία τους, η βοήθεια θα μπορούσε να έρθει στην κυριολεξία μόνο από τον ουρανό. Έτσι, δεν πρέπει να μας εκπλήσσει ότι η ηλιοκεντρική υπόθεση του Κοπέρνικου οδήγησε στην υπόδειξη για τα ψαράκια, τις πεταλούδες και τις κινήσεις γενικότερα, που δεν επηρεάζονται καθόλου από ορισμένα ταξίδια, του Γαλιλαίου.[i]

Η σύγκρουση με την παράδοση είναι άμεση και καθαρή. Ο Γαλιλαίος προσφέρει με αυτό τον τρόπο την έμμεση αλλά σαφή υποστήριξή του στην υπόθεση του Κοπέρνικου, στο μείζον για την εποχή θέμα της κίνησης της γης, υποδεικνύοντας ουσιαστικά ότι θα μπορούσε η τελευταία να πραγματοποιεί μια κίνηση μη ανιχνεύσιμη από εκείνους που συμμετέχουν σε αυτήν, μια κίνηση δηλαδή που ως προς τα αποτελέσματά της δεν θα διέφερε από την ακινησία. Αν, λοιπόν, επιλεγεί ως καταλληλότερο σύστημα παρατήρησης για την μελέτη της κίνησης των ουράνιων σωμάτων ο ήλιος, τότε κάθε τι που είναι σταθερά συνδεδεμένο με τη γήινη επιφάνεια θα όφειλε πράγματι, σύμφωνα με την αριστοτελική θεωρία για τις μεταβολές, να υφίσταται τις επιπτώσεις της κίνησης. Αν τώρα, όπως η ίδια θεωρία υποστηρίζει, κάτι τέτοιο δεν συμβαίνει, το μόνο που αποδεικνύεται δεν είναι παρά η αδιαμφισβήτητη ύπαρξη κινήσεων που, ανεξάρτητα αν συμβαίνουν στον ουρανό ή πάνω στη γη, δεν λειτουργούν καθόλου ως κινήσεις αφού δεν επιφέρουν καμία τροποποίηση στον τρόπο που μεταβάλλονται οι ποιότητες των πραγμάτων που τις υφίστανται. Αυτού του είδους οι κινήσεις είναι κυκλικές όπως υποστήριξε ο ίδιος ο Γαλιλαίος ή, ακριβέστερα, οι ευθύγραμμες με σταθερή ταχύτητα, όπως τον διόρθωσε στη συνέχεια ο Νεύτωνας.[33]

Αλλά ενώ αρχικά η θεώρηση που εισάγει ο Νεύτωνας φαίνεται να διορθώνει μόνο τυπικά το επιχείρημα του Γαλιλαίου, αποδεχόμενη ως εξ ίσου αξιόπιστα όλα εκείνα τα διαφορετικά συστήματα παρατήρησης που κινούνται με διαφορετικές αλλά σταθερές το ένα ως προς το άλλο ταχύτητες, στη συνέχεια, αξιοποιώντας την

33. Πράγματι, για τον Γαλιλαίο, επειδή η κίνηση του πλοίου πραγματοποιείται με σταθερή ταχύτητα πάνω σε ένα τόξο της γήινης επιφάνειας, η κίνηση που λειτουργεί ως "μη κίνηση" είναι η κυκλική.

έλλειψη οποιασδήποτε αναφοράς της προηγούμενης θεώρησης σχετικά με τις δυνατότητες των υπόλοιπων συστημάτων παρατήρησης, και απορρίπτοντας τα τελευταία ως μη αξιόπιστα, καταργεί ουσιαστικά το πνεύμα του επιχειρήματος, ώστε να εγκαθιδρύσει ξανά ένα απόλυτο σύστημα αναφοράς τέτοιο, που μόνο δια της αποκλειστικής αναφοράς σε αυτό είναι υποχρεωμένοι να διατυπώνονται παντοτινά οι νόμοι της φύσης, ενώ δια του οποίου οι κινούμενοι με σταθερή ταχύτητα σε σχέση με τούτο αξιόπιστοι παρατηρητές αντλούν με αυτό τον τρόπο την ίδια την αξιοπιστία τους.

Η επιστροφή όμως αυτή στην αποκλειστική εγκυρότητα ενός ουσιαστικά προνομιούχου συστήματος αναφοράς, που μάλιστα στην αρχική της μορφή δεν περιελάμβανε καν τον προσδιορισμό κάποιου αισθητού συστήματος παρατήρησης παρά μόνο την αναφορά στην αφηρημένη ιδέα του απόλυτου χώρου που τόσες κατηγορίες για σκοτεινή μεταφυσική επέσυρε,[ii] δεν αποτελούσε παρά την αναπόφευκτη συνέπεια της δυνατότητας να διατυπωθεί για πρώτη φορά στην ιστορία των θεωριών για τη φύση μια καθολική ενιαία διατύπωση για τη φυσική αιτιότητα τόσο γι' αυτά που συμβαίνουν πάνω στη γη όσο και για εκείνα που συμβαίνουν στον ουρανό καθώς αν κάθε φυσικό αντικείμενο θεωρηθεί ως μία ενιαία οντότητα τώρα γίνεται πλέον εφικτό να προβλέψουμε με τον πιο συγκεκριμένο τρόπο τις επιπτώσεις από την ύπαρξή του πάνω στο οποιοδήποτε άλλο τέτοιο αντικείμενο του φυσικού κόσμου.

Αλλά η ιστορία δεν έχει πει ακόμη την τελευταία λέξη. Δύο περίπου αιώνες μετά τον Γαλιλαίο, η συζήτηση αναζωπυρώνεται όταν οι νόμοι που διέπουν έναν ολότελα καινούριο τομέα φαινομένων, των λεγόμενων ηλεκτρομαγνητικών, βρίσκουν την συμπυκνωμένη μαθηματική τους διατύπωση στους νόμους που φέρουν το όνομα του Μάξουελ.[34] Γρήγορα διαπιστώνεται ότι το σύνολο

34. «Είναι ευρέως γνωστό ότι η ηλεκτροδυναμική του Μάξουελ –όπως αυτή κατανοείται στις μέρες μας– όταν εφαρμοστεί σε κινούμενα σώματα, οδηγεί σε ασυμμετρίες, που δεν φαίνονται να ενυπάρχουν στα ίδια τα φαινόμενα. Πάρτε, παραδείγματος χάριν, την ηλεκτροδυναμική αλληλεπίδραση μεταξύ ενός μαγνήτη και ενός αγωγού. Εδώ το φαινόμενο που παρατηρείται εξαρτάται μόνο από την σχετική κίνηση του αγωγού και του μαγνήτη, ενώ συνή-

αυτών των αριθμητικών σχέσεων παραμένει ουσιαστικά αμετάβλητο αν αντικαταστήσουμε τις μεταβλητές του χώρου και του χρόνου, που εμφανίζονται στις εξισώσεις, με ορισμένες συναρτήσεις τους, στις οποίες συμμετέχει και η ταχύτητα του κινούμενου σώματος. Μαζί με αυτό συνδεόταν μια υπόθεση που φαινόταν να επικυρώνεται με τον πιο άμεσο τρόπο πειραματικά: Η ταχύτητα μιας φωτεινής ακτίνας είναι ανεξάρτητη από τις σχετικές ταχύτητες των συστημάτων αναφοράς.

Η ιδέα του Αϊνστάιν πάνω στο θέμα είναι απλή και καθαρή. Η πειραματική εμπειρία που σχετίζεται με την μελέτη των φωτεινών σημάτων φαίνεται όχι μόνο να επιβεβαιώνει με τον πιο κατηγορηματικό τρόπο αλλά και να προσδίδει απεριόριστη καθολικότητα στην επαναστατική ιδέα του Γαλιλαίου που αφορά την σχετική κίνηση, στο ότι δηλαδή κάποιες κινήσεις, από μια ορισμένη άποψη, είναι ισοδύναμες τόσο μεταξύ τους όσο και με την ίδια την ακινησία, καθώς, όπως οι πεταλούδες παραμένουν ξεκούραστες, κατά το μακρινό ταξίδι τους από τη Βενετία στο Χαλέπι, έτσι και ο άνθρωπος που ταξιδεύει μαζί τους μπορεί να κοιτά την δική του εικόνα στον καθρέφτη[35] δίχως να έχει την παραμικρή ανησυχία για τυχόν αλλοίωση της τελευταίας εξαιτίας της κίνησης του πλοίου που τον μεταφέρει. Η ιδέα όμως αυτή, ακόμη και ως τέτοια, ανεξάρτητα δηλαδή από κάθε εμπειρική επικύρωση των συνεπειών της, όχι μόνο αποκαλύπτει με τον πιο καθαρό τρόπο τις αντιθέσεις, που συνδέονται με τον ίδιο τον ορισμό της κίνησης και τους αριθ-

---

θως γίνεται σαφέστατη διάκριση των δύο περιπτώσεων, όταν δηλαδή κινείται το ένα ή το άλλο σώμα.» Αϊνστάιν, *Η Ειδική Θεωρία της Σχετικότητας, Περί της ηλεκτροδυναμικής των κινουμένων σωμάτων*, σελίδες 19-20.

35. Γράφει ο Αϊνστάιν στην *Αυτοβιογραφία* του για το παράδοξο που, όπως λέει, είχε ήδη συναντήσει στα δεκάξι του χρόνια: «Αν ήμουν μια ακτίνα φωτός ... θα παρατηρούσα αυτήν την ακτίνα σαν ηλεκτρομαγνητικό πεδίο σε ακινησία ... Εντούτοις, καθώς κάτι τέτοιο δεν είναι δυνατόν ούτε σύμφωνα με την εμπειρία ούτε με βάση τις εξισώσεις του Μάξουελ, ήμουν από την αρχή πεπεισμένος, από διαίσθηση, ότι για ένα τέτοιο παρατηρητή όλα θα υπάκουαν στους ίδιους νόμους που ισχύουν για έναν ακίνητο παρατηρητή σε σχέση με τη γη ... Βλέπει κανείς ότι το σπέρμα της ειδικής θεωρίας της σχετικότητας περιέχεται ήδη σ' αυτό το παράδοξο.» *The Library of Living Philosophers, Autobiographical Notes*, σελίδα 53.

μητικούς προσδιορισμούς που σχετίζονται με την τελευταία, αλλά ταυτόχρονα είναι υποχρεωμένη να τις αναπτύξει περαιτέρω, οδηγώντας τις ως την καθαρή αντίφαση.

Αλλά, γιατί είναι η αναφορά στην κίνηση ενός "συστήματος αναφοράς" –στην κίνηση δηλαδή ενός πλοίου ή ενός τραίνου και όχι η απλή αναφορά στην κίνηση ενός αντικειμένου όπως στην κίνηση ενός βλήματος– που προκαλεί μια τέτοια εννοιολογική ανατροπή στη σύνδεση των μεγεθών που συνδέονται με την κίνηση και που θέτει πριν απ' όλα την επιτακτική απαίτηση της τοποθέτησης σε κάθε θέση του χώρου ενός "τοπικού" συστήματος μέτρησης του χρόνου; Η διαφοροποίηση των δύο κινήσεων προέρχεται βέβαια από τις ποιοτικές μεταβολές που εμμέσως υπονοούνται στην πρώτη κίνηση. Πράγματι, από την άποψη του χρόνου, η κίνηση ενός βλήματος θεωρείται ότι απλώς πραγματοποιεί διαδοχικά γεγονότα στον χρόνο, οι στιγμές των οποίων προσδιορίζονται μέσω της διέλευσης του πρώτου από τις συγκεκριμένες κάθε φορά θέσεις του χώρου. Κάθε τέτοια στιγμή, ενώ συνδέεται, μέσω της έννοιας του ταυτόχρονου, με στιγμές όλων των άλλων γεγονότων που εξελίσσονται εκείνη την χρονική περίοδο στις θέσεις του χώρου, απαιτεί, στην πράξη, την καταγραφή των ενδείξεων μιας μόνο ομοιόμορφης περιοδικής κίνησης, του "ρολογιού" του παρατηρητή, και την αντιστοίχηση των τελευταίων με τις στιγμές της κίνησης του βλήματος, ώστε, με την μεσολάβηση αυτή, να είναι δυνατός ο προσδιορισμός της οποιασδήποτε άλλης σχέσης ταυτόχρονου που αφορά την τελευταία. Έτσι, από την άποψη του χρόνου, η κίνηση αυτή συνδέεται με τα υπόλοιπα γεγονότα του κόσμου με μια αντιστοιχία της μορφής: το κινητό στη θέση Α – ο δείκτης κάποιου ρολογιού στη θέση 1.

Στην περίπτωση τώρα της κίνησης του πλοίου ή του τραίνου και μαζί ολόκληρου του περιεχομένου τους, εκείνο που συνδέεται άμεσα με την κίνηση δεν είναι παρά η ίδια η ποιοτική μεταβολή του τελευταίου, που, για να έχει τη δυνατότητα να αποκτήσει αριθμητικό προσδιορισμό των στιγμών της, μπορεί πάντα να παρασταθεί με την ειδική μορφή των περιοδικών κινήσεων ενός ρολογιού. Ως εκ τούτου, η ολοκληρωμένη αναφορά στο ταυτόχρονο απαιτεί πλέον έναν διπλό προσδιορισμό καθώς δεν τίθεται μόνο η αντιστοιχία ένδειξη 1 –θέση Α, αλλά η αντιστοιχία ένδειξη 1 στο ρολόι του παρατηρητή– ένδειξη 2, στο δεύτερο ρολόι, που είναι στη θέση Α. Κατά την μετακίνηση, δηλαδή, του "κινούμενου" ρολογιού, η θέση διέλευσης του τελευταίου αποκτά τη δυνατότητα να συνδέεται άμεσα με την χρονική ένδειξη του ίδιου, μια σύνδεση βέβαια που και η απλή επισήμανσή της θα καθίστατο εντελώς τετριμμένη και προφανώς θα συνέπιπτε, ως τυπική αριθμητική αντιστοιχία, με εκείνη της προηγούμενης περίπτωσης, αν είχε εκ των προτέρων εξασφαλιστεί ότι μεταξύ δύο ίδιων αριθμητικών τιμών των δύο ρολογιών ισχύει πάντα η αντιστοίχηση του ταυτόχρονου. Μια τέτοια, ωστόσο, διαβεβαίωση είναι δυνατόν να εξασφαλιστεί μόνο για ρολόγια που είναι ακίνητα ως προς το ίδιο σύστημα αναφοράς.

Αν, όμως, κάθε κινούμενο αντικείμενο εξαρτά τον χαρακτηρισμό του ως τέτοιο αποκλειστικά από την σχετική αναφορά σε κάποιο άλλο αντικείμενο, άρα διατηρεί πάντα τη δυνατότητα να χαρακτηρίζεται, την ίδια κιόλας στιγμή που κινείται, και ως ακίνητο, τότε οι ενδείξεις των δύο προηγούμενων ρολογιών οφείλουν, ακόμη και από καθαρά λογική άποψη, να είναι πάντα συγχρονισμένες, καθώς, σε κάθε άλλη περίπτωση, κάτι απόλυτο, η τροποποίηση δηλαδή της κανονικής λειτουργίας του κινούμενου ρολογιού, θα οφειλόταν σε ένα αίτιο όχι μόνο σχετικό αλλά από μια ορισμένη σκοπιά και εντελώς ανύπαρκτο. Δεν ήταν λοιπόν παρά η απαίτηση της αποφυγής αυτής της έκδηλης λογικής αντίφασης εκείνη που οδήγησε μια σειρά από φυσικούς, όπως τον Λόρεντζ ή τον Φιτζέραλντ, όντας αντιμέτωπους με τον επιβαλλόμενο μαθηματικό μετασχηματισμό της μεταβλητής του χρόνου σε ό,τι αφορά τη μελέτη των ηλεκτρομαγνητικών φαινομένων πάνω σε κινούμενα συστήματα αναφοράς, στην ουσιαστική απόρριψη, για μια ακόμη φορά, του φαινομενολογικού ορισμού της κίνησης,[iii] και στην αναζήτηση ταυτόχρονα ενός απόλυτα ακίνητου αντικειμένου[36] ως προς το οποίο

36. «Έτσι, οι φυσικοί ήταν υποχρεωμένοι να καταλήξουν στη θεωρία του "ημιστερεού" φωτεινού αιθέρα, του οποίου τα μέρη δεν μπορούν να εκτελούν κινήσεις το ένα σχετικά με το άλλο, εκτός από τις μικρές κινήσεις παραμόρφωσης που αντιστοιχούν στα φωτεινά κύματα.» Αϊνστάιν, *Αιθέρας, Γεωμετρία και Εμπειρία*, *Ο αιθέρας και η θεωρία της σχετικότητας*, σελίδα 9.

ο συγκεκριμένος μετασχηματισμός θα παίζει τον ρόλο του προσδιορισμού των αριθμητικών τιμών των ενδείξεων κάθε, απόλυτα αναγνωρίσιμου πλέον ως κινούμενου, ρολογιού, για κάθε θέση της διαδρομής του τελευταίου στον χώρο.

Την ίδια όμως χρονική περίοδο, ο Αϊνστάιν, αποσκοπώντας και αυτός να αποφύγει την διαφαινόμενη αντίφαση, αμφισβητεί άμεσα το ουσιαστικό θεμέλιο της τελευταίας, αντλώντας, ακριβώς αντίθετα επιχειρήματα από τις γαλιλαϊκές υποδείξεις για την σχετική κίνηση. Μια τέτοια υπόδειξη, για παράδειγμα, συνδέεται με την παρατήρηση ότι η τροχιά της πέτρας που πέφτει από το κατάρτι του κινούμενου πλοίου ενώ φαίνεται κατακόρυφη για τον παρατηρητή που συμμετέχει στην κίνηση του τελευταίου, φαίνεται παραβολή για έναν παρατηρητή που στέκεται στη στεριά. Σε αυτή την περίπτωση η παραβολική μορφή δεν συνδέεται αιτιωδώς με την κίνηση του πλοίου· αποτελεί απλώς μια από τις δυνατές μορφές εμφάνισης του πραγματικού γεγονότος αυτής της πτώσης. Άλλωστε, αν το ίδιο γεγονός, της ελεύθερης πτώσης, διαδραματιστεί στην ξηρά, η κατακόρυφη μορφή της τροχιάς θα αποκτήσει ανάλογα παραβολική μορφή για τον παρατηρητή του πλοίου. Με έναν ανάλογο τρόπο, σύμφωνα με τον Αϊνστάιν, οι τροποποιημένες, σε σύγκριση με εκείνες του πρώτου ρολογιού, ενδείξεις για τις τιμές του χρόνου του δεύτερου ρολογιού, δεν συνδέονται αιτιωδώς με την κίνηση του τελευταίου, αλλά αποκτούν απλώς αυτή τη μορφή μόνο για τον πρώτο παρατηρητή, όπως ακριβώς η ελεύθερη πτώση της πέτρας στο πλοίο αποκτά την παραβολική μορφή για τον παρατηρητή της στεριάς.

Αλλά αν η παραβολική μορφή προκύπτει επειδή στην κατακόρυφη τροχιά προστίθεται άμεσα, για τον πρώτο παρατηρητή, η οριζόντια μετατόπιση που αντιστοιχεί στην επιπλέον, σχετικά με τον δεύτερο παρατηρητή, κίνηση που ο ίδιος παρατηρεί, πώς είναι δυνατόν οι διαφοροποιημένες ενδείξεις ενός τυχαία επιλεγμένου φυσικού μηχανισμού να χαρακτηρίζονται όχι ως αποτέλεσμα μιας κίνησης αλλά ως ένα απλό φαινόμενο –κάτι που συνεπάγεται άμεσα ότι παρατηρείται ως τέτοιο με τον ίδιο απόλυτα συμμετρικό τρόπο και από τους δύο παρατηρητές– το οποίο προκύπτει εξαιτίας της "πρόσθεσης" της κίνησης;

Η απάντηση βέβαια συνδέεται άμεσα με τη λειτουργία της έννοιας του ταυτοχρόνου στη θεμελίωση της έννοιας του χρόνου. Καθώς κάθε αναφορά στην έννοια του χρόνου έχει στη βάση της τον προσδιορισμό του ταυτόχρονου μεταξύ των στιγμών των διαφορετικών γεγονότων, το ζήτημα που προκύπτει άμεσα είναι η πρακτική εξακρίβωση του τελευταίου. Αν, τώρα, ο μόνος τρόπος που απομένει είναι η χρησιμοποίηση πραγματικών φωτεινών σημάτων,[37] τότε η ανεξαρτησία της ταχύτητας των τελευταίων από την κινητική κατάσταση της πηγής τους επιβάλλει άμεσα την κατάργηση της δυνατότητας του απόλυτου ταυτόχρονου. Ως άμεση συνέπεια, δύο ρολόγια τοποθετημένα σε διαφορετικές θέσεις του χώρου, επειδή συγχρονίζονται ουσιαστικά μόνο μέσω της αποστολής φωτεινών σημάτων, φαίνονται συγχρονισμένα μόνο για κάποιο συγκεκριμένο σύστημα αναφοράς.[38]

Αλλά αν οι ενδείξεις δύο όμοιων ρολογιών που λειτουργούν σε απομακρυσμένες μεταξύ τους περιοχές καταγράφονται, από διαφορετικούς παρατηρητές, με διαφορετική σειρά, τότε ποιο είναι

37. Ο πιο χαρακτηριστικός τρόπος για να επιτευχθεί ο συγχρονισμός δύο ρολογιών είναι η φωτεινή πηγή να στέκεται στο μέσο της απόστασης που χωρίζει τα τελευταία.

38. «Ας θεωρήσουμε ένα απλό παράδειγμα. Ένα ωριαίο σήμα εκπέμπεται από έναν κεντρικό σταθμό, όπως ο Πύργος του Άιφελ, μέσω ασύρματου τηλεγράφου, όπως προτάθηκε στη σχεδιαζόμενη διεθνή υπηρεσία χρόνου. Τότε όλοι οι περιφερειακοί σταθμοί, που ισαπέχουν από αυτόν, λαμβάνουν το σήμα την ίδια χρονική στιγμή και μπορούν να ρυθμίσουν τα ρολόγια τους αναλόγως. Αλλά μια τέτοια μέθοδος ρύθμισης χρονομέτρων είναι απαράδεκτη, δεδομένου ότι κάποιος, λαμβάνοντας υπόψη τη σχετικότητα κάθε κίνησης, μπορεί να αλλάξει το σύστημα αναφοράς του από τη Γη στον Ήλιο, θεωρώντας έτσι ότι η Γη κινείται. Διότι, σύμφωνα με την αρχή της σταθερότητας της ταχύτητας του φωτός, είναι σαφές ότι οι συγκεκριμένοι σταθμοί οι οποίοι, παρατηρούμενοι από τον κεντρικό σταθμό, βρίσκονται στην κατεύθυνση της κίνησης της Γης, θα λάβουν το σήμα αργότερα από εκείνους που βρίσκονται στην αντίθετη κατεύθυνση, επειδή οι πρώτοι απομακρύνονται από τα επερχόμενα φωτεινά σήματα ενώ οι δεύτεροι κινούνται προς αυτά. Τούτο, σύμφωνα με την αρχή της σταθερής ταχύτητας του φωτός, καθιστά εντελώς αδύνατο τον απόλυτο προσδιορισμό του χρόνου – δηλαδή ανεξάρτητα από την κίνηση των παρατηρητών. Οι δύο αρχές δεν μπορούν να συνυπάρξουν.» Πλανκ, *Όψεις της φυσικής θεωρίας*, σελίδες 99-100.

εκείνο το ρολόι του οποίου η διαφορά στις ενδείξεις θα προσδιορίζει άμεσα την χρονική διάρκεια ενός γεγονότος για το οποίο, ενώ η έναρξη συμβαίνει στη θέση Α, το πέρας του πραγματοποιείται στη θέση Β του χώρου; Είναι προφανές ότι πλέον για τον υπολογισμό της διάρκειας οποιουδήποτε γεγονότος απαιτείται η τοποθέτηση πρακτικά συγχρονισμένων μεταξύ τους ρολογιών σε εκείνες τις θέσεις του χώρου όπου συντελούνται οι μεταβολές που προσδιορίζουν τις στιγμές των υπό μέτρηση γεγονότων. Η πρακτική λοιπόν απαίτηση της εξακρίβωσης του ταυτόχρονου οδηγεί αναπόφευκτα σε μια επαναθεμελίωση τόσο του ορισμού του χρόνου όσο όμως, ως άμεσο επακόλουθο, και της ίδιας της απόστασης. Από την άλλη, η σχετικότητα στη διαφορά των χρόνων και των αποστάσεων δεν επηρεάζει καθόλου την πραγματοποίηση των ίδιων των γεγονότων. Ένα συμβάν που παρατηρείται σε κάποιο σύστημα αναφοράς παρατηρείται με αναγκαιότητα και από κάθε άλλο σχετικά κινούμενο παρατηρητή, παρόλο που η σειρά εμφάνισής τους είναι διαφορετική.

Η θεώρηση λοιπόν του Αϊνστάιν αποδίδει διαφορετικές τιμές στο μήκος μιας ράβδου ή στην χρονική διάρκεια του κτύπου ενός ρολογιού δίχως να υπάρχουν κάποιες φυσικές αιτίες που να προκαλούν αλλοιώσεις ή μεταβολές. Είναι αλήθεια ότι η κοινή λογική θεωρεί ως απόλυτη την σύνδεση κάθε φυσικού μεγέθους αποκλειστικά με μια αριθμητική τιμή, αν χρησιμοποιείται για την μέτρησή του σταθερά η ίδια αναλλοίωτη μονάδα. Η σύνδεση αυτή στηρίζεται στην παράδοξη, όπως αποδεικνύει εκ των υστέρων η λογική ανάλυση, αντίληψη, ότι οι ιδιότητες κάθε πράγματος αναφύονται απλώς από το εσωτερικό του τελευταίου δίχως να είναι αναγκαία η μεσολάβηση των υπόλοιπων πραγμάτων. Αλλά το πιο παράδοξο είναι ότι αυτή η αντίληψη εδραιώνεται ακριβώς μέσα στην ίδια την διαδικασία της μέτρησης, ακριβώς, δηλαδή, μέσα στην διαδικασία συσχετισμού των ίδιων των πραγμάτων. Έτσι, πρώτα απ' όλα, απαιτείται η κριτική εξέταση της αναγκαίας μορφής εμφάνισης που αποκτά σε κάθε διαδικασία μέτρησης η ίδια η χρησιμοποιούμενη μονάδα.

Πράγματι, όταν επιχειρούμε να μετρήσουμε το μήκος μιας ευθύγραμμης ράβδου ενώ το πρώτο εμφανίζεται ότι ανήκει αποκλειστικά στην τελευταία, όπως, ας πούμε, της ανήκουν το χρώμα ή η σκληρότητά της, είναι πάντα απαραίτητο να απευθυνθούμε σε μια δεύτερη ράβδο ως αναγκαίο συμπληρωματικό στοιχείο, που μόνο με την δική του άμεση παρουσία είναι δυνατόν να πραγματοποιηθεί η μέτρηση. Έτσι, ενώ το μήκος φαίνεται να αποδίδει μία ποσότητα κοινή μεταξύ όλων των ράβδων, στην πραγματικότητα είναι μάλλον η ειδική διαδικασία συσχέτισης των τελευταίων, η ίδια δηλαδή η διαδικασία της μέτρησης του μήκους τους, που όχι μόνο φέρνει στο φως το τελευταίο, αλλά και το συγκροτεί ως κοινή ιδιότητα των πρώτων.

Ωστόσο, παρόλο που κάθε ράβδος ταυτίζεται ποιοτικά με την άλλη, ως η ενότητα μιας ιδιαίτερης φυσικής ποιότητας και μιας αφηρημένης ποσότητας όπως το μήκος, στα πλαίσια της μέτρησης, τα δύο στοιχεία που χαρακτηρίζουν την κάθε πλευρά φαίνονται σαν να έχουν διαχωριστεί και στη συνέχεια προσκολληθεί πάνω σε κάθε μία από αυτές, επικαθορίζοντας με την παρουσία τους τη μορφή εμφάνισης των τελευταίων.[39] Πράγματι, στη διαδικασία αυτή κάθε πλευρά παίζει έναν καλά καθορισμένο ρόλο. Το μήκος της ράβδου επιδιώκει να μετρηθεί ενώ το πρότυπο μέτρο προσφέρει την απόσταση μεταξύ των δύο άκρων της για να πραγματοποιηθεί η μέτρηση. Η ιδιαίτερη φυσική μορφή του τελευταίου –η από ιριδιούχο λευκόχρυσο ράβδος– λειτουργεί πλέον μόνο ως εκπρόσωπος μίας αφηρημένης ποσότητας, της απόστασης. Το ίδιο το πρότυπο μέτρο δεν μπορεί να μετρήσει το δικό του μήκος. Με αυτή την έννοια το μήκος της ράβδου και η μονάδα μήκους, παρά το κοινό τους χαρακτηριστικό, αποτελούν δύο αλληλοαποκλειόμενους αλλά, ταυτόχρονα, αδιαχώριστους πόλους.

39. «Η σωματική μορφή του σίδερου παρμένη αυτή καθ' αυτή, είναι τόσο λίγο μορφή εμφάνισης της βαρύτητας, όσο και η σωματική μορφή της ζάχαρης. Και όμως για να εκφράσουμε το καλούπι της ζάχαρης σαν βάρος το φέρνουμε σε μια σχέση βάρους με το σίδερο. Στη σχέση αυτή το σίδερο θεωρείται σαν ένα σώμα που δεν παρασταίνει τίποτα άλλο εκτός από βάρος. ... Τον ρόλο αυτό τον παίζει το σίδερο μόνο μέσα σ' αυτή τη σχέση που έρχεται μαζί του η ζάχαρη, ή ένα οποιοδήποτε άλλο σώμα που πρόκειται να βρεθεί το βάρος του.» Μαρξ, *Το Κεφάλαιο, Πρώτος Τόμος*, σελίδες 70-71.

Ανάλογα, σε ό,τι αφορά τον προσδιορισμό της αριθμητικής τιμής για τον χρόνο φαίνεται ότι απαιτείται απλώς ο αριθμητικός προσδιορισμός των πανομοιότυπων περιοδικών κινήσεων ενός φυσικού συστήματος, όπου ως μονάδα χρονικής διάρκειας λαμβάνεται η χρονική διάρκεια κάθε μίας από αυτές. Η ανάλυση όμως δείχνει ότι δεν είναι δυνατόν να νοηθεί κανένας χρονικός προσδιορισμός δίχως την αναζήτηση της σχέσης που συνδέει την μονάδα του χρόνου με τη διάρκεια οποιουδήποτε άλλου γεγονότος που εξελίσσεται παράλληλα με αυτήν σε κάποια άλλη θέση του χώρου και μάλιστα ότι αυτός ο συσχετισμός προϋποθέτει τη δυνατότητα ρητής αντιστοίχησης των στιγμών που ανήκουν στα δύο γεγονότα μέσω της σχέσης του ταυτόχρονου.

Μια ράβδος, λοιπόν, ως μονάδα μέτρησης της απόστασης ή μια περιοδική κίνηση ως μέτρο μέτρησης της χρονικής διάρκειας, δεν έχουν καθόλου νόημα αυτά καθαυτά ως πράγματα ή φυσικά μηχανικά συστήματα, αλλά αποκτούν έναν ειδικό ρόλο καθαρά μέσα στη διαδικασία σύγκρισης με άλλες αποστάσεις ή χρονικές διάρκειες. Αλλά η αναγκαία σύνδεση της φυσικής μορφής τους με τις λειτουργίες τους ως μορφών της ίδιας της απόστασης ή της χρονικής διάρκειας δημιουργεί και εδραιώνει εκείνη την αναγκαία αλλά απατηλή αίσθηση ότι οι τελευταίες προκύπτουν ως δικό τους φυσικό χαρακτηριστικό, ανεξάρτητα, δηλαδή, από τη σχέση τους με τις άλλες αποστάσεις ή διάρκειες που επιδιώκουν να συσχετιστούν μαζί τους. Η κατανόηση, λοιπόν, του ισχυρισμού τού Αϊνστάιν ότι η ράβδος ως μονάδα του μήκους "φαίνεται" μικρότερη για κάποιον άλλον παρατηρητή "σκοντάφτει" ακριβώς σε αυτή την ταύτιση της εξωτερικής εικόνας της ράβδου με την ειδική λειτουργία της τελευταίας μέσα στα συγκεκριμένα πλαίσια της μετρητικής διαδικασίας της απόστασης, και στην αντεστραμμένη όψη με την οποία εμφανίζεται σε κάθε τέτοια διαδικασία η μονάδα της μέτρησης ή, όπως χαρακτηρίζεται σε ένα διαφορετικό πλαίσιο, η "ισοδύναμη" μορφή.[40]

40. «Επειδή η σχετική μορφή της αξίας ενός εμπορεύματος, λ.χ. του πανιού, εκφράζει την αξιακή του οντότητα σαν κάτι που διαφέρει πέρα για πέρα απ' το σώμα του και τις σωματικές ιδιότητές του, λ.χ. σαν κάτι που μοιάζει

Αλλά, μια μονάδα μέτρησης, όπως για παράδειγμα το πρότυπο μέτρο, απλώς μεσολαβεί ώστε να δώσει τη δυνατότητα σε κάθε ράβδο να εκδηλώσει μέσω της δικής του ξεχωριστής μορφής πρώτα απ' όλα τη δεύτερη φύση, το μήκος δηλαδή που κρύβει η τελευταία μέσα της, ώστε στη συνέχεια να είναι πλέον σε θέση να αποκτήσει εκείνον τον αριθμητικό προσδιορισμό που θα της επιτρέψει να εκπληρώσει τον πραγματικό σκοπό της που δεν είναι άλλος από τη δυνατότητα σύγκρισης του δικού της μήκους με το μήκος της οποιασδήποτε άλλης ράβδου. Άλλωστε, η μονάδα μέτρησης, όταν έχει πλέον επιτελέσει τον σκοπό της, εξαφανίζεται από το προσκήνιο, παρά τον πρωταγωνιστικό ρόλο που σίγουρα έπαιξε στην διαδικασία.

Ως εκ τούτου, σε ό,τι αφορά την σύγκριση των μετρήσεων των σχετικά κινούμενων παρατηρητών και καθώς μια συγκεκριμένη αριθμητική αναλογία μεταξύ των τιμών της απόστασης και του χρόνου οφείλει να παραμένει πάντα η ίδια, ανεπηρέαστη δηλαδή από την σχετική κίνηση, ο παραδοσιακός τρόπος σύγκρισης τόσο της χρονικής διάρκειας όσο και των αποστάσεων οφείλει να υποστεί έναν δραστικό μετασχηματισμό σε ό,τι αφορά την ίδια του τη μορφή. Πράγματι, ένα παραδοσιακό ρολόι ή μια ράβδος, ενώ είναι απόλυτα κατάλληλα να μεσολαβούν ώστε να πραγματοποιούνται οι χαρακτηρισμοί του ταυτόχρονου για τα γεγονότα ή τις αποστάσεις του δικού του συστήματος αναφοράς, δεν μπορούν να χρησιμεύσουν σε τίποτε για τις σχέσεις που αντιλαμβάνεται κάποιος κινούμενος, ως προς το ίδιο, παρατηρητής.

με σακάκι, η ίδια αυτή έκφραση υποδηλώνει ότι κρύβει μια κοινωνική σχέση. Το αντίθετο γίνεται με την ισοδύναμη μορφή. Η μορφή αυτή συνίσταται ακριβώς στο ότι ένα σώμα εμπορεύματος, όπως το σακάκι, αυτό το πράγμα έτσι όπως είναι και υπάρχει, εκφράζει αξία, έχει επομένως από φυσικό του μορφή αξίας. Είναι αλήθεια ότι αυτό ισχύει μόνο μέσα στη σχέση της αξίας, μέσα στην οποία το εμπόρευμα πανί σχετίζεται με το εμπόρευμα σακάκι σαν προς ισοδύναμο. Επειδή όμως οι ιδιότητες ενός πράγματος δεν πηγάζουν από τη σχέση του με άλλα πράγματα, αλλά μάλλον εκδηλώνονται μέσα σ' αυτή τη σχέση, φαίνεται σα να έχει και το σακάκι από φυσικού του την ισοδύναμή του μορφή, την ιδιότητα της άμεσης ανταλλαξιμότητάς του, ακριβώς όπως και την ιδιότητά του να έχει βάρος και να κρατάει ζέστη.» ό.π., σελίδα 71.

Για να συγκριθούν λοιπόν οι διάρκειες γεγονότων όπως αυτές υπολογίζονται από σχετικά κινούμενους παρατηρητές, χρειάζεται να αναζητηθεί μια διαφορετική μορφή "ρολογιού", μια μορφή που θα επιτρέπει την ανάδειξη ακριβώς μιας σχέσης μεταξύ ρολογιών. Αλλά το κοινό μέτρο σύγκρισης του χρόνου μπορεί πλέον να αντληθεί μόνο από μια κίνηση, αφού μόνο μέσω μιας τέτοιας θα ήταν άμεσα αντιληπτή η επιρροή της σχετικής κίνησης στη μορφή εμφάνισης της ίδιας, μια κίνηση όμως ομόφωνα αποδεκτή σε ό,τι αφορά τόσο τη δική της σταθερότητα όσο και την τιμή της διανυόμενης από αυτήν απόστασης. Τις απαιτήσεις αυτές τις ικανοποιεί η κίνηση του φωτεινού σήματος στην κάθετη, ανεπηρέαστη, ως προς τον κοινό άξονα της σχετικής κίνησης, διεύθυνση. Ως μονάδα του χρόνου ορίζεται ο χρόνος που απαιτείται ώστε η φωτεινή ακτίνα να διανύσει μια τυχαία μονάδα απόστασης σε αυτό τον άξονα. Έτσι, οι ιδιαίτερες γεωμετρικές σχέσεις που συνδέουν μεταξύ τους τις παρατηρούμενες τροχιές της ίδιας φωτεινής ακτίνας προσδιορίζουν και τις σχέσεις που συνδέουν τις αριθμητικές τιμές, οι οποίες αποδίδουν την χρονική διάρκεια κάποιου συγκεκριμένου γεγονότος.

Όταν, δηλαδή, τοποθετούμε "ρολόγια" πάνω σε σχετικά κινούμενα συστήματα αναφοράς, με σκοπό να προσδιορίσουμε τις σχετικές διάρκειες των γεγονότων, δεν εννοούμε παρά μόνο αυτό, ότι, δηλαδή, παρακολουθώντας τις στιγμές διέλευσης της φωτεινής ακτίνας από τις θέσεις του κάθετου ως προς την σχετική κίνηση άξονα, και έχοντας προϋποθέσει την συσχέτιση κάθε στιγμής αυτού του γεγονότος με όλα τα γεγονότα του κόσμου, μέσω της σχέσης με τις άλλες φαινομενικές τροχιές, οι στιγμές των οποίων είναι επίσης συγχρονισμένες με τον ίδιο τρόπο με τα ίδια ακριβώς γεγονότα, προσδιορίζονται τόσο οι σχετικές διάρκειες ίδιων γεγονότων όσο και η διάταξη με την οποία εμφανίζονται οι ποιοτικές μεταβολές από σχετικά μεταξύ τους κινούμενα συστήματα αναφοράς. Όταν η φωτεινή ακτίνα, για παράδειγμα, διέρχεται από το σημείο που ορίζει το πέρας της πρώτης μονάδας απόστασης, στον κάθετο άξονά του, ο "ακίνητος" παρατηρητής υπολογίζει ότι μέρος των συμβάντων, που ο ίδιος θεωρεί ότι έχουν ήδη συμβεί ως ταυτόχρονα με την διέλευση του φωτεινού σήματος από τις θέσεις που έχει διανύσει στον πλάγιο άξονα του "κινούμενου" παρατηρητή, δεν έχουν ακόμη παρατηρηθεί, παίρνοντας υπόψη τόσο την μικρότερη απόσταση που ο ίδιος παρατηρεί για την διαδρομή της φωτεινής ακτίνας αλλά και ότι οι νόμοι της φύσης παραμένουν οι ίδιοι και για τους δύο ώστε στο πέρας κάθε μονάδας απόστασης που διανύεται να αντιστοιχούν πάντα ως ταυτόχρονες οι ίδιες ποιοτικές μεταβολές.

Η διατύπωση, λοιπόν, της "περιορισμένης σχετικότητας" προϋποθέτει την κατανόηση των απλών εμπειρικών σχέσεων που συνεπάγονται οι ορισμοί για τον χώρο, τον χρόνο και την κίνηση, μόνο που, για να πραγματοποιήσει στη συνέχεια την δική της πλέον ιδιαίτερη ανάπτυξη, η πρώτη επιστρέφει σε αυτό από το οποίο ήταν απαραίτητο να αφαιρέσει, μια κίνηση απαραίτητη ώστε να συγκροτηθούν οι προηγούμενοι ορισμοί ενώ, κατανοώντας η ίδια τούτη την δική της αντιφατική κίνηση, συγκροτεί αυτήν ακριβώς τη διαδικασία στην ενότητά της ως το δικό της ανεξάρτητο πλέον θεωρητικό πλαίσιο.

Στα πλαίσια αυτά, ο βασικός της ισχυρισμός της θεωρίας ότι τόσο το μήκος της ράβδου όσο και η χρονική διάρκεια μεταξύ των κτύπων του ρολογιού, ενώ είναι από φυσική άποψη ίδια σε όλα τα συστήματα αναφοράς, φαίνονται, δίχως αυτό να έχει σχέση με κάποιου είδους οπτικό τέχνασμα, κατ' αναγκαιότητα διαφορετικά σε σχετικά κινούμενους παρατηρητές, προκύπτει μέσω της προσφυγής στον ίδιο τον ορισμό τόσο του χρόνου όσο και της απόστασης, και στην πρακτική διαδικασία προσδιορισμού των αριθμητικών τιμών των τελευταίων, κάτι που οδηγεί με τη σειρά του σε αυτό ακριβώς που παραμελείται ως αδιάφορο προς την ουσία των ίδιων των ορισμών, δηλαδή στην αναπόφευκτη μεσολάβηση της ταχύτητας των φωτεινών σημάτων ως αναγκαίου όρου για την θεμελίωση των τελευταίων. Η ίδια άλλωστε η δυνατότητα της σχετικότητας σε ό,τι αφορά τις τιμές των αποστάσεων και των χρόνων πραγματοποιείται μέσω της ανάδειξης ως καθολικού μείζονος όρου μέσω του οποίου πραγματοποιούνται οι επιμέρους συλλογισμοί, ενός συγκεκριμένου τρόπου σύνδεσης μεταξύ των φυσικών νόμων και της σχετικής κίνησης, μιας σύνδεσης όμως της οποίας ακριβώς η παραμέληση έκανε δυνατή την πραγματοποίηση της ίδιας της ανάπτυξης του θέματος αλλά βέβαια και την επίφαση της μετατροπής των σχέσεων των πρώτων σε αδιατάραχτων από κάθε εμπειρία σχέσεων "καθαρών" ποσοτήτων, καθώς έχει τεθεί ήδη ως προϋπόθεση ότι η κίνηση αφορά μόνο τον τρόπο που μετατοπίζεται το απογυμνωμένο πλέον από ιδιότητες και συρρικνωμένο σε σημείο πράγμα, δηλαδή έχει τεθεί ουσιαστικά εκτός θέματος οποιαδήποτε ποιοτική μεταβολή υφίσταται το τελευταίο στη διάρκεια της πρώτης.

Αλλά, ήδη, η ανασύνθεση των πιο θεμελιωδών εννοιών που πηγάζουν από την άμεση εποπτεία οδηγεί στη δυνατότητα του επαναπροσδιορισμού όχι μόνο της τελευταίας αλλά και ολόκληρου του περιεχομένου των εμπειρικών φυσικών νόμων. Ήδη, το αναλλοίωτο των φυσικών νόμων σε σχέση με τα αδρανειακά συστήματα ενώ τυπικά αφορά απλώς τη μορφή των πρώτων λειτουργεί δεσμευτικά σε ό,τι αφορά τη διατύπωση του ίδιου του περιεχομένου τους, όπως ακριβώς συμβαίνει με τις απόλυτες τιμές για τις αποστάσεις και τις χρονικές διάρκειες: Προϋποθέτουν τη δυνατότητα του απόλυτου χωρισμού των δύο μεγεθών αλλά η δυνατότητα της σχετικότητας, σε ό,τι αφορά τον αριθμητικό προσδιορισμό τους, επιβάλλει την αδιαχώριστη πλέον διασύνδεσή τους.

Η πολλαπλότητα

Στην ιστορία των ιδεών δεν αντιμετωπίζονται βέβαια καθόλου ως απροσδόκητες εκείνες οι μετατροπές του τρόπου θεώρησης των πραγμάτων όπου ασήμαντες από την άποψη της πρακτικής τους χρησιμότητας παρατηρήσεις αναδεικνύονται σε κεντρικής σημασίας προτάσεις για το όλο οικοδόμημα· ωστόσο, κανείς δεν θα μπορούσε να φανταστεί ότι η αυτονόητη από τη σκοπιά της εποπτείας απαίτηση να παραμένει η αριθμητική τιμή της απόστασης μεταξύ δύο σημείων ανεξάρτητη από το σύστημα συντεταγμένων που σχεδιάζεται για τον υπολογισμό της θα μετατρεπόταν σε ζήτημα πρώτου μεγέθους για τις θεωρίες της φυσικής.

Είναι βέβαια σε όλους γνωστό ότι κάθε συγκεκριμένο μήκος είναι δυνατό να προσδιοριστεί από ένα άθροισμα δύο στο επίπεδο και τριών στον χώρο τετραγώνων, όμως εκείνο που τώρα ενδιαφέρει δεν είναι μια συγκεκριμένη εφαρμογή του κανόνα αλλά αντίθετα ο ίδιος ο ειδικός περιορισμός που συνδέει μεταξύ τους τις ιδιαίτερες κάθε φορά τιμές των αποστάσεων. Η σημασία της συγκεκριμένης σχέσης για τη φυσική θα αναδειχθεί πρώτη φορά από τον Μινκόφσκι, ο οποίος θα υποδείξει ότι νόμοι που διέπουν ηλεκτρικά φαινόμενα διατηρούν τη μορφή τους αν τέσσερις αριθμοί, οι τρεις τιμές που απαιτούνται για τον προσδιορισμό της θέσης και η αριθμητική τιμή για τον χρόνο, συνδέονται πάντα με την ίδια ακριβώς σχέση που συνδέονται και οι δύο ή οι τρεις αριθμοί που σχηματίζουν το πραγματικό μήκος, με τον περιορισμό δηλαδή το άθροισμα των τετραγώνων τους να παραμένει πάντα το ίδιο.[41] Θεωρώντας λοιπόν ο ίδιος ο Μινκόφσκι ότι με αυτή τη διαπίστωσή του ανοίγει πρακτικά ο δρόμος για την άμεση πρόσβαση των μαθηματικών στη θεωρία της σχετικότητας, ουσιαστικά υποδεικνύει ότι η τελευταία έχει ως θεμέλιό της μια καθαρά μαθηματική συμμετρία.

Η αλήθεια είναι ότι στα πλαίσια της κλασικής μηχανικής, παρότι κάθε τι συμβαίνει πάντα ως χωροχρονικό συμβάν, δεν συντρέχει κανένας θεωρητικός λόγος ώστε η χωρική και χρονική όψη να μην εμφανίζονται ως ανεξάρτητες. Στα πλαίσια, ωστόσο, της ειδικής θεωρίας της σχετικότητας, καθώς η επιλογή του συστήματος παρατήρησης αποβαίνει καθοριστική όχι μόνο για τον προσδιορισμό της θέσης αλλά, αναπόφευκτα, και για τους χρονικούς συσχετισμούς ενός γεγονότος, η απαίτηση της αλληλοσύνδεσης των χωρικών και των χρονικών προσδιορισμών του τελευταίου αναδεικνύε-

41. Οι φυσικοί νόμοι είναι δυνατόν να εκφραστούν με την χρησιμοποίηση τεσσάρων συντεταγμένων x_1, x_2, x_3, x_4, όπου οι πρώτες τρεις είναι οι συνηθισμένες καρτεσιανές συντεταγμένες x, y, και z και η τέταρτη ορίζεται να είναι μια φανταστική χρονική συντεταγμένη, $x_4 = it$. Υπάρχει λοιπόν και εδώ ένα "μήκος", το οποίο παραμένει σταθερό και δίνεται από την έκφραση $x^2 + y^2 + z^2 - c^2t^2$ αρκεί ο μετασχηματισμός των συντεταγμένων να είναι ένας μετασχηματισμός Λόρεντζ. Αν οι μονάδες επιλεγούν έτσι ώστε $c = 1$, η προηγούμενη έκφραση αποκτά ακριβώς τη μορφή $x_1^2 + x_2^2 + x_3^2 + x_4^2$.

ται, πριν από οτιδήποτε άλλο, ως θέμα πρακτικής χρησιμότητας. Η μαθηματική "ανακάλυψη" λοιπόν του Μινκόφσκι σηματοδοτεί μια πραγματική επανάσταση στον ίδιο τον τρόπο εργασίας πάνω στα προβλήματα της φυσικής με την ανάδυση μιας νέας οντότητας, μιας πραγματικά "ανεξάρτητης πραγματικότητας", η οποία, αποτελούμενη αποκλειστικά από τις χωρικές και χρονικές συντεταγμένες, επανακαθορίζει τις τελευταίες ως αδιαφοροποίητες πλέον ποιοτικά συνιστώσες της.[42]

Πράγματι, στα πλαίσια της νέας τυποποίησης, η ίδια η μορφή όλων των στοιχείων της θεωρίας οφείλει να μετασχηματιστεί. Καθώς ένα σώμα που ηρεμεί είναι δυνατόν να παρασταθεί εξίσου καλά τόσο ως μία ακίνητη κουκίδα σε ένα διάγραμμα απόστασης όσο και ως μία ευθεία γραμμή σε ένα διάγραμμα απόστασης-χρόνου, η κίνηση του σημείου οφείλει να παραχωρήσει τη θέση της στις στατικές γραμμές των διαγραμμάτων απόστασης-χρόνου, ενώ η απαίτηση της απεικόνισης του ειδικού καθορισμού του ταυτόχρονου επιβάλλει την σχεδίαση του αποκαλούμενου κώνου φωτός σε κάθε σημείο του χωροχρόνου. Η αντίληψη, λοιπόν, του τρισδιάστατου γίγνεσθαι οφείλει να παραχωρήσει τη θέση της στην εποπτεία μιας τετραδιάστατης επιφάνειας και, ως εκ τούτου, επειδή είναι πλέον οι σχέσεις μεταξύ γραμμών εκείνες που αποδίδουν τις σχέσεις μεταξύ των κινήσεων, οι νόμοι της φυσικής οφείλουν να αποκτήσουν τη μορφή γεωμετρικών σχέσεων. Ως άμεση συνέπεια, η αναζήτηση όλων των εναλλακτικών επιλογών θεμελίωσης της τρισδιάστατης γεωμετρίας του χώρου μετατρέπεται στον πιο ενδεδειγμένο τρόπο αναζήτησης των νόμων που συγκροτούν το περιεχόμενο των φυσικών θεωριών.

Σε ό,τι τώρα αφορά την ίδια τη διάκριση των επιφανειών, αν σταθούμε απλώς στον τρόπο με τον οποίο εκείνες παρουσιάζονται

42. «Οι θεωρήσεις του διαστήματος και του χρόνου που επιθυμώ να εκθέσω ενώπιόν σας προέρχονται από το έδαφος της πειραματικής φυσικής και εκεί μέσα έγκειται η δύναμή τους. Είναι ριζοσπαστικές. Εφεξής το διάστημα από μόνο του και ο χρόνος από μόνος του είναι καταδικασμένα να εξασθενίσουν σε απλές σκιές και μόνο ένα είδος ένωσης των δύο θα διατηρήσει μια ανεξάρτητη πραγματικότητα.» Μινκόφσκι, *Space and Time*, σελίδα 75.

στην εποπτεία, είναι αλήθεια ότι αποκτούν, διαμέσου της τελευταίας, έναν ποιοτικό καθορισμό που τις διακρίνει απόλυτα. Η επίπεδη επιφάνεια αναγνωρίζεται ως απόλυτα διαφορετική από την κυλινδρική και κάθε μία από αυτές ως απόλυτα διαφορετική από την σφαιρική επιφάνεια ή εκείνη του κώνου. Ενώ όμως η εποπτεία, με την αμεσότητα που πάντοτε την χαρακτηρίζει, σπεύδει να συνδέσει την διαφορετικότητα των επιφανειών των γεωμετρικών στερεών με την ιδιαιτερότητα της μορφής με την οποία γίνονται οι τελευταίες αντιληπτές, η νόηση, κατανοώντας ήδη ότι η συγκρότηση κάθε τέτοιας επιφάνειας αποσκοπεί αποκλειστικά και μόνο στη διερεύνηση των σχέσεων μεταξύ των γραμμών που είναι δυνατόν να σχεδιαστούν πάνω σε αυτήν, διαλύει τις εικόνες της εποπτείας, θέτοντας ακριβώς την έννοια του συνόλου των συμβόλων των στερουμένων έκτασης ορίων τούτων των γραμμών, των σημείων, στη βάση του ουσιαστικού ορισμού της έννοιας της επιφάνειας.

Η σφαιρική επιφάνεια, λοιπόν, συγκροτείται ως το σύνολο των σημείων που ισαπέχουν από κάποιο συγκεκριμένο σημείο, η κυλινδρική ως το σύνολο εκείνων που ισαπέχουν από κάποια συγκεκριμένη ευθεία κ.τ.λ. Αλλά αν εκ των προτέρων αποκλειστεί κάθε δυνατή αναφορά σε κάποιο εξωτερικό ως προς την ίδια την επιφάνεια αντικείμενο τότε η οποιαδήποτε απόπειρα διάκρισης μεταξύ των τελευταίων οδηγεί αναπόφευκτα στην αναζήτηση εκείνων των διαδικασιών σύγκρισης των ειδικών εσωτερικών σχέσεων μέσω των οποίων συνδέονται τα σημεία τους. Ως συνέπεια, όμως, αυτής της εσωτερικής αναζήτησης, οι επιφάνειες ή τα σχήματα υποχρεώνονται να στραφούν ακριβώς προς το εξωτερικό τους, σε κάποιο άλλο σχήμα ή επιφάνεια, ώστε, με τη δυνατότητα της άμεσης συσχέτισης που τους παρέχει η εποπτεία, να αναδειχθεί πρώτα απ' όλα ο τυχόν κοινός τρόπος διάταξης των σημείων τους, δηλαδή η τοπολογία τους.[43]

43. Η έννοια της τοπολογίας αφορά εκείνα τα γεωμετρικά προβλήματα που δεν εξαρτώνται από την ακριβή μορφή των αντικειμένων που εμπλέκονται αλλά μάλλον από τον "τρόπο", που εκείνα συσχετίζονται. Μια από τις πρώτες δημοσιεύσεις στην τοπολογία θεωρείται εκείνη του Λέοναρντ Όιλερ, που αποσκοπούσε να λύσει τον "γρίφο" των κατοίκων της πόλης της Καινιξβέργης,

Τυπικό κριτήριο για τη δυνατότητα ισοδυναμίας δύο επιφανειών ή, ακόμη, δύο γεωμετρικών αντικειμένων οφείλει, κατ' αρχήν, να στέκεται η ύπαρξη ή μη ενός συνεχούς μετασχηματισμού μέσω του οποίου να επιτυγχάνεται η σύνδεση κάθε σημείου της μίας επιφάνειας με ένα μοναδικό σημείο της δεύτερης και αντίστροφα. Αλλά καθώς ένα απλώς κοινό γνώρισμα, μια ιδιότητα, λειτουργεί ως ουσιώδης επανακαθορισμός των συγκεκριμένων μαθηματικών αντικειμένων, όλες οι παγιωμένες κατηγοριοποιήσεις των ποιοτήτων που προσφέρει άμεσα η εποπτεία επιβάλλεται να επανεξεταστούν. Για μια ακόμη φορά μια παράγωγη σχέση αυτονομείται έχοντας ως σκοπό της, επιστρέφοντας, να ανανοηματοδοτήσει τους ίδιους τους όρους που λειτουργούν ως προϋποθέσεις της.

Ο ίδιος όμως ο ορισμός των σημείων, προϋποθέτοντας τη δυνατότητα της χάραξης γραμμών που τα συνδέουν, εμπεριέχει τη δυνατότητα προσδιορισμού των πρώτων μέσω της χρησιμοποίησης των αριθμών. Ως εκ τούτου, μαζί με την απαραίτητη προσφυγή στην εποπτεία, καθώς μόνο εκείνη είναι που υποδεικνύει, για παράδειγμα, ότι ανεξάρτητα από τον οποιοδήποτε τρόπο σχεδίασης των γραμμών για τον προσδιορισμό της σχετικής θέσης ενός σημείου του χώρου είναι απαραίτητος ο υπολογισμός τριών πάντα αριθμητικών τιμών, ο δρόμος για την άλγεβρα είναι πλέον ανοικτός. Ο ουσιώδης ποιοτικός καθορισμός, που η γεωμετρία απέδιδε στα αντικείμενά της για να τα προσδιορίσει, μετατρέπεται τώρα σε ποσοτική σχέση μεταξύ αριθμών. Συγκεκριμένα, καθώς είναι η συγκεκριμένη τριάδα αριθμών εκείνη που διαφοροποιεί το συγκεκριμένο σημείο από οποιοδήποτε άλλο, είναι πλέον ο ιδιαίτερος περιορισμός μεταξύ των πρώτων εκείνος που, μέσω μιας αλγεβρικής εξίσωσης ή ακόμη ενός συστήματος των τελευταίων, αποδίδει την ιδιαίτερη ποιοτική υφή μιας επιφάνειας ή μιας γραμμής, όταν η τελευταία προκύπτει ως τομή δύο επιφανειών, αντίστοιχα.

οι οποίοι καλούσαν τους περαστικούς να πάνε μια βόλτα στην πόλη και να επιστρέψουν στην αφετηρία τους, περνώντας από κάθε μία από τις επτά γέφυρες της πόλης τους μία και μόνο φορά.

Αλλά οι επιφάνειες της γεωμετρίας δεν αποτελούν παρά μόνο το άλλοθι για μια άλγεβρα που ανυπομονεί να επεξεργαστεί με τον δικό της τρόπο αυτή την ιδέα του συνεχούς συνόλου των διατεταγμένων ζευγών, τριάδων, ή n-άδων από αριθμούς, μόνο που προηγουμένως είναι υποχρεωμένη να επαναθεμελιώσει με τον πιο προσεκτικό τρόπο τις βάσεις του όλου εγχειρήματος, ώστε, αποκαλύπτοντας το τελευταίο ως προϊόν της δικής της εσωτερικής μεθόδου, να είναι σε θέση, εκ των υστέρων, να νομιμοποιήσει το σύνολο των ενεργειών που απαιτούνται για την υλοποίησή του. Όπως, όμως, ένα γεωμετρικό σημείο είναι ένα ιδιαίτερο σημείο σε έναν γεωμετρικό χώρο,[44] ένα γεγονός είναι ένα ιδιαίτερο σημείο σε έναν τετραδιάστατο κοσμολογικό χώρο, ο οποίος οφείλει να διαθέτει λίγο περισσότερο οργάνωση από εκείνην ενός απλού συνόλου. Αυτή η πρόσθετη συγκρότηση προέρχεται ουσιαστικά από την απαίτηση της σύνδεσης κάθε γεγονότος με τέσσερις αριθμούς. Επειδή έχουμε ωστόσο προσδιορίσει τα γεγονότα απλώς ως μια τετράδα αριθμών, δεν σημαίνει ότι έχουμε κιόλας διευκρινίσει ποια γεγονότα βρίσκονται στο μέλλον και ποια στο παρελθόν, πόσος χρόνος παρέρχεται μεταξύ αυτών των γεγονότων, ποια γεγονότα είναι ταυτόχρονα με άλλα ή ποιες χωρικές αποστάσεις χωρίζουν αυτά τα γεγονότα. Η φυσική, λοιπόν, μετά τη γεωμετρία, φαίνεται να στρέφει και εκείνη άμεσα την προσοχή της στις τόσο ενδιαφέρουσες έρευνες της άλγεβρας σε ό,τι αφορά τη φύση και την ιδιαίτερη συγκρότηση των "πολλαπλοτήτων" της.[45]

Ενώ λοιπόν ο προσδιορισμός κάθε σημείου μέσω μιας διατεταγμένης n-άδας αριθμών υποχρεώνει όλες τις γεωμετρικές σχέσεις να παρουσιάζονται με τη μορφή διανυσμάτων, οντοτήτων

44. Θα είναι βέβαια ο Καρτέσιος εκείνος που, θεωρώντας τον χώρο ως ενιαία ολότητα, θα ανοίξει το δρόμο για τον προσδιορισμό και άρα τη διαφοροποίηση των σημείων του με τη βοήθεια τριών αριθμών, σε αντίθεση με την γεωμετρία της αρχαιότητας όπου πρωταγωνιστούν ιδεατά αντικείμενα, τα οποία η ίδια τα αντιλαμβάνεται ως αυτοτελείς αυθύπαρκτες υπάρξεις και όχι ως πεπερασμένες περιοχές ενός άπειρου χώρου.

45. Ως πολλαπλότητα προσδιορίζεται εκείνος ο χώρος, για τον οποίο η περιοχή κοντά σε κάθε σημείο του προσομοιάζει με εκείνη του ευκλείδειου χώρου.

δηλαδή ανεξάρτητων από την εκάστοτε επιλογή του συστήματος συντεταγμένων, και ταυτόχρονα προσφέρει τη δυνατότητα στο κάθε ένα από τα πρώτα να αποκτήσει, έστω και προσωρινά, εκείνο ακριβώς που στερείται, ένα πεπερασμένο διάστημα γύρω από τον εαυτό του, η ίδια η ιδέα της πολλαπλότητας, έχοντας ως προϋπόθεση την εξοικείωση με το σύνολο των διατεταγμένων n-άδων $(x^1, \ldots, x^n)$ του $\mathbb{R}^n$, αποσκοπεί ουσιαστικά στην πραγματοποίηση ενός χώρου ο οποίος θα διαθέτει τον αντιφατικό χαρακτήρα να έχει αναιρέσει ενώ ταυτόχρονα διατηρήσει, στις τοπικές περιοχές του, την ιδιαίτερη συγκρότησή του ακριβώς ως ενός χώρου $\mathbb{R}^n$.

Οι πολλαπλότητες, λοιπόν, που μας ενδιαφέρουν έχουν στη βάση τους μια τοπολογία τύπου "ανοικτών σφαιρών" ενώ εγγυώνται μέσω της κατάλληλης συνένωσης τοπικών συστημάτων συντεταγμένων τη δυνατότητα απεικόνισης κάθε σημείου τους σε κάποιο σημείο του $\mathbb{R}^n$. Το γεγονός όμως ότι η πολλαπλότητα προσομοιάζει τοπικά με τον χώρο $\mathbb{R}^n$, το οποίο εκδηλώνεται ακριβώς με την εισαγωγή των συστημάτων συντεταγμένων, εισαγάγει άμεσα τη δυνατότητα της ανάλυσης μέσω απειροστών, και ως εκ τούτου τη δυνατότητα της εκτέλεσης πράξεων, όπως είναι η παραγώγιση και η ολοκλήρωση πάνω στις πολλαπλότητες, μόνο που οι τελευταίες, γνωρίζοντας ήδη ότι η συγκεκριμένη αριθμητική μορφή με την οποία κατά δική τους απαίτηση ενδύονται τα σημεία δεν είναι λιγότερο αυθαίρετη απ' ό,τι είναι η συγκεκριμένη επιλογή των συστημάτων συντεταγμένων, οφείλουν, υπερβαίνοντας κάθε συμπτωματικότητα της μορφής και προσαρμόζοντας και οι ίδιες την δική τους εμφάνιση, να διατυπώνουν το ουσιαστικό περιεχόμενο των σχέσεων των σημείων των πολλαπλοτήτων στην πιο αφηρημένη του μορφή, με τη μορφή δηλαδή διανυσματικών εν γένει σχέσεων.

Πράγματι, το διάνυσμα, ενώ παριστάνεται στην εποπτεία ως ένα αυτοτελές αντικείμενο, δηλαδή ως μια περατή ευθεία γραμμή, όπου διακρίνεται κατηγορηματικά η αφετηρία από το πέρας της, αποκαλύπτει τον ουσιαστικό ορισμό του μόνο όταν διατυπωθούν εκείνοι οι ειδικοί κανόνες μιας διαδικασίας μέσω της οποίας δύο τέτοιες γραμμές συνδέονται, ώστε να προσδιοριστεί μια τρίτη ως το άθροισμά τους. Ο ειδικός όμως περιορισμός που επιβάλλεται στην πρόσθεση των διανυσμάτων δεν απαγορεύει στα τελευταία να διαθέτουν ισοδύναμες εναλλακτικές επιλογές σε ό,τι αφορά τον προσδιορισμό της αριθμητικής τους μορφής, επιλογές που δεν εξαρτώνται αποκλειστικά από την επιλογή του συστήματος συντεταγμένων αλλά, επίσης, από τον τρόπο χάραξης των αποστάσεων από τους άξονες του τελευταίου. Η περαιτέρω διάκριση στις "ανταλλοίωτες" και "συναλλοίωτες" συνιστώσες του συνεπάγεται πρακτικά δύο ακριβώς αντίστροφους τρόπους μετασχηματισμού μέσω της περιστροφής των αξόνων του συστήματος συντεταγμένων.

Ο αριθμός-διάνυσμα λοιπόν, ως έννοια, διαφέρει στην πραγματικότητα από τον ίδιο του τον εαυτό καθώς, όπως συμβαίνει και με την συμμετοχή του σε κάθε δυάδα, τριάδα, ή n-άδα τέτοιων αριθμών, η αριθμητική τιμή της ποσότητας που άμεσα εκπροσωπεί δεν ταυτίζεται αυτόματα με τη φυσική παρουσία του ίδιου του διανύσματος, παρά μόνο με μια από τις άπειρες μορφές που είναι δυνατό να αποκτήσει το τελευταίο, μορφές που συνδέονται μεταξύ τους με έναν ειδικό κανόνα μετασχηματισμού. Αλλά αν το διάνυσμα, αφήνοντας οριστικά πίσω του την εποπτική μορφή της πεπερασμένης ευθείας γραμμής, ορίζεται πλέον μέσω των ειδικών κανόνων μετασχηματισμού μιας n-άδας αριθμών, τότε αυτή η διαδικασία μπορεί να επεκταθεί διευρύνοντας το πλήθος αλλά κυρίως διαφοροποιώντας την διάταξη των αριθμών που συμμετέχουν σε αυτές. Μια νέα λοιπόν οντότητα, ο τανυστής, είναι δυνατόν να συγκροτηθεί, ως ένα "ανεπτυγμένο διάνυσμα" που, συνθέτοντας τις δύο προηγούμενες δυνατότητες, μετασχηματίζει τις αριθμητικές τιμές των στοιχείων του μέσω ακριβώς εκείνων των μετασχηματισμών, που χαρακτηρίζουν τις συγκεκριμένες συνιστώσες του.[46]

Το πραγματικό, όμως, αποτέλεσμα της συγκρότησης των τανυστών, καθώς είναι πάντα απαραίτητη η ολοκλήρωση μιας διαδι-

46. Ο τανυστής, αντανακλώντας αυτήν ακριβώς τη δυνατότητα του διανύσματος να παραμένει, κατ' ουσίαν, το ίδιο όταν συμβαίνουν συγκεκριμένοι μετασχηματισμοί, στις πιο απλές περιπτώσεις ως τανυστής T^i συμπίπτει βέβαια με ένα ανταλλοίωτο διάνυσμα ενώ ως τανυστής T_i με ένα συναλλοίωτο διάνυσμα. Στη γενική περίπτωση, κάθε πάνω δείκτης μετασχηματίζεται ως μια ανταλλοίωτη συνιστώσα και κάθε κάτω δείκτης μετασχηματίζεται ως μια συναλλοίωτη.

κασίας, ώστε να γίνει ορατή η σκοπιμότητα που συνδέεται με την αφετηρία της, δεν συνδέεται παρά, κατά κάποιο τρόπο, με μια επιστροφή στην αρχή, και συγκεκριμένα με την διευρυμένη δυνατότητα της παραγωγής αναλλοίωτων στοιχείων μήκους. Πράγματι, επειδή, στην πιο απλή περίπτωση, οι αριθμητικές τιμές για το μήκος συνδέονται μέσω ενός αθροίσματος των τετραγώνων των συντεταγμένων τους, φαίνεται εύχρηστο, πριν από κάθε τι άλλο, οι όροι, που σχηματίζουν τα γινόμενα του τελευταίου, να διασπαστούν, ώστε να συγκροτηθούν νέες μαθηματικές οντότητες, που μπορούν να προστεθούν μεταξύ τους και να πολλαπλασιαστούν με τους πραγματικούς αριθμούς με γραμμικό τρόπο, η μορφή των οποίων όμως ως αριθμητικών πολλαπλοτήτων δεν διαθέτει κάποια απόλυτη σημασία, αφού εξαρτάται άμεσα από την συγκεκριμένη επιλογή ενός συστήματος συντεταγμένων. Ωστόσο ακριβώς η εμμονή στον αναλλοίωτο χαρακτήρα του συνολικού αθροίσματος είναι αυτό που όχι μόνο συνδέει τις "ανταλλοίωτες" με τις "συναλλοίωτες" συνιστώσες, αλλά και αυτό που εξηγεί ως αναπόφευκτη τόσο την ανάδυση δύο αντίστροφων μεταξύ τους διαδικασιών μετασχηματισμού όσο και την συγκρότηση δύο ειδών διανυσματικών χώρων, όπου ο ένας θεωρείται δυϊκός του άλλου, γεγονός που επιβάλλει στην όποια γεωμετρική αναπαράσταση μια αναγκαία μορφή ορθογωνιότητας σε ό,τι αφορά τα αντίστοιχα διανύσματα βάσης τους. Αλλά, ακόμη περισσότερο, είναι ο ίδιος ο τανυστής ο οποίος χαρακτηρίζεται άμεσα από αυτήν ακριβώς τη δυνατότητα να δημιουργεί, πολλαπλασιαζόμενος με διανύσματα και των δύο χώρων, αναλλοίωτα στοιχεία.

Ως άμεση λογική συνέπεια, παίρνοντας υπόψη την σκοπιμότητα στην οποία απέβλεπαν οι συγκεκριμένες διαδικασίες συγκρότησής τους, οι ορισμοί όλων των προηγούμενων στοιχείων οφείλουν πλέον, απαλλαγμένοι από την οποιαδήποτε επιβάρυνση της αριθμητικής μορφής τους, να επανακαθοριστούν ως απεικονίσεις, αποκλειστικά δηλαδή μέσω εσωτερικών τους σχέσεων. Η αρχική έκφραση για το μήκος, έχοντας προηγουμένως υποδείξει τον τρόπο συγκρότησης εκείνων των οντοτήτων μέσω των οποίων προκύπτει πλέον ως προϊόν μιας δικής τους εσωτερικής λειτουργίας, επιστρέφει λοιπόν πίσω στον εαυτό της, ως η πιο απλή, όμως, περίπτωση μιας γενικευμένης δυνατότητας αναζήτησης, αλλά και σχηματισμού των αναλλοίωτων στοιχείων που συνδέονται με μια πολλαπλότητα.

Αλλά καθώς ένα μήκος προϋποθέτει πάντα μια έννοια απόστασης, κι αυτή με τη σειρά της στηρίζεται στην έννοια της ευθείας γραμμής, ενώ αρκεί, για μια ακόμη φορά, η απλή προσφυγή στην εποπτεία, ώστε να αναγνωριστεί ο ειδικός ποιοτικός καθορισμός που διακρίνει μια ευθεία γραμμή από οποιαδήποτε άλλη, ο ειδικός περιορισμός της χάραξης μιας τέτοιας γραμμής πάνω σε μια συγκεκριμένη επιφάνεια, εξαφανίζοντας εντελώς το απόλυτο πλεονέκτημα της εποπτείας, θέτει ως αναγκαίο πλέον όρο, ακόμη τελικά και για την πρακτική χρησιμότητα της εισαγωγής του ίδιου του σημείου, μια καθολική απάντηση στο ερώτημα: Με ποιο τρόπο θα προσδιορίζουμε τις γραμμές εκείνες μέσω των οποίων θα επιτυγχάνεται ο υπολογισμός της απόστασης;

Η ευθεία γραμμή, ωστόσο, διακρίνεται από μια οποιαδήποτε άλλη γραμμή είτε ως ο συντομότερος δρόμος μεταξύ δύο σημείων είτε ως εκείνη που διατηρεί τον ουσιαστικό της καθορισμό, δηλαδή την κλίση της, αμετάβλητη. Αλλά τόσο η κατανόηση όσο και η πρακτική αξιοποίηση του δεύτερου ορισμού απαιτεί την συγκρότηση σε κάθε σημείο της συγκεκριμένης επιφάνειας ενός εφαπτόμενου ως προς την τελευταία επιπέδου. Σε μια πρώτη ματιά φαίνεται βέβαια ότι η δυνατότητα μιας τέτοιας κατασκευής ανήκει στη δύναμη της εποπτείας. Αλλά, ενώ, μέσα στην παράσταση, τα δύο στοιχεία στέκονται, ως ποιοτικά διάφορα, το ένα δίπλα στο άλλο, για τη νόηση, η ιδέα της κατασκευής ενός εφαπτόμενου επιπέδου αποσκοπεί στην αξιοποίηση της αντιφατικής ιδιότητας, που τους προσδίδει η ανάλυση μέσω απειροστών, των γραμμών που σχεδιάζονται πάνω στο τελευταίο να είναι και ταυτόχρονα να μην είναι γραμμές της επιφάνειας.

Πράγματι, ο λογισμός των απειροστών, όντας υποχρεωμένος να προσδιορίζει πάντα τον ποιοτικό χαρακτήρα των δύο συναρτήσεων που συνδέει, της συνάρτησης και της παραγώγου της, στην περίπτωση της εφαπτομένης ευθείας σε κάποιο σημείο μιας καμπύλης γραμμής προσφεύγει στην εποπτεία και αντικαθιστά στον λόγο των απειροστών, που προσδιορίζουν την κλίση της εφαπτομένης, την πεπερασμένη ποσότητα που αποδίδεται στην τελευταία με την πεπερασμένη ποσότητα του αντίστοιχου τόξου της καμπύλης ως ποιοτικά ισοδύναμη, επιτυγχάνοντας μέσω αυτής της αντικατάστασης να προσδιορίσει όχι πλέον την κλίση της εφαπτομένης αλλά την ίδια την κλίση της καμπύλης στο συγκεκριμένο σημείο. Η εφαπτομένη λοιπόν, ως εξωτερικό και διάφορο προς την καμπύλη στοιχείο, αποδίδει πράγματι, μέσω της κλίσης της, μια ουσιώδη εσωτερική ιδιότητα της τελευταίας.

Ως εκ τούτου ο δεύτερος ορισμός για την ευθεία γραμμή μιας πολλαπλότητας οφείλει να επιβάλλει στην τελευταία να διατηρεί το εφαπτόμενό της διάνυσμα σταθερό, να διατηρεί, δηλαδή, συνεχώς παράλληλο προς τον εαυτό του ένα διάνυσμα που μετατοπίζεται ακολουθώντας σε κάθε σημείο την δική της διεύθυνση. Αλλά τότε είναι απαραίτητο να αναζητηθεί η ειδική σχέση μέσω της οποίας οφείλουν να συνδέονται οι συνιστώσες ενός διανύσματος ή ενός τανυστή, ώστε ενώ τα τελευταία αναφέρονται σε διαφορετικά σημεία μιας καμπύλης να μπορούν να χαρακτηρίζονται ως παράλληλα.

Εκείνο ωστόσο που ουσιαστικά στέκεται στην αφετηρία του εγχειρήματος, πέρα από την συνδρομή οποιασδήποτε εποπτείας, δεν είναι παρά μια παραμετρική αλγεβρική συνάρτηση που συνδέει τις συντεταγμένες, και κατ' επέκταση και τις παραγώγους τους, σε κάθε σημείο, με την αντίστοιχη τιμή της ανεξάρτητης μεταβλητής.[47] Αν τώρα τηρηθεί η αναλογία με την αναφορά στο καρτεσιανό σύστημα συντεταγμένων στο επίπεδο, η παράλληλη μετατόπιση διανύσματος συνδέεται με την μηδενική μεταβολή των συνιστωσών του τελευταίου ως προς κάποιο κατάλληλο σύστημα συντεταγμένων. Αλλά, όπως υποδεικνύει άμεσα η εποπτεία, η κρίσιμη διαφορά μεταξύ των επίπεδων και των καμπύλων επιφανειών είναι ότι στις τελευταίες το αποτέλεσμα της παράλληλης μετατόπισης ενός διανύσματος από ένα σημείο σε κάποιο άλλο

47. Συγκεκριμένα, σε κάποιο σύστημα συντεταγμένων x^μ, οποιαδήποτε καμπύλη, που διέρχεται από το σημείο p, ορίζει ένα στοιχείο του $\mathbb{R}^n$ καθορισμένο από n πραγματικούς αριθμούς $dx^\mu/d\lambda$, όπου λ είναι η παράμετρος κατά μήκος της καμπύλης.

εξαρτάται από την συγκεκριμένη τροχιά που επιλέγεται να ακολουθηθεί μεταξύ των δύο σημείων. Καθώς, λοιπόν, η προϋπόθεση της διαφοράς, που υποκρύπτεται ως αυτονόητη στη δυνατότητα της παραλληλίας, ως διαφοροποίηση της θέσης του διανύσματος μέσω της τοποθέτησης του τελευταίου σε κάποιο διαφορετικό σημείο της πολλαπλότητας στερείται πλέον κάθε νοήματος, το μόνο διάστημα που απομένει, μέσω του οποίου είναι δυνατό να καταγραφεί μια μεταβολή, είναι το ίδιο το απειροστό διάστημα με το οποίο εφοδιάζει ο λογισμός των απειροστών τα στερούμενα από έκταση σημεία.

Εάν όμως, στην επίπεδη επιφάνεια, δεδομένης μιας καμπύλης $x^{\mu}(\lambda)$ και $d\lambda$ της απειροστής μεταβολής της παραμέτρου λ, που αντιστοιχεί στο σημείο, η απαίτηση της σταθερότητας ενός τανυστή T κατά μήκος αυτής της καμπύλης είναι απλώς $dT/d\lambda = 0$,[48] στη γενική περίπτωση, η απαίτηση να συμπεριφέρεται η μερική παράγωγος με έναν "συναλλοίωτο" τρόπο, να είναι δηλαδή, ένας τελεστής, ο οποίος ανάγεται στη γνωστή μερική παράγωγο στον επίπεδο χώρο με τις καρτεσιανές συντεταγμένες αλλά μετασχηματίζεται ως ένας τανυστής πάνω σε μία τυχαία πολλαπλότητα,[49] επιβάλλει μια "σύνδεση" πάνω στην τελευταία,[50] η οποία, σε κάποιο σύστημα συντεταγμένων, ορίζεται ως ένα σύνολο από συντελεστές που μετασχηματίζονται σύμφωνα με έναν ορισμένο κανόνα. Ο μηδενισμός τότε της μεταβολής που προκαλεί αυτή η συγκροτημένη ως συναλλοίωτη παράγωγος αποκαλείται εξίσωση της παράλληλης μετατόπισης και συνιστά μια καθορισμένη με σαφήνεια

48. Ή, σε αναλυτική μορφή, $dT/d\lambda= dx^{\mu}/d\lambda\ \partial T/\partial x^{\mu} = 0$.

49. Στην συγκεκριμένη περίπτωση πρόκειται για τον τελεστή

$$D/d\lambda= dx^{\mu}/d\lambda\ \nabla_{\mu}$$

ο οποίος ορίζεται ως η συναλλοίωτη παράγωγος κατά μήκος της τροχιάς.

50. Το όνομα "σύνδεση" προέρχεται από το γεγονός ότι χρησιμοποιείται ακριβώς για να μεταφερθούν διανύσματα από το ένα εφαπτόμενο επίπεδο στο άλλο. Ενώ μια ευθεία γραμμή προσδιορίζεται είτε ως η πιο σύντομη απόσταση μεταξύ δύο σημείων είτε ως εκείνη η γραμμή που μετατοπίζει παράλληλα το εφαπτόμενό της διάνυσμα, σε μια πολλαπλότητα με τυχαία επιλεγμένη σύνδεση αυτές οι δύο έννοιες δεν συμπίπτουν πλέον απαραίτητα.

εξίσωση τανυστών,[51] καθώς τόσο το εφαπτόμενο διάνυσμα όσο και η ίδια η συναλλοίωτος παράγωγος είναι πλέον τανυστές.

Από καθαρά μαθηματική άποψη, μπορούμε να θεωρήσουμε την εξίσωση της παράλληλης μετατόπισης ως μια διαφορική εξίσωση πρώτης τάξεως που καθορίζει ένα πρόβλημα αρχικών τιμών: Δοθέντος ενός τανυστή σε κάποιο σημείο κατά μήκος της τροχιάς, πρέπει να υπάρχει μια μοναδική συνέχιση του τανυστή σε άλλα σημεία κατά μήκος της τροχιάς, έτσι που αυτή η συνέχιση να ικανοποιεί την συγκεκριμένη εξίσωση. Ένας τανυστής, δηλαδή, αναφερόμενος στα διαφορετικά σημεία μιας καμπύλης, είναι παράλληλος προς τον εαυτό του αν οι τοπικές απειροστές μεταβολές των συνιστωσών του συνδέονται, μέσω της ίδιας σχέσης, με τις τοπικές απειροστές μεταβολές της ανεξάρτητης μεταβλητής. Με καθορισμένη, όμως, την έννοια της παράλληλης μετατόπισης, είναι πλέον δυνατός ο προσδιορισμός της γεωδαιτικής, της γενίκευσης δηλαδή της έννοιας της ευθείας γραμμής του ευκλείδειου χώρου σε καμπυλωμένους χώρους, καθώς αρκεί απλώς να αντικατασταθεί το εφαπτόμενο διάνυσμα στην εξίσωση που αποδίδει την πρώτη, ώστε να προσδιοριστεί άμεσα εκείνη η ειδική τοπική σχέση, που συνδέοντας τις απειροστές μεταβολές των συντεταγμένων με τις απειροστές μεταβολές της παραμέτρου, χαρακτηρίζει την ευθεία γραμμή.[52] Οι "γενικευμένες" ευθείες γραμμές παριστάνονται βέβαια, μέσω της εποπτείας, συνήθως ως καμπύλες, με πιο χαρακτηριστικό ίσως παράδειγμα τους μεγάλους κύκλους της σφαίρας.

Ο ποιοτικός, όμως, προσδιορισμός της ευθείας γραμμής μέσω της διαδικασίας της παραγώγισης καθιστά άμεσα εφικτό –ακολουθώντας την ακριβώς αντίστροφη διαδικασία, την ολοκλήρωση– τον αριθμητικό προσδιορισμό του μήκους μιας ορισμένης απόστα-

51. Για ένα διάνυσμα αποκτά τη μορφή:

$$d/d\lambda\ V^{\mu} + \Gamma^{\mu}_{\sigma\rho}\, dx^{\sigma}/d\lambda\ V^{\rho} = 0.$$

52. Επειδή το εφαπτόμενο διάνυσμα της καμπύλης $x^{\mu}(\lambda)$ είναι $dx^{\mu}/d\lambda$ η αναφερόμενη αντικατάσταση οδηγεί στην εξίσωση

$$d^2x^{\mu}/d\lambda^2 + \Gamma^{\mu}_{\rho\sigma}\, dx^{\rho}/d\lambda\ dx^{\sigma}/d\lambda = 0$$

που αποκαλείται γεωδαιτική εξίσωση.

σης. Όμως η μαθηματική σκέψη, για να επιτευχθεί πρακτικά κάτι τέτοιο, αλλά προπάντων για να κατανοήσει το ουσιαστικό περιεχόμενο των δικών της διαδικασιών, είναι υποχρεωμένη, για μια ακόμη φορά, να υπερβεί τον ίδιο της τον εαυτό, αφού ο αλγεβρικός καθαρά ποσοτικός, προσδιορισμός του μήκους, υποχρεωμένος να προσφύγει στις μεθόδους που χρησιμοποιεί ο λογισμός των απειροστών, προϋποθέτει, ως αναγκαία δική του βαθμίδα ανάπτυξης, την μεσολάβηση μιας ποιοτικής, στη σημασία της, ανάλυσης, που συνεισφέρει όχι τόσο στην υλοποίηση των στόχων του όσο, στην πραγματικότητα, στον καθορισμό αυτών των ίδιων.

Πράγματι, η ιδέα της προσάρτησης ενός εφαπτόμενου επιπέδου σε κάθε σημείο μιας επιφάνειας ουσιαστικά αποσκοπεί στον εφοδιασμό του τελευταίου όχι απλώς με μία απειροστή μεταβολή αλλά με μία απειρία τέτοιων, ευρισκόμενων σε διευθύνσεις, ανεξάρτητων μεταξύ τους, μεταβολών, ώστε, μέσω της ανάλυσης της ιδιαίτερης σχέσης που τις συνδέει, να καθίσταται δυνατή η ανάδειξη της συγκεκριμένης γεωμετρίας της επιφάνειας σε εκείνο το σημείο, όχι όμως πλέον με τρόπο εξωτερικό στην τελευταία, ως να εμπεριέχεται δηλαδή εκείνη σε χώρους με υψηλότερη διάσταση από αυτήν, αλλά με έναν καθαρά εσωτερικό τρόπο. Ωστόσο. η γεωμετρική υφή εκδηλώνεται, πρώτα απ' όλα, στην ποσοτική σχέση που συνδέει τις πεπερασμένες αποστάσεις του εφαπτόμενου επιπέδου. Η χρησιμοποίηση, λοιπόν, του λογισμού των απειροστών επιβάλλει τον εφοδιασμό της πολλαπλότητας με μία "μετρική", μια τανυστική, δηλαδή, σχέση, μέσω της οποίας συνδέονται, ως πεπερασμένες αποστάσεις, οι απειροστές μεταβολές των συνιστωσών που αντιστοιχούν σε κάθε διεύθυνση.[53]

Είναι αλήθεια ότι κάθε μετάβαση από μια "παράγουσα" συνάρτηση στην παράγωγό της, ή αντίστροφα, προϋποθέτει τη διατύπωση των κατάλληλων σχέσεων μεταξύ απειροστών ποσοτήτων, οι οποίες, αν θεωρηθούν ως πραγματικές σχέσεις μεταξύ πεπερα-

53. Μια ομαλή πολλαπλότητα με μια μετρική, μια πολλαπλότητα δηλαδή που διαθέτει έναν μετρικό τανυστή, ονομάζεται πολλαπλότητα Ρήμαν. Σε μια πλήρη πολλαπλότητα Ρήμαν η μετρική $d(x,y)$ ορίζεται ως το μήκος της συντομότερης καμπύλης (γεωδαιτικής) μεταξύ του x και του y.

σμένων αριθμών, αφορούν την τετριμμένη περίπτωση όπου η δεύτερη συνάρτηση, διατηρώντας μία σταθερή τιμή, πολλαπλασιάζεται με τις μεταβολές των ανεξάρτητων μεταβλητών. Η αναφερόμενη όμως σχέση δεν ενδιαφέρει ως μια απλώς ειδική περίπτωση, αλλά, ακριβώς αντίθετα, ως η διατύπωση εκείνης της καθολικής σχέσης την οποία προϋποθέτουν εννοιολογικά όλες οι επιμέρους περιπτώσεις, καθώς η σκοπιμότητα της συγκρότησης του συγκεκριμένου πολλαπλασιασμού δεν έγκειται καθόλου στον προσδιορισμό κάποιας αριθμητικής τιμής, αλλά στον καθαρά ποιοτικό προσδιορισμό του χαρακτήρα της συνάρτησης που προκύπτει, όταν, πραγματοποιώντας την πραγματική ολοκλήρωση, αυτή η σταθερή τιμή της παραγώγου κατανοείται πλέον ως μεταβλητή ποσότητα. Ωστόσο, η κατανόηση του περιεχομένου της συγκεκριμένης διαδικασίας δυσχεραίνεται από μια προκατάληψη που, εμμένοντας στις αποκλειστικά αριθμητικές σχέσεις, επιμένει να αναγνωρίζει τις απειροστές σχέσεις ως καθαρά αριθμητικές προσεγγίσεις, των οποίων η ακρίβεια βελτιώνεται αντιστρόφως ανάλογα με την μείωση των αντίστοιχων μεταβολών. Όταν, τώρα, για τις ανάγκες υπολογισμού των αποστάσεων πάνω στις επιφάνειες, κατασκευάζονται οι σχέσεις που συνδέουν τις απειροστές μεταβολές των συνιστωσών που αντιστοιχούν σε κάθε διεύθυνση, υποκρύπτεται πάντα μια πραγματική προϋπόθεση, η οποία, όπως η τυχόν ορθογωνιότητα μεταξύ των επιλεγμένων αξόνων ή ο ιδιαίτερος χαρακτήρας της επιφάνειας, συνιστά τις ειδικές συνθήκες του προβλήματος.

Αλλά, έχοντας ως αφετηρία την ευκλείδεια γεωμετρία, που οφείλει ταυτόχρονα να αποτελεί την ειδική περίπτωση κάθε γενικευμένης γεωμετρίας –όπου το τετράγωνο της απειροστής γραμμής ως υποτείνουσας ενός σχηματιζόμενου ορθογωνίου τριγώνου υπολογίζεται πολλαπλασιάζοντας, ανά δύο, τρεις αριθμούς, και κρατώντας στη συνέχεια ως τελικό αποτέλεσμα μόνο το άθροισμα των γινομένων μεταξύ των ομοίων όρων– μια γενικευμένη διατύπωση για τον προσδιορισμό του μήκους φαίνεται να είναι υποχρεωμένη, τουλάχιστον σε ό,τι αφορά τη μορφή, όχι μόνο να περιλαμβάνει τα γινόμενα όλων των, ανά δύο, δυνατών συνδυασμών των μεταβολών των συντεταγμένων, όπως άλλωστε συμβαίνει όταν επιλεγεί ένα πλαγιογώνιο σύστημα αξόνων, αλλά, ακόμη περισσότερο, να προβλέπει, όχι κατανάγκην σταθερούς, εξαρτώμενους δηλαδή από την συγκεκριμένη θέση στην επιφάνεια, συντελεστές για τα γινόμενα αυτά.

Πράγματι, μια τέτοια "γενικευμένη" σχέση μεταξύ απειροστών αποστάσεων, που ενώ προβλέπει ως ειδική της περίπτωση τον τρόπο που οι τελευταίες συνδέονται ως απλώς αθροίσματα τετραγώνων, η μόνη ουσιαστικά προϋπόθεση που υποκρύπτει δεν αφορά παρά την ίδια τη δυνατότητα της απειρίας των πραγματικών αριθμών, είναι εκείνη που προκύπτει μέσω της εισαγωγής των λεγόμενων συντεταγμένων του Γκάους.[54] Η αντίφαση, λοιπόν, που περικλείει η ιδέα μιας πολλαπλότητας η οποία, ενώ δεν είναι δυνατόν να χαρακτηριστεί πλέον ως ένας ευκλείδειος χώρος, διατηρεί αυτόν ακριβώς τον χαρακτήρα στις τοπικές περιοχές της, δηλαδή στον τρόπο σύνδεσης των απειροστών αποστάσεων γύρω από κάθε σημείο της, φαίνεται να έχει λυθεί ακριβώς μέσα από την πραγματοποίησή της. Στην πραγματικότητα, βέβαια, η συγκεκριμένη επιλογή των, ποιοτικού χαρακτήρα, κριτηρίων, που επιβάλλει η επιθυμητή "τετριμμένη" περίπτωση σε κάθε τέτοια κατασκευή απειροστών σχέσεων, είναι ξανά εκείνη που προσφέρει στην εποπτεία τη δυνατότητα για τη διπλή αυτή παράσταση.

Στις μελέτες του, όμως, σχετικά με τη φύση των καμπυλωμένων επιφανειών, ο Γκάους εισήγαγε μία ακόμη συνάρτηση πραγματικών τιμών, την επονομαζόμενη "καμπυλότητα Γκάους", η οποία ουσιαστικά συνιστά, από την άποψη της εγγενούς γεωμετρίας της επιφάνειας, ένα μέτρο της τοπικής απόκλισης της τελευταίας από την επίπεδη γεωμετρία,[55] ενώ είναι αυτή η έννοια της καμπυλότητας του Γκάους που θα επιχειρήσει να επεκτείνει στη συνέχεια ο

54. «... οι συντεταγμένες του Γκάους δεν είναι τίποτε άλλο από την αντιστοιχία δύο αριθμών σε κάθε σημείο της θεωρούμενης επιφάνειας, με τέτοιο τρόπο που για γειτονικά σημεία στον χώρο αντιστοιχούν αριθμοί που διαφέρουν πολύ λίγο μεταξύ τους.» Αϊνστάιν, *Relativity, the Special and General Theory; A Popular Exposition, Gaussian Coordinates.*

55. Μια από τις πιο γνωστές ιστορίες θέλει τον Γκάους να μετρά τις γωνίες του μεγάλου τριγώνου, που διαμορφώνεται από τις κορυφές των βουνών Χοενχάγκεν, Ίνσλμπεργκ και Μπρόκεν αναζητώντας ενδείξεις ότι η γεωμετρία του χώρου είναι μη ευκλείδεια.

Ρήμαν στις n διαστάσεων πολλαπλότητες Ρήμαν. Ο προσδιορισμός του τανυστή καμπυλότητας, αξιοποιώντας τη δυνατότητα τόσο της χάραξης απειροστών γραμμών, μέσω του αντίστοιχου εφαπτόμενου επιπέδου, σε κάθε σημείο μιας πολλαπλότητας, όσο και τη δυνατότητα εκτέλεσης ολοκληρώσεων κατά μήκος τους, στηρίζεται ουσιαστικά στην αναμενόμενη αλλοίωση ενός εφαπτόμενου διανύσματος, κατά την επιστροφή στην αφετηρία του, κατόπιν της παράλληλης μετατόπισης του τελευταίου κατά μήκος ενός κλειστού απειροστού βρόχου, σχεδιασμένου γύρω από ένα σημείο μιας καμπυλωμένης επιφάνειας. Ως πρακτικό δε αποτέλεσμα, εκείνο που ουσιαστικά επιτυγχάνει η εισαγωγή του τανυστή καμπυλότητας είναι να εφοδιάσει κάθε σημείο της πολλαπλότητας όχι απλώς με ένα δικό του "τοπικό" διάστημα αλλά πολύ περισσότερο με μια διευρυμένη δυνατότητα επιλογής μιας δικής του "τοπικής" γεωμετρίας. Αλλά η ίδια η γεωμετρία, ανυπομονώντας πάντα για την εκμετάλλευση της οποιασδήποτε δυνατότητας που της προσφέρει η άλγεβρα σε κάθε φάση της δικής της ιστορικής ανάπτυξης, αισθάνεται πλέον περισσότερο ώριμη από ποτέ, ώστε, απομακρυνόμενη από την αυστηρή δεσμευτικότητα που ασκεί πάνω της η αμεσότητα της εποπτείας, να επανεξετάσει τις ίδιες της τις αρχές, το σύνολο δηλαδή εκείνων των ουσιαστικών σχέσεων που στέκονται στην αφετηρία των αποδείξεών της.

Έτσι, μέσα στο θεωρητικό πλαίσιο που είχε διαμορφωθεί στο πρώτο κιόλας μισό του δέκατου ένατου αιώνα, υπό την επίδραση των μεθόδων της προβολικής γεωμετρίας, όπου οι γραμμές και τα σημεία ενός γεωμετρικού σχηματισμού "προβάλλονταν" σε κάποιο άλλο επίπεδο, με απώτερο σκοπό, μέσω της σκόπιμης παραμόρφωσης την εικόνας που δίνεται άμεσα στην εποπτεία, την αναζήτηση και ανάδειξη των ανεξάρτητων από κάθε συγκεκριμένη εποπτεία ουσιωδών τους σχέσεων, αλλά μαζί και με τον διακαή πόθο της ενοποίησης, μέσω της αναγωγής τους σε μια καθολική γεωμετρία των πρωτοεμφανιζόμενων τότε μη ευκλείδειων γεωμετριών, γίνεται κατανοητή η απόπειρα του Φέλιξ Κλάιν ο οποίος, αμφισβητώντας τον παραδοσιακό ορισμό της απόστασης μεταξύ δύο σημείων ως της θετικής τετραγωνικής ρίζας του αθροίσματος των τετραγώνων των τριών συγκεκριμένων αποστάσεων και αποκλείοντας ότι υπάρχει πραγματική συνάρτηση σημειακών ζευγαριών ορισμένη σε ολόκληρο τον προβολικό χώρο η οποία να συνιστά ένα αναλλοίωτο της προβολικής ομάδας, προτείνει μια συνάρτηση συγγραμμικών σημειακών τετραπόλων, αποκαλούμενων διπλοί λόγοι, ως εκείνων τα οποία συνιστούν ένα τέτοιο αναλλοίωτο.

Ακόμη περισσότερο, στη συνέχεια, ο Κλάιν προτείνει τον διπλό λόγο για να καθορίσει προβολικά τις αναλλοίωτες συναρτήσεις απόστασης σε συγκεκριμένες περιοχές του προβολικού χώρου. Κατά έναν εκπληκτικό τρόπο, δύο από τις τρεις συναρτήσεις απόστασης που καθορίζονται από τον Κλάιν συμφωνούν αντίστοιχα, σχετικά με τις αντίστοιχες περιοχές τους, με τις συναρτήσεις απόστασης κατά Ευκλείδη και κατά Λομπατσέφσκι, ενώ η τρίτη καθορίζει μια ακόμη μη ευκλείδεια γεωμετρία, που ο Κλάιν ονομάζει "ελλειπτική".[56] Αλλά, η ενοποιητική ιδέα του Κλάιν οφείλει να παραχωρήσει τη θέση της σε μία "καθολικότερη" γεωμετρία του Ρήμαν[57] μέσω της οποίας οι τρεις προηγούμενες γεωμετρίες επαναπροσδιορίζονται ως ειδικές περιπτώσεις γεωμετριών σταθερής καμπυλότητας καθώς με την χρησιμοποίηση της διευρυμένης έννοιας καμπυλότητας του Γκάους, ο Ρήμαν είναι σε θέση να χαρακτηρίσει με την πιο μεγάλη ακρίβεια εκείνες τις μετρικές πολλαπλότητες στις οποίες κάθε σχήμα μπορεί να μετατοπιστεί ελεύθερα δίχως μεταβολή τόσο του μεγέθους όσο και της μορφής του.[58]

Ωστόσο, η ιδέα του Κλάιν έχει ήδη σηματοδοτήσει το πέρασμα σε μια νέα εποχή για κάθε γεωμετρικό εγχείρημα. Αν και η μορφή της μετρικής είναι διαφορετική στα διαφορετικά συστήματα συντεταγμένων, η καμπυλότητα, που προσδιορίζεται σε σχέση με

56. Τα ονόματα του Κλάιν για την Ευκλείδεια γεωμετρία και τη γεωμετρία Λομπατσέφσκι ήταν "παραβολική" και "υπερβολική" αντίστοιχα.

57. Ο Ρήμαν, ο οποίος έγραψε την διδακτορική διατριβή του υπό την επίβλεψη του Γκάους, σε μια διάλεξη που έδωσε στις 10 Ιουνίου 1854, στην ουσία αναδιατύπωσε ολόκληρη την έννοια της γεωμετρίας.

58. Είναι οι πολλαπλότητες Ρήμαν σταθερής καμπυλότητας. Ο ευκλείδειος χώρος, για παράδειγμα, θεωρημένος ως πολλαπλότητα Ρήμαν τριών διαστάσεων διαθέτει σταθερή μηδενική καμπυλότητα, ο χώρος Λομπατσέφσκι σταθερή αρνητική ενώ ο ελλειπτικός χώρος σταθερή θετική καμπυλότητα.

την μετρική, παραμένει πάντα μια αμετάβλητη ποσότητα.[59] Καθήκον, λοιπόν, από εδώ και πέρα, κάθε επιμέρους γεωμετρίας θα είναι η αναζήτηση εκείνων των χαρακτηριστικών που παραμένουν αμετάβλητα κάτω από συγκεκριμένους μετασχηματισμούς.[60] Όμως, μαζί με τη γεωμετρία, έχει επαναστατικοποιηθεί για μια ακόμη φορά ο ίδιος ο προσδιορισμός της έννοιας του αριθμού, μια εξέλιξη που θα λειτουργήσει ως ο αναγκαίος μεσολαβητικός κρίκος, ώστε η πρώτη να συνδεθεί άρρηκτα με τη φυσική.

Ο αριθμός

Από την άποψη των εννοιών, η πραγματική κίνηση, σε κάθε νέα απόπειρα θεμελίωσης των πραγματικών αριθμών, συνίσταται στην ανάδυση μιας συγκεκριμένης σχέσης των τελευταίων ως καθολικής προσδιοριστικής στιγμής τους, ενώ η πραγματική δυσκολία κατανόησης της όλης διαδικασίας συνδέεται με την δυσχέρεια αναγνώρισης, μέσω της επιβαλλόμενης διαφοροποίησης του συμβολισμού, αυτής ακριβώς της ταυτότητας των δύο όψεων ως αναγκαίας προϋπόθεσής της.

Καθώς λοιπόν, στην πρωταρχικής ακόμη σημασίας διαδικασία προσδιορισμού του ίδιου του ακέραιου αριθμού, η μετάβαση από την μονάδα στο πλήθος συμβαίνει ως η απλή επανάληψη της ίδιας θεμελιώδους πράξης σύνδεσης δύο ανεξάρτητων αριθμών ώστε να προκύπτει κάθε φορά κάποιος τρίτος ως προϊόν τους,[61] η τελευ-

59. Μια σφαίρα, για παράδειγμα, έχει μια καθορισμένη (θετική) καμπυλότητα, και παραμένει η ίδια, οποιοδήποτε σύστημα συντεταγμένων κι αν επιλεγεί.

60. {Στόχος πλέον κάθε κλάδου της γεωμετρίας είναι: «δεδομένης μιας πολλαπλότητας και μιας ομάδας μετασχηματισμών πάνω στην πολλαπλότητα αυτή, να μελετηθεί η διαμόρφωση της πολλαπλότητας σε σχέση με τα γνωρίσματα εκείνα που δεν μεταβάλλονται από τους μετασχηματισμούς της ομάδας.»}, όπως παρατίθεται, Τορέτι, *Nineteenth Century Geometry*, ενότητα 3.

61. Μία διμελής πράξη επί ενός συνόλου G είναι μία απεικόνιση $\varphi : G \times G \to G$, δηλαδή, σε κάθε ζεύγος (a, b) στοιχείων του G αντιστοιχεί ένα στοιχείο $a \circ b \in G$.

ταία, λειτουργώντας ως ο ουσιαστικός όρος ύπαρξης των ίδιων των αριθμών, αποκτά το δικαίωμα, διεκδικώντας την αυτόνομη έκφρασή της, να τεθεί, στην πιο αφηρημένη της διατύπωση, ως εκείνος ο καθολικός όρος, έναντι του οποίου οι τελευταίοι διαθέτουν απλώς την ειδική μορφή κάποιας επιμέρους πραγματοποίησής του. Οι αριθμοί, δηλαδή, πραγματικές σκιές του εαυτού τους, σύμβολα δίχως πλέον απαραίτητα κάποια ποσοτική αναφορά, επαναπροσδιορίζονται ως απλώς μέλη μιας ομάδας. Αντίστροφα, όμως, η απαίτηση να προκύπτουν πάντα οι αριθμοί ως ειδική περίπτωση του συγκεκριμένου ορισμού επιβάλλει περιορισμούς στον χαρακτήρα της πράξης που συνδέεται με τον τελευταίο, όπως είναι, για παράδειγμα, η εξασφάλιση της ύπαρξης αλλά και της δυνατότητας παραγωγής ενός "μηδενικού" στοιχείου.

Αν τώρα η διαδοχή δύο μετασχηματισμών είναι ξανά ένας μετασχηματισμός, τότε ως η πιο ενδιαφέρουσα ομάδα φαίνεται να αναδεικνύεται εκείνη που συνδέεται με τις τυχόν συμμετρίες που είναι δυνατό να διαθέτει ένα αντικείμενο, με το σύνολο, δηλαδή, των μετασχηματισμών που το αφήνουν αναλλοίωτο.[62] Αλλά ενώ η χρησιμοποίηση της έννοιας της συμμετρίας προϋποθέτει καταρχήν ρητά την ύπαρξη του αντικειμένου, για το οποίο συνιστά μια ιδιότητα, η πρώτη, αποβάλλοντας τον εξωτερικό χαρακτήρα της ως προς το τελευταίο, αποκαλύπτεται ως εκείνο το ουσιαστικό γνώρισμα που χαρακτηρίζει την ιδιαιτερότητα της δομής του. Οι απλώς, δηλαδή, ποιοτικές διαφορές, μέσω των οποίων πραγματοποιείται η ίδια η αναγνώριση και μαζί η ταξινόμηση των ποικιλόμορφων μαθηματικών οντοτήτων, φαίνεται ότι, αφού πρώτα αναπτυχθούν και διαφοροποιηθούν μέσω καθαρά ποσοτικών σχέσεων, είναι υποχρεωμένες τελικά να αντικατασταθούν ακριβώς με τις

62. Η εσωτερική συμμετρία μιας δομής συνδέεται συνήθως με μια αναλλοίωτη ιδιότητα και το σύνολο των μετασχηματισμών που διατηρούν αυτήν την αναλλοίωτη ιδιότητα, μαζί με την διαδικασία της σύνθεσης των μετασχηματισμών, σχηματίζουν μια ομάδα η οποία ονομάζεται ομάδα συμμετρίας. Για ένα γεωμετρικό αντικείμενο, η τελευταία αναφέρεται απλώς ως η ομάδα συμμετρίας του· για ένα αλγεβρικό αντικείμενο χρησιμοποιείται συνήθως ο όρος ομάδα αυτομορφισμού.

ποιοτικές διατυπώσεις των συμμετριών των τελευταίων, ώστε να αποκαλυφθεί πλέον οριστικά η πραγματική τους ταυτότητα. Πράγματι, ενώ ακόμη και η απλή αναγνώριση της ισότητας δύο γραμμών στον χώρο απαιτεί ήδη ως αναγκαίο όρο την πρακτική της μετατόπισης μιας άκαμπτης ράβδου, αναιρώντας ταυτόχρονα την απλώς θεωρητική προσέγγιση για την συγκρότηση της έννοιας του πλήθους, δεν απομένουν παρά μόνο οι σχέσεις ανάμεσα σε αυτές ακριβώς τις μετατοπίσεις ώστε οι τελευταίες να αποκτήσουν πλέον τη δυνατότητα να αποδώσουν και να επαναδιατυπώσουν την ουσία της ευκλείδειας γεωμετρίας.[63] Άλλωστε, όπως εύστοχα επισημαίνει ο Χέλμχολτζ, ακόμη και οι ίδιες οι υποκρυπτόμενες, πίσω από την συγκεκριμένη επιλογή της μορφής της μετρικής μιας πολλαπλότητας Ρήμαν, προϋποθέσεις συνδέονται με την αποδοχή ακριβώς των δυνατοτήτων των μεταθέσεων των πραγματικών στερεών ράβδων.[64]

Από την άλλη, αν η ευκλείδεια γεωμετρία συνιστά απλώς μία, μεταξύ άλλων ισοδυνάμων, εξειδίκευση της ίδιας καθολικής σχέσης,[65] είναι προφανές ότι η ερευνητική δραστηριότητα, υποχρεω-

63. «Το παράδειγμα της ευκλείδειας γεωμετρίας μας παρουσιάζει μία ιδιαίτερα σαφή και απλή ομάδα ... Αυτή η ομάδα είναι, ως γνωστόν, η ομάδα των μεταθέσεων. Μ' αυτή την ομάδα ορίζουμε την ισότητα δύο σχημάτων που με τη σειρά της συνιστά, όπως είναι προφανές το θεμέλιο της μετρικής γεωμετρίας: Δύο σχήματα ορίζονται ως ίσα όταν επικαλύπτονται επακριβώς με την μετάθεση του ενός. Είναι άμεσα προφανές ότι δύο διαδοχικοί τέτοιοι μετασχηματισμοί μπορούν ν' αντικατασταθούν από έναν, το λεγόμενο γινόμενό τους. Φυσικά μία οποιαδήποτε σειρά οποιωνδήποτε μεταθέσεων μπορεί ν' αντικατασταθεί από μία. Για τον απλό αυτό λόγο οι μεταθέσεις αποτελούν ομάδα.» Μπασελάρ, *Το νέο επιστημονικό πνεύμα*, σελίδα 35.

64. «Μπορεί να δειχθεί ότι εάν κάποιος εμμείνει εξαρχής στην απαίτηση ότι καθορισμένες μορφές πρέπει να έχουν άνευ όρων ελεύθερη κινητικότητα, δίχως παραμόρφωση, σε όλα τα μέρη του χώρου τότε η αρχική υπόθεση του Ρήμαν εξάγεται συνεπεία πολύ λιγότερο περιοριστικών υποθέσεων. Αφετηρία της ερευνητικής μου υπόθεσης υπήρξε η σκέψη ότι η πρωταρχική μέτρηση του χώρου βασίζεται απόλυτα στην παρατήρηση της σύμπτωσης· ...» Χέλμχολτζ, *Hermann Von Helmholtz: Epistemological Writings, On the facts underlying geometry*, σελίδα 41.

65. Οι ομάδες, για παράδειγμα, που σχετίζονται με την κλασική γεωμετρία είναι ομάδες Λι.

μένη να στραφεί στην αναζήτηση των αντίστοιχων "συμμετριών" που αναπόφευκτα χαρακτηρίζουν την οποιαδήποτε γεωμετρία, είναι ταυτόχρονα υποχρεωμένη να επαναδιατυπώνει και να επαναστατικοποιεί τις σχέσεις της τελευταίας με τις υπόλοιπες.[iv]

Συνειδητοποιώντας ωστόσο τον τρόπο με τον οποίο ανακατασκευάζουν τη γεωμετρία, τον "αρχαιότερο κλάδο της φυσικής",[66] γίνεται φανερό ότι τα μαθηματικά αποκτούν τη δυνατότητα να διατυπώνουν το περιεχόμενο των φυσικών φαινομένων όχι ακριβώς ακυρώνοντας την απόλυτη σταθερότητα και βεβαιότητα που ισχυρίζονται ότι διαθέτουν, αλλά μάλλον αξιοποιώντας την τελευταία ως το συγκριτικό τους πλεονέκτημα σε ό,τι αφορά τα πορίσματά τους, παρέχοντας ουσιαστικά στη διάθεση της φυσικής πολλαπλές δυνατότητες επιλογών, που ήδη έχουν επεξεργαστεί ακολουθώντας τους δικούς τους εσωτερικούς δρόμους· υποχρεώνοντας όμως την τελευταία να αποβάλει οριστικά την απλοϊκή εικόνα της φαινομενικής της ανάδυσης μέσω της απλής παρατήρησης από τον εμπειρικό φυσικό κόσμο ως προκαθορισμένης κοσμικής αναγκαιότητας, ώστε να αποκαλυφθεί στα μάτια όλου του κόσμου ως η διαλεκτική διαδικασία της νόησης,[67] όπου το "θέτειν" της προϋπάρχουσας μαθηματικής επιλογής αναγνωρίζεται κατά την ολοκλήρωση της διαδικασίας, προκαλώντας ενίοτε μια μυστηριακή ατμόσφαιρα, ακριβώς ως ένα "προϋποθέτειν".

Στην πραγματικότητα, καθώς η εξέλιξη των μαθηματικών εννοιών συμβαίνει κυρίως μέσω της συστηματικής ανάπτυξης και διάκρισης σχέσεων που υποκρύπτονται μέσα στην έννοια του αριθμού,[v] μια τέτοια αναγνώριση του καθολικού ως τέτοιου, καθοδηγώντας την ανάδειξη της συγκεκριμένης διαφοροποίησης του

66. Αϊνστάιν, *Αιθέρας, Γεωμετρία και Εμπειρία, Γεωμετρία και Εμπειρία*, σελίδα 23.

67. «Αυτή η αλήθεια είναι εμπειρική ή λογική; Μήπως οφείλει να μας εκπλήσσει το ίδιο το γεγονός της ερώτησης, ότι, δηλαδή, η ιδέα της ομάδας τοποθετείται στο επίκεντρο της διαλεκτικής μεταξύ ορθού λόγου και εμπειρίας; Ενσωματώνοντας στο θεμέλιό της την έννοια της ομάδας η μαθηματική φυσική μαρτυρεί την πρωτοκαθεδρία του ορθού λόγου.» Μπασελάρ, *Το νέο επιστημονικό πνεύμα*, σελίδα 35.

επιμέρους, επιτρέπει, πρακτικά, στην κάθε βαθμίδα ανάπτυξης, τόσο την αναγνώριση της ταυτότητας όσο και την επιλογή ανάμεσα σε αναγνωρισμένες, διακεκριμένες δυνατές περιπτώσεις κατασκευών. Η ανάπτυξη, λοιπόν, της έννοιας της πολλαπλότητας έχει, στην αφετηρία της, τοπολογικές αναφορές, όπου η ταυτότητα, αναιρώντας τις διακρίσεις της εποπτείας αλλά προσφεύγοντας ακόμη, ως έσχατο μέσο, στην τελευταία, αναγνωρίζεται απλώς μέσω της δυνατότητας αντιστοίχησης κάθε σημείου του ενός αντικειμένου προς το άλλο, ενώ η διερεύνηση της δυνατότητας της απειρίας συνδέεται με την συγκρότηση των λεγόμενων τοπολογικών χώρων.[vi] Μια πολλαπλότητα, ως ένας τοπολογικός χώρος, μπορεί να είναι ανοικτή ή κλειστή, συμπαγής ή μη συμπαγής, συνεκτική ή μη συνεκτική. Αλλά, ακόμη περισσότερο, αφού ουσιαστικά διασφαλιστεί όχι μόνο η ίδια η δυνατότητα των πραγματικών αριθμών ως οριακών τιμών μιας συγκλίνουσας ακολουθίας μέσω της κατοχύρωσης της συνέχειας των συναρτήσεων, αλλά επίσης και η δυνατότητα νόμιμης εκτέλεσης των πράξεων που προβλέπει ο λογισμός των απειροστών, ενώ η σχέση ανάμεσα στην "παράγουσα" συνάρτηση και την "παράγωγό" της αναπαραχθεί σε ένα δεύτερο αφηρημένο επίπεδο, η διαμορφωμένη, ήδη, πολλαπλότητα, ώριμη πια ώστε να αναρωτηθεί για τον ουσιαστικό χαρακτήρα της, είναι σε θέση να αναζητήσει εκείνες τις συμμετρίες που αποκαλύπτουν τον πραγματικό σκοπό της συγκρότησής της.[68]

Αλλά, πριν ακόμη η πολλαπλότητα εφοδιαστεί με την κατάλληλη ομάδα μετασχηματισμών, είναι απαραίτητη η ανάδειξη της διαδικασίας αναγνώρισης της ταυτότητας που συνδέεται με την ίδια την πράξη μιας ομάδας,[vii] μια διαδικασία που δεν περιορίζεται απλώς στην "πρόσθεση", καθώς εισάγεται μια δεύτερη, ανεξάρτητη από την τελευταία, πράξη, ένας "πολλαπλασιασμός", ώστε να είναι πλέον εφικτή η θεμελίωση μιας "άλγεβρας".[viii] Στην

68. Όταν απεικονίζουμε σημεία της πολλαπλότητας επάνω σε άλλα σημεία, πρέπει πάντα να συγκρίνουμε τη γεωμετρική δομή σε κάθε ένα από τα δύο συνδεδεμένα σημεία. Μόνο εάν αυτές είναι ταυτοτικές μπορούμε να πούμε ότι η απεικόνιση είναι μια αναλλοίωτη απεικόνιση και αντιπροσωπεύει μια συμμετρία του χώρου.

αλγεβρική τοπολογία, τώρα, στον κλάδο, δηλαδή, εκείνο των μαθηματικών, που συνθέτει σε μια ενιαία θεωρία τους δύο προηγούμενους, η χρήση της έννοιας των ομάδων συνδέεται άμεσα με τις δυνατότητες αναλλοίωτων απεικονίσεων των τοπολογικών χώρων. Όταν, στη συνέχεια, επιβάλλουμε μια γεωμετρική δομή, όπως, για παράδειγμα, μια ομοπαραλληλική δομή ή έναν μετρικό τανυστή πάνω σε μία πολλαπλότητα, αυτόματα η ομάδα συμμετριών περιορίζεται από εκείνην όλων των δυνατών τοπολογικών απεικονίσεων (ομοιομορφισμών) σε κάποια υποομάδα της. Η επιβολή, για παράδειγμα, μιας μετρικής Λόρεντζ στην πολλαπλότητα περιορίζει την ομάδα συμμετριών σε αυτήν που περιλαμβάνει ακριβώς τους μετασχηματισμούς Λόρεντζ. Η ομάδα, λοιπόν, των μετασχηματισμών που συνδέεται με την απαίτηση του αναλλοίωτου, καθώς η μετάβαση στη φυσική, από τυπική άποψη, φαίνεται να είναι άμεση, επιβάλλει αυστηρούς περιορισμούς στη μορφή που μια θεωρία μπορεί να λάβει, περιορίζοντας τόσο τις διατηρήσιμες ποσότητες που επιτρέπονται να εμφανιστούν θεωρητικά όσο και τη μορφή των θεμελιωδών εξισώσεων της τελευταίας.

Αλλά, πέρα από τη δυνατότητα της υπαγωγής ενός φυσικού φαινομένου σε μια συγκεκριμένη μαθηματική δομή, ήταν απαραίτητη η ανατροπή κάθε παγιωμένης διάκρισης εκείνων των γεωμετρικών στοιχείων που, μέσω της εμμονής στην εποπτεία, διατηρούνταν σε μία απλώς εξωτερική νοηματική σχέση, και η αναγνώριση όλων εκείνων των διαδικασιών αυτοαναίρεσης των καταρχάς προσδιορισμένων ως ανεξάρτητων μαθηματικών στοιχείων, μέσω της ανάπτυξης του ίδιου του ορισμού τους, όχι μόνο ώστε η γεωμετρία να ενδυθεί με το απόλυτο κύρος της έννοιας[69] ή, ακόμη λιγότερο,

69. «Είναι μόνο επειδή ο χώρος της γεωμετρίας είναι η αφαίρεση και το κενό του εκτός αλλήλων Είναι που καθιστά δυνατό στα σχήματα να εγγραφούν στην απροσδιοριστία του χώρου με έναν τέτοιο τρόπο ώστε οι προσδιορισμοί τους να παραμένουν σε σταθερή ακινησία εκτός αλλήλων και να μην έχουν καμία εμμενή μετάβαση στο αντίθετο. Η επιστήμη αυτών των προσδιορισμών είναι, κατά συνέπεια, μια απλή επιστήμη *του πεπερασμένου*, το οποίο υπόκειται σε σύγκριση κατά το μέγεθος και του οποίου η ενότητα είναι η εξωτερική ενότητα, *η ισότητα*. Αλλά συγχρόνως η σκιαγράφηση αυτών των σχημάτων εκκινεί από διάφορες πλευρές και αρχές, τα δε διά-

να διευκολυνθεί η διερεύνηση των λογικών θεμελίων της, αλλά πολύ περισσότερο ώστε να γίνει εφικτή η ανάδυση μιας ριζοσπαστικής επιστημονικής θεωρίας για τη φύση, και μαζί με αυτήν, η θεμελίωση μιας νέας φιλοσοφικής θεώρησης για την ίδια την Ουσία, όπως η τελευταία συνδέεται με τον χώρο.

φορα σχήματα ανακύπτουν ανεξάρτητα· αναλόγως, η σύγκρισή τους καθιστά προφανές επίσης *την ποιοτική* ανομοιότητα και *την ασυμμετρία* τους. Αυτή η ανάπτυξη ωθεί τη γεωμετρία πέρα από την *περατότητα* –όπου αυτή προχωρούσε τόσο μεθοδικά και σίγουρα– προς την απειρότητα, προς ένα θέτειν σε ισότητα όρους που ποιοτικά είναι διαφορετικοί ...» Χέγκελ, *GW12*, 226-227.

Ουσία

Άτομα και Κενό

Ίσως είναι τετριμμένο να επαναλαμβάνουμε σήμερα ότι κάθε τι το αισθητό φθείρεται και χάνεται, αλλά και πως κάθε τι που τώρα είναι, παραχωρεί τη θέση του σε κάτι άλλο, ώστε ο κόσμος των φυσικών πραγμάτων να είναι τελικά ένας κόσμος που πεθαίνει αλλά και που ξαναγεννιέται διαρκώς. Αλλά δίπλα σε αυτήν την αίσθηση της καθολικής μεταβολής βρίσκουμε πάντα την πίστη –μια πίστη την οποία, με τον ένα ή τον άλλο τρόπο, την συναντάμε σε όλους σχεδόν τους αρχαίους πολιτισμούς– ότι στην πραγματικότητα τίποτε δεν χάνεται, παρά μόνο αλλάζει η μορφή, άρα πως κάθε τι που φαίνεται ότι υπάρχει κρύβει μέσα του εκείνο που, άτρωτο από τη φθορά και παραμένοντας πάντα το ίδιο μέσα στη μεταβολή, έχει το αποκλειστικό προνόμιο της αιώνιας ύπαρξης, την ουσία.

Το ανθρώπινο πνεύμα αφήνεται βέβαια με εμπιστοσύνη στην εποπτεία που του παρέχουν οι αισθήσεις, πιστεύει σε ό,τι βλέπει και ακούει, θεωρώντας ότι δεν χρειάζονται άλλες αποδείξεις πέρα από την μαρτυρία των αισθήσεων για να συμπεράνει ότι ο κόσμος που απλώνεται μπροστά του είναι πραγματικός. Σε κάθε όμως εποχή και σε πείσμα κάθε εμπειρίας, η σκέψη των ανθρώπων μετέτρεπε και εξακολουθεί να μετατρέπει σε πραγματικά όντα τα πλάσματα της φαντασίας της, δημιουργώντας είτε ανθρωπόμορφους Κένταυρους στα βουνά του Πηλίου είτε αγγέλους που σπρώχνουν τους πλανήτες στον ουρανό ή ακόμη επινοώντας, ως προϊόντα των θεωρητικών της συλλογισμών, "αόρατα" σωματίδια και μυστηριώδεις ουσίες σε μια προσπάθεια να απαντήσει στις απορίες της για τον κόσμο, κατασκευάζοντας, δηλαδή, δίπλα στον ορατό κόσμο των πραγμάτων, έναν άλλο κόσμο, εξίσου πραγματικό για την ίδια, από παράξενα απόμακρα και αδιάφορα στο άγγιγμα των αισθήσεων όντα, που όχι μόνο αναμειγνύονται με τον πρώτο αλλά και που ενίοτε φθάνουν να διεκδικούν με πάθος την αποκλειστικότητα στο δικαίωμα της πραγματικής ύπαρξης, αναδεικνύοντας τελικά ως ανεπαρκές το κριτήριο της άμεσης αίσθησης σε ό,τι αφορά την απόλυτη διάκριση ανάμεσα σε εκείνο που υπάρχει και τις φανταστικές κατασκευές του νου. Άλλωστε, ο καθορισμός του πραγματικού τοποθετούνταν πάντα στο επίκεντρο τόσο του φιλοσοφικού στοχασμού όσο και της επιστημονικής έρευνας.

Σύμφωνα, λοιπόν, με τον Πλατωνικό *Τίμαιο* τέσσερις διαφορετικές ποιότητες, η φωτιά, το νερό, η γη και ο αέρας, συγκροτούν τη φύση. Αλλά, ενώ στην πλατωνική θεώρηση είναι φανερή η ποιοτική διαφορετικότητα των τεσσάρων "στοιχείων", στην αποκαλούμενη "ατομική" υπόθεση, που αποδίδεται στους Δημόκριτο και Λεύκιππο, η διαίρεση είναι απλούστερη και καθολικότερη: στοιχεῖα μὲν τὸ πλῆρες καὶ τὸ κενὸν εἶναί φασι, λέγοντες τὸ μὲν ὂν τὸ δὲ μὴ ὄν, ... αἴτια δὲ τῶν ὄντων ταῦτα ὡς ὕλην.[70] Ωστόσο, είναι πράγματι αλήθεια ότι ένας τέτοιος ισχυρισμός, παρότι μεγαλοφυής, δεν συνιστά παρά ένα “δημιούργημα της φαντασίας”[71] καθώς, παίρνοντας υπόψη την εποχή που διατυπώθηκε, η ατομική υπόθεση δεν αποτελεί παρά τη γενίκευση, μέσω της αφαίρεσης, αυτής της απλής διάκρισης που συναντάμε καθημερινά μπροστά μας, της διάκρισης ανάμεσα σε έναν τοίχο ή ένα δένδρο, ανάμεσα, δηλαδή, στα σκληρά, συμπαγή, αδιαπέραστα σώματα και τον ενδιάμεσο μεταξύ τους "άδειο" χώρο.

70. Αριστοτέλης, *Μετά τα φυσικά*, 985b 5-10.

71. Αϊνστάιν και Ίνφελντ, *Η εξέλιξη των Ιδεών στη Φυσική*, σελίδα 58.

Ο υλικός κόσμος, ωστόσο, ο κόσμος που βλέπουμε όταν ανοίγουμε τα μάτια μας, που βρίσκεται απέναντί μας και αποτελεί το αντικείμενο της καθημερινής μας δραστηριότητας, φαίνεται να είναι ένας κόσμος αισθητών, χειροπιαστών πραγμάτων, αφού όχι μόνο, από τις πρώτες κιόλας ώρες της ύπαρξής μας, εξωτερικές εικόνες, ήχοι ή μυρωδιές κατακλύζουν τις αισθήσεις μας, αλλά ακόμη περισσότερο, από πολύ νωρίς, μαθαίνουμε ότι ένα αίσθημα αλμυρού στη γεύση συνοδεύεται από το αίσθημα του λευκού στην όραση και το αίσθημα του στερεού στην αφή, μαθαίνουμε, δηλαδή, ότι το κάθε ξεχωριστό αίσθημα δεν εμφανίζεται μόνο του αλλά πάντα μέσα σε μία πολλαπλότητα αισθημάτων. Αλλά, ενώ η στερεότητα, η λευκότητα ή η αλμυρότητα αποδίδουν μια σχέση με τις δικές μας αισθήσεις, μαθαίνοντας, με τη βοήθεια της γραμματικής, να αποκαλούμε αλάτι εκείνη την συγκεκριμένη πολλαπλότητα, μαθαίνουμε να συγκροτούμε ένα αυτοτελές υποκείμενο, να τοποθετούμε, δηλαδή, πίσω από τα αισθήματα κάτι άλλο, το οποίο, αντανακλώντας την ανεξάρτητη προέλευση των ερεθισμάτων, αφού πρώτα ιδιοποιείται τις διαφορετικές ποιότητες ως δικά του κατηγορούμενα, τις επιδεικνύει κατόπιν ακριβώς ως τις δικές του ιδιότητες: Το αλάτι είναι αλμυρό, είναι λευκό, έχει βάρος, κ.τ.λ. Έτσι, τα πράγματα, μέσα στην απέραντη ποικιλομορφία τους και παρά την σιωπηρή τους υποταγή στους σκοπούς μας, μοιάζουν να μοιράζονται όλα την ίδια αυτάρεσκη βεβαιότητα, τη βεβαιότητα της εξωτερικής, ανεξάρτητης σε σχέση με εμάς ύπαρξης, αδιάψευστη μάλιστα εγγύηση της οποίας φαίνεται να αποτελεί η μαρτυρία των πέντε μας αισθήσεων.

Αλλά ενώ κάθε ξεχωριστό αισθητό αντικείμενο, γνωρίζοντας ότι διαθέτει, μέσα στον ίδιο του τον προσδιορισμό ως πράγματος, το φυσικό χάρισμα της ύπαρξης, δεν αισθάνεται καμία ανάγκη να αναφερθεί σε οποιοδήποτε άλλο αντικείμενο του κόσμου, ώστε να υπερασπιστεί το δικαίωμά του αυτό ή τουλάχιστον να το δικαιολογήσει, την ίδια στιγμή έρχεται σε εξωτερικές, φαινομενικά αδιάφορες ως προς τον ιδιαίτερο ποιοτικό του καθορισμό σχέσεις, ακόμη κι όταν, ως αυτοτελής οντότητα, απλά στέκεται δίπλα ή απέναντι από οποιοδήποτε τέτοιο άλλο. Ένα τραπέζι είναι πάντα ένα τραπέζι, ανεξάρτητα αν δίπλα του είναι μία καρέκλα ή ένα σκαμνί ή ένα οποιοδήποτε άλλο πράγμα, αλλά, αν επιμείνουμε σε αυτό ακριβώς το *οποιοδήποτε*, διαπιστώνουμε ότι δεν είναι απλώς ατελείωτη η σειρά από πράγματα που είναι σε θέση να αντικαταστήσουν το τραπέζι, αλλά, το κυριότερο, ότι δεν υπάρχει κανένα απολύτως πράγμα που μπορεί να εξαιρεθεί από αυτή τη σειρά δίχως τον κίνδυνο να απολέσει την ίδια του την πραγμότητα, την ίδια του, δηλαδή, την αξίωση για φυσική ύπαρξη.

Αυτή η καθολική δυνατότητα αμοιβαίας αντικατάστασης όλων των πραγμάτων συνιστά, λοιπόν, ένα γνώρισμα αδιάφορο προς τον οποιοδήποτε ποιοτικό τους καθορισμό, άρα ένα απόλυτο γνώρισμα, και ταυτόχρονα συνιστά την απόλυτη προϋπόθεση, το απόλυτο κριτήριο για το αν ένα πράγμα μπορεί πραγματικά να πολιτογραφηθεί ως μέλος του φωτεινού αισθητού κόσμου τους. Άλλωστε δεν είναι τυχαίο ότι η απαίτηση της θεωρητικής σκέψης να θέτει ως βάση της εκείνο το απλό και καθολικό στοιχείο, πάνω στο οποίο θα στηριχθεί η περαιτέρω ανάπτυξη, επιβάλλει στην αφετηρία της νέας εποχής, αν και μέσα σε διαφορετικά θεωρητικά πλαίσια, την επανεκτίμηση των σχολίων του Αριστοτέλη σε ό,τι αφορά το περίφημο "πρώτον υποκείμενον", για να προσδιορισθεί η πραγματική ουσία των πραγμάτων. Η έκταση, κάτι απόλυτα αρνητικό, όντας η απόλυτη αφαίρεση από κάθε τι αισθητό, συνιστά τον βαθύτερο εσωτερικό εαυτό κάθε πράγματος, που παρά τον εσωτερικευμένο χαρακτήρα του, αποδίδοντας την πιο απλή, την πιο γενική αλλά και την πιο επιφανειακή ομοιότητα μεταξύ των πραγμάτων, μετατρέπεται σε συγκροτητικό στοιχείο του πράγματος, απόλυτη προϋπόθεση και κριτήριο για την πραγματική θετική ύπαρξη του οτιδήποτε διατείνεται ότι Είναι.[72]

---

72. Όπως υποδεικνύει ο Σοράμπτζι ενώ ο μελετητής του Αριστοτέλη Φιλόπονος «είχε πλησιάσει στο να ορίσει το σώμα απλώς ως έκταση, και όχι ως έκταση εφοδιασμένη με ιδιότητες ... ήταν ο Καρτέσιος, ο οποίος προφανώς απέβλεπε να προχωρήσει πέραν του Φιλόπονου όταν λέει ότι δεν εισέρχονται άλλες ιδιότητες στη φύση του σώματος, πέρα από την έκταση, κατά μήκος, πλάτος και ύψος, αφού όλες οι άλλες αισθητές ποιότητες μπορούν να αφαιρεθούν από το σώμα και το ίδιο να παραμείνει στην ολότητά του. Και βέβαια, προχωρά πέραν του Φιλόπονου, με την αναγωγή όλων των ιδιοτήτων που αντιλαμβανόμαστε στο σώμα, στη διαιρετότητα και την κίνηση.»

Από την άλλη η ίδια η έκφραση "δίπλα", όπως όλοι οι τοπικοί προσδιορισμοί, "εδώ", "απέναντι" ή "εκεί", εκπροσωπούν αυτήν ακριβώς την καθολική *δυνατότητα* τοποθέτησης οποιουδήποτε πράγματος. Ο τόπος υφίσταται επειδή εκεί μπορεί να σταθεί ένα τραπέζι ή ένα σκαμνί ή οποιοδήποτε άλλο πράγμα, και είναι η πραγματοποίηση αυτής της δυνατότητας που τον αποδεικνύει ως πραγματικό, διαχωρίζοντάς τον, από την εικονική πραγματικότητα ή τον αντικατοπτρισμό. Αλλά οι τόποι, ενώ χρειάζονται τα πράγματα τόσο για να οριστούν όσο και για να αποδείξουν την ύπαρξή τους, διατηρούν πάντα τη δυνατότητα να αυτονομηθούν από τα τελευταία, αποκτώντας το δικό τους ανεξάρτητο δικαίωμα στην ύπαρξη. Θεωρούμε, βέβαια, ότι ανάμεσα στο τραπέζι και την καρέκλα υπάρχει κάτι άλλο, όπως αέρας ή φως, όμως μπορούμε εύκολα να υποθέσουμε ότι ακόμη κι αν αφαιρέσουμε τον αέρα, το φως ή οτιδήποτε άλλο αισθητό, είναι μάλλον αδύνατο να εξαφανίσουμε αυτό το ενοχλητικό "ανάμεσα" που ως η απόλυτη άρνηση κάθε ύπαρξης το ονομάζουμε "κενό". Ωστόσο, καθώς σε κάθε συγκεκριμένο προσδιορισμό των πραγμάτων αντιστοιχεί πάντα η συγκεκριμένη άρνησή τους, μια άρνηση που ορίζει ένα επίσης *συγκεκριμένο κενό*, ένα “προσδιορισμένο τίποτε”,[73] δεν είναι πλέον η παράσταση ή το άμεσο αίσθημα, εκείνο που παραδοσιακά, και με έναν πρακτικά ελέγξιμο τρόπο, φιλοδοξεί να επικυρώσει τον διαχωρισμό του όντος από το μη ον, αλλά αντίθετα το εννοιολογικό πλαίσιο της θεωρίας που αποδίδει την σχέση τους.

Ως συνέπεια, η ιστορία της αντιπαράθεσης για τον τρόπο που συνδέεται η ύπαρξη με το κενό βρίσκεται στη βάση της ίδιας της ιστορίας των θεωριών για τη φύση, αφού κάθε μία από αυτές συγκροτεί, από την αρχή, μια "εποπτεία" για το πώς κάθε τι που υπάρχει κατανέμεται στον χώρο. Σ' αυτήν την αντιπαράθεση, όπου συμμετέχουν με την ίδια σφοδρότητα φυσικοί και φιλόσοφοι, οι περιορισμοί της εποχής μοιάζουν ανύπαρκτοι καθώς ο Αριστοτέ-

Σοράμπτζι, *Matter, Space and Motion*, σελίδα 39.

73. «Το τίποτε σε αντίθεση με το κάτι, το τίποτε οποιουδήποτε κάτι, είναι ένα προσδιορισμένο τίποτε.» Χέγκελ, *GW21*, σελίδα 70.

λης φαίνεται να συμπορεύεται με τον Καρτέσιο αλλά και με τους Φαραντέι και Αϊνστάιν ενώ, από την άλλη, οι θεωρίες του Δημόκριτου ή του Επίκουρου φαίνεται να επαληθεύονται από τις απόψεις του Νεύτωνα ή τις μετέπειτα κβαντικές θεωρίες για το φως και την ενέργεια. Αλλά, παρότι κάθε εποχή ή κάθε θεωρία, όταν στέκεται μπροστά στη φύση, έχοντας ήδη αναπτύξει το δικό της πλαίσιο προσέγγισης, αναγνωρίζει, στο "βάθος" της τελευταίας, τις δικές της διαφορετικές υπάρξεις στον χώρο, τους δικούς της διαφορετικούς φυσικούς κόσμους, η πραγματική σημασία των απλοϊκών περιγραφών της αρχαίας φιλοσοφίας για το σχήμα ή το μέγεθος των "ατόμων", που πράγματι φαντάζουν ως αυθαίρετες επινοήσεις, βρίσκεται στην ίδια την διατύπωση της ιδέας που έμελλε να καθοδηγήσει την επιστημονική έρευνα για τη φύση, της ιδέας, δηλαδή, ότι η ουσία της φύσης συνδέεται τελικά με την κίνηση και ότι κάθε τι που συμβαίνει, δεν συμβαίνει τελικά παρά μόνο ως μια μορφή της τελευταίας.

Μάζα

Η φυσική, θέτοντας ως βάση για τη μελέτη της φύσης την έκταση, μετατρέποντας, δηλαδή, τον πραγματικό κόσμο σε έναν κόσμο απόλυτης ταυτότητας μεταξύ των πραγμάτων, φαίνεται να ξεκινά με τον πιο παράδοξο τρόπο, θέτοντας ως αφετηρία της εκείνο που δεν φαίνεται να αφορά καθόλου την ουσία των τελευταίων αλλά την πιο επιφανειακή τους ίσως ομοιότητα ή τις πιο επουσιώδεις και αδιάφορες σχέσεις τους. Ωστόσο, η μετατροπή της εμπειρικής εποπτείας του κόσμου στην "καθαρή" εποπτεία του χώρου, όπου αρκεί πλέον ένα απλό όνομα ή ένα τυχαίο σύμβολο, ώστε να διαφοροποιηθούν τα υλικά σημεία μεταξύ τους, στην πραγματικότητα, υποδεικνύοντας την καθολικότητα που οφείλει να συνοδεύει τις διατυπώσεις της θεωρίας, αποσκοπεί στην ανάδειξη της σχετικής διάταξης των τελευταίων και των τιμών των αριθμητικών τους αποστάσεων που τα χωρίζουν, ως ουσιώδους σημασίας σε ό,τι αφορά τη δυνατότητα πρόβλεψης των μελλοντικών τους θέσεων στον χρόνο.

Στην αφετηρία της φυσικής σκέψης των νεώτερων χρόνων και στα πλαίσια της απόπειρας διαχωρισμού της τελευταίας από την θολή μεταφυσική του Μεσαίωνα, στέκεται ξανά η απαίτηση της σωματιδιακής εξήγησης. Ο κόσμος της Νευτώνειας φυσικής δεν είναι παρά ένας τέτοιος κόσμος ποιοτικά όμοιων υλικών σημείων,[74] όπου θα αρκούσε η γνώση της θέσης και της ταχύτητας κάθε ενός από αυτά, κάποια χρονική στιγμή, ώστε να είναι καταρχάς εφικτό, με την χρησιμοποίηση των κανόνων του διαφορικού λογισμού, να προβλεφθεί με απόλυτη ακρίβεια η εξέλιξη ολόκληρου του συστήματος στη συνέχεια. Χαρακτηριστικά, σύμφωνα με τη βαρυτική θεωρία του Νεύτωνα, κάθε φυσικό αντικείμενο προκαλεί, με την απλή και μόνο παρουσία του, μεταβολή στην ταχύτητα οποιουδήποτε άλλου αντικειμένου, το οποίο διαφορετικά θα ηρεμούσε ή θα εκινείτο ομαλά, ενώ ο ρυθμός αυτής της μεταβολής επηρεάζεται από την απόσταση που χωρίζει τα δύο αντικείμενα. Οι τιμές των ταχυτήτων και των επιταχύνσεων που τους αποδίδονται είναι αριθμοί που μπορούν να συνδεθούν επακριβώς με τις αριθμητικές τιμές των αποστάσεων ή του χρόνου μέσω μιας ιδιότυπης αλγεβρικής μεθόδου, η οποία παρέχει τη δυνατότητα του αμφίδρομου διπλού περάσματος τόσο από τη γνώση των συναρτήσεων των τιμών των ταχυτήτων ή των επιταχύνσεων με τις τιμές του χρόνου στη γνώση των συναρτήσεων του διαστήματος ή της ταχύτητας με τον χρόνο, αντίστοιχα, όσο και αντίστροφα. Έτσι το αίτιο, δηλαδή η επιτάχυνση ή η ταχύτητα συνδέεται με το αιτιατό, την ταχύτητα ή το διάστημα αντίστοιχα, μέσω ενός καθαρά μαθηματικού αλγορίθμου.

Η τυπική, ωστόσο, από μαθηματική άποψη, σύνδεση του χρονικού σημείου με τη διάρκεια ήταν εκείνη που επέτρεψε να διατυ-

74. «Τα αντιληπτά σώματα εγέννησαν έκδηλα την ιδέα του υλικού σημείου, φαντάστηκαν το υλικό σημείο ως ανάλογο των κινητών σωμάτων από τα οποία θα είχαν αφαιρέσει κάθε χαρακτήρα μορφής, έκτασης, προσανατολισμού στον χώρο, κάθε ενυπάρχουσα ιδιότητα, μη διατηρώντας παρά μόνο την αδράνεια και την μετατόπιση και εισάγοντας την ιδέα της δύναμης. Αυτά τα υλικά σώματα, που προκάλεσαν ψυχολογικά τη διαμόρφωση της έννοιας "υλικό σημείο" θάπρεπε κι αυτά να νοούνται ως συστήματα υλικών σημείων.» Αϊνστάιν, *Πώς βλέπω τον κόσμο, Η επίδραση του Μάξουελ στην εξέλιξη της αντίληψης της φυσικής πραγματικότητας*, σελίδα 149.

πωθεί για πρώτη φορά μια ακριβής έκφραση της φυσικής αιτιότητας. Η συμβολή, λοιπόν, του Νεύτωνα δεν εξαντλείται στην επιτυχημένη απλώς επεξεργασία των νόμων του Κέπλερ και στη, μέσω μιας αλγοριθμικής κατασκευής, που και ο ίδιος συνέβαλε στην επεξεργασία της, εξαγωγής της συνάρτησης που συνδέει την απόσταση των πλανητών από τον ήλιο με τις ακριβείς τιμές της επιτάχυνσής τους, αλλά συνίσταται πρώτα απ' όλα ακριβώς στην θεωρητική δικαιολόγηση της εισαγωγής της μεθόδου του, στον ποιοτικό δηλαδή καθορισμό των πεπερασμένων ποσοτήτων που ορίζουν τις προσεγγιστικές τιμές της επιτάχυνσης και, ειδικότερα, στον προσδιορισμό ως αποτελέσματος, που οφείλεται κατά κύριο λόγο στη γειτονική παρουσία του ήλιου, της μεταβολής $\delta\boldsymbol{\upsilon}$ που υφίσταται διαρκώς κατά τη διάρκεια ενός οσοδήποτε μικρού χρονικού διαστήματος $\delta\tau$ η ταχύτητα κάθε ουράνιου σώματος, το μέτρο και η κατεύθυνση της οποίας εξαρτώνται από την σχετική θέση του τελευταίου προς τον πρώτο.

Αλλά, αν κάθε μεταβολή του διανύσματος της ταχύτητας κάποιου αντικειμένου αναγνωρίζεται ως το αποτέλεσμα της δράσης κάποιου άλλου, ενώ την ίδια ακριβώς στιγμή το τελευταίο υφίσταται ανάλογη μεταβολή, που οφείλεται ακριβώς στην ύπαρξη του πρώτου, είναι πλέον ενδεδειγμένη η αφαίρεση από κάθε άλλο φυσικό χαρακτηριστικό, ώστε να απομείνει ως μόνος ουσιώδης προσδιορισμός του πράγματος αυτός ο ιδιαίτερος συντελεστής αναλογίας, η μάζα του, μέσω της τιμής του οποίου αλληλεπιδρά με τα πράγματα του υπόλοιπου κόσμου. Αλλά τότε, καθώς κάθε τι που υπάρχει οφείλει να αλληλεπιδρά με οτιδήποτε άλλο διαθέτει αυτό το χάρισμα, η μάζα αναδεικνύεται με τον πιο φυσικό τρόπο ως το απόλυτο κριτήριο της ίδιας της ύπαρξης, τόσο που ο φωτεινός κόσμος των πραγμάτων να μετατρέπεται δίκαια σε έναν ομοιόμορφο κόσμο μαζών. Η ίδια, όμως, αλγεβρική σχέση, που συνδέει τις μεταβολές των ταχυτήτων των δύο σωμάτων, υποδεικνύει ότι, πέρα από την "αισθητή" ουσία, τη μάζα, κρύβεται μια "υπεραισθητή" οντότητα, για την ακρίβεια ένα διάνυσμα, που παραμένει αμετάβλητη κατά τη διάρκεια οποιασδήποτε αλληλεπίδρασης, η ορμή του συστήματος.

Ενέργεια

Στην ιστορία της επιστήμης το πιο χαρακτηριστικό ίσως παράδειγμα μετατροπής παραδείγματος αφορά μια κίνηση, την κίνηση του εκκρεμούς, μέσω της οποίας από τη μία η αριστοτελική θεώρηση επιβεβαιώνει την άποψή της ότι είναι φυσική τάση της κίνησης να εξαφανίζεται παραχωρώντας βαθμιαία τη θέση της στην ηρεμία,[75] ενώ, από την άλλη, για τον Γαλιλαίο, η ίδια κίνηση αποκαλύπτει ακριβώς το αντίθετο, τη φυσική δηλαδή τάση κάθε κινούμενου σώματος να διατηρεί την κατάστασή του,[76] μια τάση όμως που συχνά δεν είναι άμεσα ορατή, εξαιτίας των παρεμβάσεων του υπόλοιπου φυσικού κόσμου. Αλλά αν ο αρχαίος κόσμος δικαιολογημένα δεν μπορούσε να φανταστεί ότι είναι οι παλμικές κινήσεις του αέρα και η θέρμανση της επιφάνειας της σφαίρας, όσο και του εδάφους πάνω στο οποίο κυλά η τελευταία, οι κινήσεις στις οποίες μεταβιβάζεται η κίνηση που χάνεται, δεν ήταν παρά η δογματική εμμονή στη φιλοσοφική αναζήτηση της μοναδικής ουσίας της φύσης εκείνη που για τουλάχιστον σαράντα χρόνια τροφοδοτούσε τη γνωστή γαλλογερμανική διαμάχη σχετικά με τη φύση αυτής της "δρώσας δύναμης".[ix]

Αλλά στην αντιπαράθεση ανάμεσα στην ενέργεια και την ορμή θα ήταν η ιστορία εκείνη που, στο επίπεδο των εννοιών, με τις

75. Με εξαίρεση την κίνηση των ουράνιων σωμάτων.

76. «Από πολύ παλιά, όλοι σχεδόν οι άνθρωποι είχαν δει κάποιο βαρύ σώμα να ταλαντεύεται μπρος πίσω κρεμασμένο από ένα σχοινί ή μια αλυσίδα, ώσπου τελικά να σταματήσει. Οι αριστοτελικοί πίστευαν ότι η ίδια η φύση ενός σώματος ευθύνεται για την κίνησή του από ένα ψηλότερο σημείο προς μια κατάσταση φυσικής ηρεμίας σε ένα κατώτερο σημείο· ... Απ' την άλλη μεριά, ο Γαλιλαίος, κοιτώντας ένα ταλαντευόμενο σώμα, είδε ένα εκκρεμές: ένα σώμα που σχεδόν κατάφερνε να επαναλαμβάνει την ίδια κίνηση ξανά και ξανά επ' άπειρον. ... είχε μάθει [ο Γαλιλαίος] να αναλύει τις κινήσεις, με βάση τη "θεωρία της ορμής" (impetus theory) –ένα μεταγενέστερο μεσαιωνικό Παράδειγμα, σύμφωνα με το οποίο, η συνεχιζόμενη κίνηση ενός σώματος οφείλεται σε μια εσωτερική δύναμη που του έχει εμφυτεύσει αυτός που του έδωσε την αρχική ώθηση.» Κουν, *Η δομή των επιστημονικών επαναστάσεων*, σελίδες 196-197.

απροσδόκητες διαπιστώσεις αλλά και τη βαθιά διαλεκτική της συνείδηση, θα πραγματοποιούσε την αποφασιστική ανασύνθεση, την στιγμή μάλιστα που ήταν κοινός τόπος ότι το ζήτημα έχει διευθετηθεί οριστικά. Πράγματι, παρά τις ενθουσιώδεις διαπιστώσεις ότι η κίνηση είναι δυνατόν να αποθηκευτεί προσωρινά, είτε με τη μορφή συμπιεσμένων ελατηρίων είτε ως σχετική θέση, ή ακόμη στην μετατροπή της σε συγκεκριμένες πάντα αναλογίες[77] σε κινητική ενέργεια των ατόμων ή των μορίων, ήταν ακριβώς η ιδέα της σχετικότητας της ίδιας της κίνησης εκείνη που δεν θα προσδιορίσει απλώς μία ακόμη δυνατότητα μετατροπής της, αλλά θα υποδείξει ως ειδικό πόρισμά της ότι είναι εφικτή η μεταβολή του ίδιου του συντελεστή αναλογίας που συνοδεύει τα πράγματα σε κάθε αλληλεπίδρασή τους, αυτής της αναλλοίωτης ως τότε ουσίας κάθε πράγματος, σε βάρος ή προς όφελος της κινητικής κατάστασης των τελευταίων. Ως άμεση συνέπεια, ενώ ορμή και ενέργεια εμφανίζονταν ως ποιοτικά διαφορετικές ποσότητες που είναι διατηρήσιμες μέσα σε κλειστά συστήματα, στα πλαίσια της ειδικής θεωρίας της σχετικότητας, επαναπροσδιορίζεται η σχέση τους, μέσω της ανάδειξης ακριβώς μιας ιδιαίτερης ταυτότητάς τους, ως ισοδύναμων πλέον συνιστωσών μιας νέας οντότητας, του τετραδιανύσματος ορμής-ενέργειας.

Αλλά, παρότι η ενέργεια, από την μη σχετικιστική ήδη μορφή της, έχει ανακηρυχθεί πανηγυρικά ως η αδιαφιλονίκητη ουσία του κόσμου, σε πείσμα κάθε ιστορικής πρόβλεψης δεν θα ήταν το άθροισμα της κινητικής και της δυναμικής ενέργειας αλλά ακριβώς η διαφορά των τελευταίων που, συγκροτώντας μια νέα ειδική συνάρτηση της θέσης και της ταχύτητας, την λεγόμενη Λαγκρανζιανή, θα οδηγούσε στην επαναστατικοποίηση του ίδιου του τρόπου της διατύπωσης των φυσικών θεωριών, ενώ στο επίπεδο της ύλης θα ήταν ένας παλιός γνώριμος, το ίδιο το φως, που με την εμφάνισή του θα αναλάμβανε την πρωτοβουλία να φωτίσει με την παρουσία του την ίδια την ουσία του κόσμου.

77. Η ολική ενέργεια γίνεται πάντα κατανοητή ακριβώς ως *σχέση* μεταξύ των δύο μορφών της και όχι ως αφηρημένη ταυτότητα.

Πεδίο

Η έννοια του χώρου, στις θεωρίες της φυσικής, εμφανίζεται πάντα δύο φορές. Την πρώτη ως εκείνη η απόλυτη αμεσότητα η οποία, στερουμένης της οποιασδήποτε περαιτέρω προσδιοριστικότητας, περιπίπτοντας δηλαδή ως έννοια στο απόλυτο τίποτε, φαίνεται να περιπίπτει ταυτόχρονα στην αποκλειστική δικαιοδοσία της εποπτείας. Αλλά όχι μόνο επειδή κάθε τι που υπάρχει οφείλει να ανήκει στον χώρο, αλλά και επειδή η αιτιότητα των πραγμάτων συνδέεται με αποστάσεις, με την διατύπωση κάθε γενικευμένης θεωρίας για τη φύση, ο χώρος εμφανίζεται για δεύτερη φορά, και μάλιστα ξανά ως αμεσότητα, όχι όμως πλέον ως εκείνη η πρώτη αδιάφορη αμεσότητα αλλά, αντίθετα, ως η προσδιορισμένη αμεσότητα, που συγκρατεί μέσα στον εαυτό της τη διαμόρφωση που της επιβάλλει η διαμεσολάβηση της θεωρίας, μια αμεσότητα, δηλαδή, που ουσιαστικά αναλαμβάνει η ίδια την ευθύνη της συμπυκνωμένης έκφρασης των ουσιαστικών σχέσεων της τελευταίας. Ως συνέπεια, η ιστορία της φυσικής συμβαίνει πάντα ως μια ιστορία συγκρότησης του χώρου.

Ωστόσο, μια τέτοια αναπόφευκτη επανεμφάνιση του χώρου αφήνει πάντα ανοικτή τη δυνατότητα της εννοιολογικής αντιστροφής του υποκειμένου της ύπαρξης – μια δυνατότητα που, πριν από κάθε τι άλλο, ωθεί το ίδιο το πράγμα στον αφανισμό. Πράγματι, η ατομική θεώρηση αντικαθίσταται με εκείνην όπου τα άτομα προσδιορίζονται ως συγκεκριμένες, ποιοτικές διαμορφώσεις, πεπερασμένων πάντα περιοχών του χώρου. Αλλά και η ίδια η έννοια της κίνησης, καθώς προϋποθέτει πάντα εκείνο που κινείται, στο οποίο άλλωστε η τελευταία αποδίδεται ως κατηγόρημα, από τη σκοπιά του χώρου κατανοείται ως η πρακτική αναδιαμόρφωση των ποιοτήτων των περιοχών του τελευταίου και, για την ακρίβεια, ως η πραγματοποίηση της δυνατότητας κάθε συγκεκριμένης περιοχής να είναι και την ίδια ακριβώς στιγμή να μην είναι μια συγκεκριμένη ποιότητα, μια αναδιαμόρφωση που, καθώς συμβαίνει πάντα μέσα στον χρόνο, επαναπροσδιορίζει τον τελευταίο ακριβώς ως ένα σύνολο τέτοιων στιγμών, απομακρύνοντας έτσι οριστικά την συνηθισμένη αντίληψη περί "αντικειμένων", κάθε ένα εκ των οποίων συμμετέχει σε μια διατεταγμένη ακολουθία γεγονότων. Αυτή η αμφίδρομη σχέση όπου ο χώρος ενώ προϋποθέτει τα πράγματα για την δική του νοηματική συγκρότηση, αναδυόμενος ο ίδιος, στο τέλος της διαδικασίας, ως η απόλυτη υλική υπόσταση, διαλύοντας ουσιαστικά τα τελευταία μέσα στον ίδιο του τον εαυτό είναι εκείνη που χαρακτηρίζει, έστω και ως φιλοδοξία, εκείνη την θεώρηση που στη γλώσσα του εικοστού αιώνα χαρακτηρίστηκε ως πεδιακή.[x]

Αλλά, καθώς, αν κάθε πράγμα, ενώ είναι μόνο χώρος, ταυτόχρονα, ως ύπαρξη, διαφοροποιείται από αυτόν, τότε η σκέψη, στον βαθμό που επιμένει στην τυπική διαφορά, αφαιρεί με απόλυτο τρόπο την ύπαρξη από τον τελευταίο, θέτοντάς τον ως κενό, όπου δεν είναι τεθειμένος ως πράγμα, ενώ αντίθετα, εμμένοντας, δηλαδή, στην ταυτότητα, προσδίδει στο κενό ύπαρξη, πράγμα που σημαίνει ότι η υποστήριξη κάθε ισχυρισμού οφείλει, ανατρέχοντας στις δυναμικές σχέσεις που έχει προσκομίσει η εκάστοτε εμπειρική έρευνα, να αναδιατυπώνει τις τελευταίες, ώστε να παρέχουν αδιαφιλονίκητες αποδείξεις για την ορθότητά του. Ως εκ τούτου, ενώ για την πρώτη θεώρηση τα *σώματα* είναι εκείνα που παθαίνουν ή ενεργούν, που μετακινούνται ή αλλάζουν ταχύτητα, σε ό,τι αφορά τη δεύτερη είναι πάντα απαραίτητη η διευκρίνιση του τρόπου με τον οποίο ο χώρος γύρω από τα αισθητά αντικείμενα διαθέτει τη δυνατότητα να αλληλεπιδρά με τα τελευταία ώστε να αναδειχθεί εκείνη η αναγκαία ταυτότητα ανάμεσα στα δύο φαινομενικά ανομοιογενή στοιχεία.

Άλλωστε, στην πρώτη κιόλας ουσιαστική απόπειρα διατύπωσης της φυσικής αιτιότητας, του τρόπου δηλαδή με τον οποίο ένα τμήμα της φύσης γίνεται αιτία μεταβολής κάποιου γειτονικού του, στην αριστοτελική δηλαδή θεωρία για τη φύση, είναι εμφανής, μέσω της διαφοροποίησης των κινήσεων σε "βίαιες" και "φυσικές", ένας ενοχλητικός δυϊσμός, όπου το εμπειρικό παράδειγμα που φαίνεται να επιβάλλει την επαφή των πραγμάτων ως όρο εκδήλωσης της αιτιότητας φαίνεται να συμπληρώνεται από κινήσεις όπου η ύπαρξη απλώς του απομακρυσμένου από τα σώματα "φυσικού" τόπου τους λειτουργεί ως η αιτία της κίνησής τους προς αυτόν. Η αντίθεση, ωστόσο, των δύο θεωρήσεων συγκεκριμενοποιείται με τον πιο δραματικό τρόπο στο ίδιο το έργο του Νεύτωνα, όπου σε ένα κατ' αρχήν σωματιδιακό πλαίσιο εισάγονται "δυνάμεις", όπως αυτές μεταξύ των ουράνιων σωμάτων, για τις οποίες δεν τίθεται καθόλου ως όρος η αμοιβαία επαφή των τελευταίων. Ωστόσο, οι πρακτικές εμπειρικές επαληθεύσεις των προβλέψεων της θεωρίας φέρνουν, για μεγάλο χρονικό διάστημα, σε δεύτερη μοίρα όχι μόνο τις διαμαρτυρίες εκείνων, που χαρακτηρίζουν ως μυστικισμό την "παγκόσμια έλξη" αλλά μαζί και τις έντονες επιφυλάξεις του ίδιου του Νεύτωνα.[78]

Ωστόσο, ήταν ήδη γνωστό από τον δέκατο έβδομο αιώνα ότι η διάδοση του φωτός συνδεόταν με φαινόμενα συμβολής και περίθλασης, φαινόμενα που η σωματιδιακή θεωρία του Νεύτωνα αδυνατούσε να εξηγήσει. Κάτι ξεκινούσε από κάπου και κατέληγε κάπου αλλού, όμως καθόλου δεν έμοιαζε αυτό το "κάτι" να είναι μικρά σκληρά σωματίδια. Άλλωστε δύο ακτίνες φωτός φαίνονται να μην αναπηδούν όταν συναντηθούν, αλλά, αντίθετα, συνυπάρχουν για λίγο στην ίδια περιοχή. Έτσι, μέσα στο γενικότερο κύρος της θεωρίας οι φυσικοί έπρεπε να περιμένουν έως τις αρχές του δέκατου ένατου αιώνα ώστε τελικά ο Γιανγκ να "δει" κάτι που μάλλον ήταν προφανές: την *αναλογία* ανάμεσα στα φαινόμενα αυτά και τα φαινόμενα που συμβαίνουν σε διαταραχές συνεχών μέσων, όπως είναι οι υδάτινες επιφάνειες ή οι αέριες μάζες. Αλλά

78. Ο Νεύτωνας γνώριζε πλήρως τις εννοιολογικές δυσκολίες της θεωρίας μιας δράσης από απόστασης της βαρύτητάς του. Σε μια επιστολή του προς τον Ρίτσαρντ Μπέντλεϊ γράφει: «Είναι αδιανόητο ότι η άψυχη, δίχως λογική, ύλη μπορεί, δίχως την μεσολάβηση κάτι άλλου, το οποίο δεν είναι υλικό, να δρα, και να επηρεάζει άλλη ύλη χωρίς αμοιβαία επαφή· όπως πρέπει να κάνει, εάν η βαρύτητα, ... είναι ουσιώδης και έμφυτη σε αυτήν. Και αυτός είναι ένας λόγος, που σου ζητώ να μην καταλογίσεις την εγγενή βαρύτητα σε μένα. Αυτό ακριβώς το γεγονός ότι η βαρύτητα πρέπει να είναι έμφυτη, εγγενής, και ουσιώδης στην ύλη έτσι ώστε ένα σώμα να μπορεί να δρα σε ένα άλλο, από απόσταση μέσω του κενού, δίχως την μεσολάβηση οτιδήποτε άλλου, από και μέσω της δράσης και της δύναμης να μπορεί να μεταβιβαστεί από το ένα στο άλλο, μου φαίνεται τόσο μεγάλος παραλογισμός, που δεν πιστεύω ότι κάποιος που διαθέτει μια επαρκή ικανότητα φιλοσοφικής σκέψης, μπορεί ποτέ να υποπέσει σε αυτόν.» *Newton: Philosophical Writings*, τόμος 3, σελίδα 102.

ενώ η θεωρητική σκέψη του Μάξουελ και μαζί του μιας ολόκληρης γενιάς φυσικών στα τέλη του δέκατου ένατου αιώνα επιχειρεί να εξηγήσει την συμπεριφορά του φωτός, προσδίδοντας, όπως νωρίτερα ο Φαραντέι, άμεσα "υλικότητα" σε κάθε περιοχή του χώρου, η ιδιομορφία της διατύπωσης της λεγόμενης γενικής θεωρίας της σχετικότητας από τον Αϊνστάιν βρίσκεται στο ότι η τελευταία επιχειρεί κάτι τέτοιο όχι μέσω της ανακάλυψης ή της επαναδιατύπωσης κάποιων δυναμικών σχέσεων, αλλά, ακριβώς αντίθετα, με την επαναυιοθέτηση, στην πραγματικότητα, της ιδέας που εισήγαγε ο Γαλιλαίος, μιας ιδέας που αφορά όχι την ουσία αλλά, ακριβώς αντίθετα, αποκλειστικά τη μορφή των φυσικών νόμων, σύμφωνα με την οποία δίνεται η δυνατότητα σε παρατηρητές με διαφορετική μεταξύ τους κινητική κατάσταση να αντιλαμβάνονται με τον ίδιο τρόπο τα φυσικά φαινόμενα, αδιαφορώντας για το επιλεγμένο σύστημα παρατήρησης των τελευταίων.

Η γενίκευση αυτής της ιδέας του Γαλιλαίου ώστε να περιλαμβάνει το σύνολο των συστημάτων αναφοράς, σε συνδυασμό με την "ευτυχέστερη σκέψη" του Αϊνστάιν ότι ένα "επιταχυνόμενο" σύστημα αναφοράς δεν είναι δυνατό να διακρίνεται, από φυσική άποψη, από ένα "ακίνητο" σύστημα το οποίο επηρεάζεται από το κατάλληλο βαρυτικό πεδίο,[79] ήταν εκείνη που συνέβαλε ουσιαστικά στην ανάδειξη της αναζήτησης των γενικότερων συνθηκών για τον μετασχηματισμό των συντεταγμένων μεταξύ των διαφορετικών συστημάτων παρατήρησης ως μία διαδικασία, η οποία οδηγεί ταυτόχρονα και στον προσδιορισμό των δυναμικών εξισώσεων που χαρακτηρίζουν ένα πεδίο έλξης· μια αναζήτηση, δηλαδή, εκείνων των γεωμετρικών σχέσεων που, αποδίδοντας άμεσα καθολικές σχέσεις μεταξύ των πραγματικών κινήσεων, όχι μόνο θα προέβλε-

79. «Σε εκείνο το σημείο, μού ήρθε η ευτυχέστερη σκέψη της ζωής μου, με την ακόλουθη μορφή: Όπως συμβαίνει και με το ηλεκτρικό πεδίο που παράγεται από ηλεκτρομαγνητική επαγωγή, το πεδίο βαρύτητας έχει, παρομοίως, μόνο σχετική ύπαρξη. *Διότι, για έναν παρατηρητή σε ελεύθερη πτώση, π.χ. από την οροφή ενός σπιτιού, δεν υφίσταται γι' αυτόν κατά τη διάρκεια της πτώσης του, κανένα βαρυτικό πεδίο* – τουλάχιστον στο άμεσο περιβάλλον του.» Αϊνστάιν, *The Collected Papers Vol. 7, Fundamental Ideas and Methods of the Theory of Relativity, Presented in Its Development*, σελίδα 136.

παν την ακριβή εξέλιξη των τελευταίων στον χρόνο, αλλά, επηρεαζόμενες πλέον όπως ακριβώς και οι κινήσεις από την συγκεκριμένη κάθε φορά κατανομή των αισθητών σωμάτων, θα αφαιρούσαν από τον χώρο και την τελευταία ψευδαίσθηση, ότι για τον προσδιορισμό των ποσοτικών σχέσεων των αποστάσεων του τελευταίου αρκεί η ανεπηρέαστη από τον ίδιο παρουσία μέσα σε αυτόν των μονάδων μήκους, αποκαλύπτοντας έτσι με τον πιο απόλυτο τρόπο την "υλικότητά" του.

Οι εξισώσεις

> Η θεμελίωση της γενικής σχετικότητας μου φάνηκε τότε, και μου φαίνεται ακόμη, ως ο μέγιστος άθλος της ανθρώπινης σκέψης για τη Φύση, ο πιο εκπληκτικός συνδυασμός φιλοσοφικής διεισδυτικότητας, φυσικής διαίσθησης και μαθηματικής ικανότητας. Αλλά η σύνδεσή της με την εμπειρία δεν είναι και τόσο άμεση. Με τράβηξε όπως ένα έργο τέχνης, που το απολαμβάνεις και το θαυμάζεις από απόσταση.[80]

Από καθαρά μαθηματική άποψη, οι φυσικοί νόμοι είναι υποχρεωμένοι να διατυπώνονται με τέτοιο τρόπο ώστε να παραμένουν αναλλοίωτοι κάτω από τους πιο γενικούς μετασχηματισμούς των συντεταγμένων ή, διαφορετικά, ώστε οι μετασχηματισμοί να μην μετατρέπουν πλέον τις ευθείες γραμμές αποκλειστικά σε ευθείες γραμμές,[81] παρά μόνο να περιορίζονται στη διαφύλαξη απλώς της ομαλότητας των καμπυλών.[82]

Ακολουθώντας μια τέτοια τυπική πορεία γενίκευσης, αν υποθέσουμε ότι ένας φυσικός νόμος είναι διατυπωμένος στον επίπε-

80. Τα λόγια αυτά ανήκουν στον Μαξ Μπορν, το 1955, κατά την 50η επέτειο της δημοσίευσης του Αϊνστάιν της ειδικής θεωρίας της σχετικότητας. *Physics in My Generation*, σελίδα 109.

81. Όπως στους ομοπαραλληλικούς χώρους της νευτώνειας φυσικής και της ειδικής θεωρίας της σχετικότητας.

82. Ουσιαστικά της διαφορισιμότητας.

δο χώρο με την χρησιμοποίηση μερικών παραγώγων και διαθέτει "επίπεδη" μετρική, τότε, σύμφωνα με την αρχή της ισοδυναμίας, αυτός ο νόμος θα ισχύει και παρουσία της βαρύτητας, στον βαθμό που χρησιμοποιούμε τις κανονικές συντεταγμένες Ρήμαν. Στη γενικότερη περίπτωση, λοιπόν, μετασχηματίζουμε τον οποιοδήποτε φυσικό νόμο σε σχέση τανυστών αντικαθιστώντας, για παράδειγμα, τις μερικές παραγώγους με συναλλοίωτες. Καθώς στις κανονικές συντεταγμένες Ρήμαν η συγκεκριμένη σχέση ανάγεται πράγματι σε εκείνη του επίπεδου χώρου, και επειδή οι τανυστές είναι αντικείμενα που δεν εξαρτώνται από τις συντεταγμένες, αυτή η τανυστική σχέση οφείλει να ισχύει σε οποιοδήποτε σύστημα συντεταγμένων.

Οι εξισώσεις, λοιπόν, που διέπουν το βαρυτικό πεδίο είναι δυνατό να προκύψουν μέσω της γενίκευσης της λεγόμενης εξίσωσης Πουασσόν,[83] στην αριστερή πλευρά της οποίας εμφανίζεται ένας δεύτερης τάξης διαφορικός τελεστής που δρα πάνω στο βαρυτικό δυναμικό, και στη δεξιά πλευρά ένα μέτρο της κατανομής της μάζας. Η τανυστική, ωστόσο, γενίκευση της πυκνότητας μάζας είναι ο τανυστής ενέργειας-ορμής $T_{\mu\nu}$ ενώ το βαρυτικό δυναμικό οφείλει να αντικατασταθεί από τον μετρικό τανυστή. Επομένως μπορούμε να υποθέσουμε ότι η νέα μας εξίσωση θα έχει θέσει τον $T_{\mu\nu}$ ανάλογο προς κάποιο τανυστή ο οποίος είναι δεύτερης τάξης ως προς τις παραγώγους της μετρικής. Πράγματι, λοιπόν, υπάρχει ένας τανυστής που δεν είναι μηδέν και κατασκευάζεται από τις δεύτερες (και τις πρώτες) παραγώγους της μετρικής, ο τανυστής Ρήμαν $R^{\rho}_{\sigma\mu\nu}$. Δεν έχει τον σωστό αριθμό δεικτών, αλλά είναι δυνατόν να συσταλεί ώστε να προκύψει ο τανυστής Ρίτσι $R_{\mu\nu}$. Τέλος, παίρνοντας υπόψη την απαίτηση της διατήρησης της ενέργειας[84] και γνωρίζοντας ήδη έναν συμμετρικό (0, 2) τανυστή, κατασκευα-

83. $$\nabla^2\Phi = 4\pi G\rho$$
όπου $\nabla^2 = \delta^{ij}\partial_i\partial_j$ είναι η Λαπλασιανή στον χώρο και ρ είναι η πυκνότητα μάζας.

84. Θα μπορούσε να υποτεθεί ότι οι εξισώσεις του βαρυτικού πεδίου είναι $R_{\mu\nu} = \kappa T_{\mu\nu}$, όπου κ μια σταθερά και μάλιστα ο Αϊνστάιν πρότεινε κάποια στιγμή αυτήν την εξίσωση. Προκύπτει ωστόσο ουσιαστικό πρόβλημα σχετικά με την διατήρηση της ενέργειας.

σμένο από τον τανυστή Ρίτσι, ο οποίος διατηρείται αυτόματα, τον τανυστή Αϊνστάιν $G_{\mu\nu}$, η εξίσωση

$$G_{\mu\nu} = \kappa T_{\mu\nu}$$

φαίνεται ως μια ικανοποιητική εξίσωση πεδίου για την μετρική.

Πράγματι, η συγκεκριμένη εξίσωση ικανοποιεί όλες τις προφανείς απαιτήσεις: Η δεξιά πλευρά είναι μια συναλλοίωτη έκφραση της πυκνότητας της ενέργειας και της ορμής στη μορφή ενός (0, 2) τανυστή που είναι συμμετρικός και διατηρείται, ενώ η αριστερή πλευρά είναι ένας (0, 2) τανυστής, συμμετρικός, κατασκευασμένος από την μετρική και από τις πρώτες και τις δεύτερες παραγώγους της και ο οποίος διατηρείται. Με τον υπολογισμό μιας σταθεράς, ώστε να ανάγονται οριακά στις εξισώσεις της νευτώνειας φυσικής, οι εξισώσεις του Αϊνστάιν για τη γενική θεωρία της σχετικότητας αποκτούν τη μορφή:

$$R_{\mu\nu} - 1/2 R g_{\mu\nu} = 8\pi G T_{\mu\nu}.$$ [85]

Ωστόσο, η θεωρητική σκέψη ως τέτοια, στην απόπειρά της να επιτύχει την ανύψωση του ειδικού τρόπου συγκρότησης του εμπειρικού υλικού ώς την αναγκαία καθολικότητα, παρά την αναπόφευκτη εξάρτησή της όχι μόνο από την εκάστοτε ιστορική συγκυρία αλλά και από την ιδιαίτερη συγκρότηση του ίδιου του διανοητή, διατηρεί πάντοτε τη δυνατότητα, συγκρατώντας τις ουσιώδεις στιγμές του συλλογιστικού σχήματος, να επιλέγει η ίδια τις ειδικές ιστορικές μορφές εμφάνισης των στιγμών του τελευταίου.

Η διαδικασία, λοιπόν, επιλογής των συγκεκριμένων εξισώσεων από τον ίδιο τον Αϊνστάιν πραγματοποιείται ως μια απόπειρα ανάδειξης της φυσικής σημασίας των μαθηματικών στοιχείων της θεωρίας, και ως εκ τούτου των περιορισμών που επιβάλλει η πρώτη στα τελευταία. Άλλωστε, η ειδική θεωρία της σχετικότητας, αναφερόμενη μόνο σε συστήματα αναφοράς των οποίων η σχετική ταχύτητα παραμένει σταθερή, δεν είναι σε θέση όχι μόνο να εξηγήσει την πειραματικά διαπιστωμένη αριθμητική ισότητα μεταξύ

85. Η συγκεκριμένη πορεία ανάπτυξης ακολουθείται από τον Κάρολ, *Lecture Notes on General Relativity*, ενότητα 4.

της αδρανειακής και της βαρυτικής μάζας ενός σώματος, αλλά ούτε καν να ελέγξει τους δικούς της ισχυρισμούς σχετικά με τις φαινομενικά διαφορετικές αλλά ουσιαστικά συμμετρικές χρονικές διάρκειες των γεγονότων, αφού κάτι τέτοιο, προϋποθέτοντας την κατάργηση της σχετικής κίνησης μέσω μεταβολών στις ίδιες τις ταχύτητές τους, προϋποθέτει, ουσιαστικά, την εκ των πραγμάτων κατάργηση της τυχόν συμμετρίας.[xi]

Η ουσία, ωστόσο, του προβλήματος σχετίζεται με τον ίδιο τον προσδιορισμό της αιτιότητας. Πράγματι, ενώ είναι ακριβώς η επιτάχυνση εκείνη η οποία προσδιορίζεται άμεσα ως το αιτιατό, φυσικό αποτέλεσμα της φυσικής κάθε φορά παρουσίας κάποιου άλλου σώματος, η επιλογή συγκεκριμένων συστημάτων αναφοράς, όπως του επιβραδυνόμενου ως προς τη γη τραίνου του οποίου οι επιβάτες αισθάνονται ότι επιταχύνονται ως προς το ίδιο ή, σε πιο διάσημα παραδείγματα, εκείνο του περιστρεφόμενου κάδου του Νεύτωνα ή των δύο περιστρεφόμενων σφαιρών του Αϊνστάιν, αναδεικνύουν την παρουσία ανεξήγητων από την υφιστάμενη θεωρία κινητικών μεταβολών. Ο μόνος τρόπος διάσωσης της συγκεκριμένης διατύπωσης της φυσικής αιτιότητας συνδέεται με τον ρητό προσδιορισμό εκείνων των συστημάτων αναφοράς ως προς τα οποία οι τελευταίες αναγνωρίζονται είτε ως αδρανειακές είτε ως απόλυτες. Θα είναι, λοιπόν, ο Ερνστ Μαχ εκείνος, που θεωρώντας ότι η κίνηση δεν μπορεί να υφίσταται παρά μόνο ως προς κάποιο σύστημα αναφοράς, θα επιμείνει ότι η βάση κάθε δυναμικού νόμου, μη εξαιρουμένης της ίδιας της αρχής της αδράνειας, θα πρέπει να αναζητείται πάντοτε σε αυτήν ακριβώς την αναφορά.[xii] Από την άλλη θα είναι ο Αϊνστάιν εκείνος, ο οποίος αναζητώντας την απόλυτη ισοδυναμία όλων των συστημάτων αναφοράς, θα απαιτήσει, πριν από κάθε τι άλλο, την κατάργηση ακριβώς του προσδιορισμού αυτών των επιταχύνσεων ως αιτιατών και την θεώρηση πλέον όλων των κινήσεων –που συμβαίνουν "ελεύθερα" μέσα στο βαρυτικό πεδίο– ως αδρανειακών.

Στην εργασία του, λοιπόν, *Η θεμελίωση της γενικής θεωρίας της σχετικότητας*, η οποία δημοσιεύθηκε στις αρχές του 1916, ο Αϊνστάιν, αναλύοντας την πορεία που ακολούθησε ώστε να φθάσει στις εξισώσεις για το βαρυτικό πεδίο, εξηγεί ότι καθώς στον κενό χώρο και σε περιοχές αρκετά απομακρυσμένες από βαρυτικές μάζες αναμένουμε επίπεδη δομή για τον χωροχρόνο –και ο τανυστής καμπυλότητας Ρήμαν οφείλει να μηδενίζεται– ενώ στις περιοχές του χώρου κοντά σε βαρυτικές μάζες η εσωτερική καμπυλότητα δεν αποκτά μηδενική τιμή και το βαρυτικό πεδίο δεν είναι δυνατόν να "εξαφανιστεί" πλήρως μέσω ενός απλού μετασχηματισμού συντεταγμένων, θα "παρακινηθεί" να υποθέσει ότι ακόμη και στα σημεία όπου ο πλήρης τανυστής καμπυλότητας είναι μη μηδενικός, ο συσταλθείς τανυστής καμπυλότητας δεύτερης τάξης οφείλει να μηδενίζεται· μια υπόθεση που προσφέρει ως άμεσο αποτέλεσμα τις δέκα εξισώσεις για τις ποσότητες $g_{\mu\nu}$.[xiii]

Αλλά, πέρα από την αδυναμία υποστήριξης των επιλογών αυτών με αποκλειστικά εμπειρικά κριτήρια, είναι εμφανής μια ασυμμετρία σε ό,τι αφορά την ίδια τη μορφή του τελικού, ωστόσο προσωρινού, αποτελέσματος·[86] ένα "γεωμετρικό" αντικείμενο στην αριστερή πλευρά, που αποδίδει την καμπυλότητα του χωροχρόνου, τίθεται ταυτοτικό με μια τανυστική αλλά μη γεωμετρική φαινομενολογικά, εκπροσώπηση της ύλης στη δεξιά πλευρά, η οποία αποσκοπεί να αποδώσει τις μη βαρυτικές πηγές του πεδίου σε μια περιοχή του χωροχρόνου, με τη μορφή ενός τανυστή ενέργειας-ορμής.[87]

Ωστόσο, την ίδια χρονική περίοδο, ο Χίλμπερτ, λαμβάνοντας υπόψη υποδείξεις του Αϊνστάιν, διατυπώνει τις ίδιες εξισώσεις με τέτοιο τρόπο που η όλη διαδικασία να εμφανίζεται ότι στη-

86. «Ο ενεργειακός τανυστής μπορεί να θεωρηθεί μόνο ως ένα προσωρινό μέσο εκπροσώπησης της ύλης. Στην πραγματικότητα, η ύλη αποτελείται από ηλεκτρικά φορτισμένα σωματίδια ... Είναι μόνο το ότι, υπό τις παρούσες περιστάσεις, δεν διαθέτουμε καμία ικανοποιητική γνώση του ηλεκτρομαγνητικού πεδίου των συγκεντρωμένων φορτίων εκείνο που μας αναγκάζει, προσωρινά, να αφήσουμε ακαθόριστη στην παρουσίαση της θεωρίας την πραγματική μορφή αυτού του τανυστή ...» Αϊνστάιν, *The Collected Papers Vol. 7, Fundamental Ideas and Methods of the Theory of Relativity, Presented in Its Development*, σελίδα 342.

87. Ο ίδιος ο Αϊνστάιν αργότερα παρομοίασε την εξίσωσή του «... με ένα κτήριο, η μια πτέρυγα του οποίου (η αριστερή) οικοδομήθηκε από "το καλύτερο μάρμαρο" ενώ η άλλη (η δεξιά) από "χαμηλής ποιότητας ξύλο".» *The Journal of the Franklin Institute, Physik und Realität*, σελίδα 311.

ρίζεται ακριβώς σε καθαρά λογικούς και μαθηματικούς περιορισμούς. Συγκεκριμένα, ο Χίλμπερτ, επιλέγοντας ως αφετηρία το αναλλοίωτο μιας συγκεκριμένης ποσότητας και διαφυλάττοντας την απαίτηση του περιορισμού των παραγώγων σε εκείνες της πρώτης και δεύτερης τάξης, κατόπιν της εισαγωγής μιας επιλεγμένης Λαγκρανζιανής, οδηγείται στις σωστές εξισώσεις ως αποτέλεσμα της μεταβολής της απλούστερης δυνατής δράσης που θα μπορούσαμε να επινοήσουμε για την μετρική. Η παραγωγή, ωστόσο, των εξισώσεων από τον Χίλμπερτ συμβαίνει στα πλαίσια μιας ευρύτερης απόπειρας αξιωματικοποίησης, από τον ίδιο, της φυσικής συνολικά μέσω της οποίας θα προέκυπτε μια σύνθεση του ηλεκτρομαγνητισμού και της βαρύτητας. Αλλά αν η μέθοδος του Χίλμπερτ αποσκοπούσε στην αναζήτηση της ενιαίας καθολικής αρχής που οδηγεί στην θεωρητική ενοποίηση δύο θεμελιωδώς διαφορετικών πεδίων, ήταν η εργασία της Έμι Νέδερ εκείνη που αναδεικνύοντας, μέσω της επισήμανσης ιδιαίτερων ποιοτικών χαρακτηριστικών των διαφορικών εξισώσεων, μια νέα μέθοδο για την ανάδειξη της ουσίας των αντίστοιχων φυσικών συστημάτων, θα υπεδείκνυε ουσιαστικά μια νέα ριζοσπαστική πορεία προς την καθολική ενοποίηση των μεθόδων ολόκληρης της φυσικής.

Στην πραγματικότητα οι εξισώσεις του Αϊνστάιν οδηγούσαν, σε περιοχές του χωροχρόνου πλησίον βαρυτικών πηγών, όπου η καμπυλότητα Ρήμαν είναι μη μηδενική, στην αποτυχία της τοπικής αρχής διατήρησης της ενέργειας. Καθώς μια διατύπωση της αρχής τοπικά, δίχως αναφορά στο σύστημα συντεταγμένων, δεν είναι δυνατή, προκύπτουν διαφορετικά αποτελέσματα σε διαφορετικά συστήματα συντεταγμένων, κάποια εκ των οποίων δεν συνιστούν παρά τεχνητές κατασκευές του ίδιου του υπολογισμού. Η Έμι Νέδερ έρχεται να αντιμετωπίσει το πρόβλημα αποδεικνύοντας καταρχάς, μέσω του θεωρήματος Ι, ότι η αρχή διατήρησης της ενέργειας προκύπτει από μια συμμετρία στις χρονικές μεταθέσεις. Κάτι τέτοιο έχει εφαρμογή σε θεωρίες, οι οποίες διαθέτουν μια πεπερασμένη, συνεχή ομάδα συμμετρίας, θεωρίες, δηλαδή, οι οποίες είναι αναλλοίωτες σε μετασχηματισμούς τύπου Γαλιλαίου ή τύπου Πουανκαρέ. Το θεώρημα τώρα ΙΙ, σύμφωνα με την ίδια την Νέδερ, το οποίο εφαρμόζεται στη γενική θεωρία της σχετικότητας, συνιστά «απόδειξη του ισχυρισμού του Χίλμπερτ σχετικά με την αποτυχία της σύνδεσης κατάλληλων νόμων διατήρησης της ενέργειας με τη γενική θεωρία της σχετικότητας ... στα πλαίσια μιας γενικευμένης θεωρίας ομάδων».[88] Αλλά το σημαντικό σημείο εδώ αφορά αυτό ακριβώς το πλαίσιο της "γενικευμένης θεωρίας ομάδων" καθώς το πρώτο θεώρημα της διάσημης πλέον δημοσίευσης της οδηγεί σε μια σύνδεση μεταξύ των ολικών συμμετριών και των νόμων διατήρησης, ενώ το δεύτερο οδηγεί σε διάφορα αποτελέσματα που συνδέονται με τις τοπικές συμμετρίες, συμπεριλαμβανομένης μιας παρουσίασης του διαφορετικού χαρακτήρα των νόμων διατήρησης, όταν η ολική ομάδα συμμετρίας είναι υποομάδα κάποιας τοπικής ομάδας συμμετρίας της εν λόγω θεωρίας.

Ως αποτέλεσμα, η γενική θεωρία της σχετικότητας αποκαλύπτεται ως μια θεωρία βαθμίδας. Η ομάδα συμμετρίας, δηλαδή, της θεωρίας, είναι μια ομάδα βαθμίδας. Είναι η ομάδα όλων των συνεχών μετασχηματισμών με συνεχείς παραγώγους, αποκαλούμενη συχνά ως η ομάδα των γενικών μετασχηματισμών συντεταγμένων. Είναι μια ομάδα Λι η οποία έχει έναν συνεχή άπειρο αριθμό ανεξάρτητων απειροστών γεννητόρων. Η ομάδα συμμετρίας της ειδικής σχετικότητας, η ομάδα Πουανκαρέ, είναι μια υποομάδα Λι της ομάδας των γενικών μετασχηματισμών συντεταγμένων.

Από την άλλη, αν σε κάθε διαφορίσιμη συμμετρία που παράγεται από τοπικές δράσεις, αντιστοιχεί ένα διατηρήσιμο μέγεθος, τότε τα διατηρήσιμα φυσικά μεγέθη καθορίζονται αποκλειστικά και μόνο μέσω μιας απαίτησης αναλλοίωτου.[xiv] Η θεωρητική σύνδεση είναι απλή και η πρακτική εφαρμογή της επαναστατική. Ενώ προηγουμένως οι δυναμικές εξισώσεις αντιμετωπίζονται ως δεδομένες και ο στρατηγικός στόχος αφορά την ανεύρεση των συμμετριών τους, τώρα συμβαίνει ακριβώς το αντίστροφο: Ξεκινάμε με συγκεκριμένες συμμετρίες και αναζητούμε δυναμικές εξισώσεις με τις συγκεκριμένες ιδιότητες. Γνωρίζοντας, δηλαδή, *εκ των προτέρων* ότι ορισμένες συμμετρίες είναι σημαντικές από φυσική

---

88. όπως παρατίθεται: Μπάιερς, *E. Noether's Discovery of the Deep Connection Between Symmetries and Conservation Laws*, σελίδα 17.

άποψη, αντί να παραγάγει τις τελευταίες από προϋπάρχουσες δυναμικές εξισώσεις, η έρευνα επικεντρώνεται στην αναζήτηση εκείνων των μετασχηματισμών, μέσω των οποίων η μορφή των νόμων μιας θεωρίας αναδεικνύεται ως αναλλοίωτη.[89]

Μια τέτοια διαδικασία αποκτά εκ των πραγμάτων τη δυνατότητα να διαδραματίσει τον πιο ισχυρό ρόλο στις απόπειρες για θεωρητική ενοποίηση. Κάτι τέτοιο είναι άλλωστε φανερό στο σύγχρονο ερευνητικό πρόγραμμα της θεωρητικής φυσικής που στοχεύει σε μια ενοποιημένη περιγραφή των θεμελιωδών δυνάμεων της φύσης μέσω της αναζήτησης τοπικών ομάδων συμμετρίας· οι συμμετρίες βαθμίδας, για παράδειγμα, ουσιαστικά καθορίζουν όλες τις θεμελιώδεις αλληλεπιδράσεις.

Η Πραγματικότητα

Σε αντίθεση, ωστόσο, με τον απόλυτο κάθε φορά θρίαμβο της θεωρητικής σκέψης η οποία, ακολουθώντας τη μία ή την άλλη πορεία γενίκευσης, φαίνεται ότι επιτυγχάνει τελικά να ενοποιήσει το ποικιλόμορφο υλικό που προσκομίζει η πειραματική εμπειρία, παραμένει συνήθως ανοικτό το ερώτημα, ακόμη και στα πλαίσια μιας συγκεκριμένης θεωρίας, για τον τρόπο με τον οποίο τα μαθηματικά στοιχεία της πρώτης αποκτούν, την τόσο αναγκαία για την διατύπωση της ίδιας της θεωρίας, "υλική" υπόσταση. Άλλωστε είναι χαρακτηριστική η "λανθασμένη" κατανόηση του Αϊνστάιν σχετικά με τη φυσική σημασία των συντελεστών σύνδεσης, των συμβόλων Κρίστοφελ, καθώς ισχυρίζεται με επιμονή ότι εκείνα αποδίδουν το πεδίο βαρύτητας.[90] Η σωστή βέβαια απάντηση στις

89. Οι συμμετρίες λειτουργούν ως περιορισμοί στις φυσικές θεωρίες. Η απαίτηση του αναλλοίωτου, αναφορικά με μια ομάδα μετασχηματισμού, επιβάλλει αυστηρούς περιορισμούς στη μορφή που μπορεί να λάβει μια θεωρία, περιορίζοντας τόσο τους τύπους των μεγεθών που μπορούν να εμπεριέχονται καθώς επίσης και τη μορφή των θεμελιωδών εξισώσεών της.

90. «Αν οι ποσότητες $\Gamma^{\tau}_{\mu\nu}$ μηδενίζονται τότε το σημείο κινείται ομοιόμορφα σε ευθεία γραμμή. Επομένως αυτές οι ποσότητες οριοθετούν την απόκλιση της

εξετάσεις είναι ότι, καθώς τα σύμβολα Κρίστοφελ $\Gamma^{\tau}_{\mu\nu}$ είναι δυνατόν να μη μηδενίζονται σε έναν απόλυτα επίπεδο χωροχρόνο, απλά εξαιτίας μιας επιλογής καμπυλόγραμμων συντεταγμένων,[xv] είναι ο τανυστής καμπυλότητας Ρήμαν R_{abcd} εκείνος ο οποίος αποδίδει την "πραγματική" βαρύτητα. Ωστόσο, παρά την φανερή μαθηματική ανακρίβεια, ο Αϊνστάιν επιμένει ότι «εάν κάποιος δεν σκέφτεται διαισθητικά με έναν τέτοιο τρόπο, δεν θα μπορέσει ποτέ να συλλάβει την ιδέα ότι κάτι όπως η καμπυλότητα έχει την οποιαδήποτε σχέση με τη βαρύτητα. Εν πάση περιπτώσει, κανένα λογικό άτομο δεν θα σκεφτόταν κάτι τέτοιο. Το κλειδί για την κατανόηση της ισότητας της αδρανειακής και της βαρυτικής μάζας λείπει».[91]

Από την άλλη, η υιοθέτηση του γενικού συναλλοίωτου φαίνεται, καταρχήν, να οδηγεί άμεσα στο λεγόμενο επιχείρημα οπής[xvi], στην αδυναμία δηλαδή απόλυτης πρόβλεψης της χρονικής εξέλιξης των φυσικών φαινομένων εκτός και αν το μετρικό πεδίο του χωροχρόνου αποκτήσει μια τέτοια οντολογική υπόσταση που να μην είναι δυνατό να νοηθεί ούτε καν ο ίδιος ο χωροχρόνος δίχως το τελευταίο.[xvii] Ως άμεση συνέπεια, ενώ σε κάθε άλλη θεωρία πεδίου οι εξισώσεις περιγράφουν την συμπεριφορά ενός φυσικού πεδίου τέτοιου όπως το ηλεκτρικό ή το μαγνητικό μέσα σε έναν σταθερό και αμετάβλητο χωροχρόνο, οι πεδιακές εξισώσεις της γενικής σχετικότητας οφείλουν να περιγράφουν την συμπεριφορά της οντότητας του χωροχρόνου αυτού καθ' αυτού. Ακόμη περισσότερο, η προτεινόμενη διάσωση της φυσικής αιτιότητας φαίνεται να επιβάλλει ότι το φυσικό περιεχόμενο μιας θεωρίας εξαντλείται από τον κατάλογο των χωροχρονικών συμπτώσεων που επιτρέπει, δηλαδή τα σημεία τομής των κοσμικών γραμμών των σωματιδίων. Αυτές οι συμπτώσεις διατηρούνται από τους μετασχηματισμούς των πεδίων. Ως γενικότερη συνέπεια, δύο συστήματα πεδίων, που

κίνησης από την ομοιομορφία. Πρόκειται για τις συνιστώσες του βαρυτικού πεδίου.» Αϊνστάιν, *Η Θεμελίωση της Γενικής Θεωρίας της Σχετικότητας*, σελίδα 76.

91. Απόσπασμα από επιστολή του Αϊνστάιν προς τον Μαξ φον Λάουε, το 1950, όπως παρατίθεται: Νόρτον, *What was Einstein's Principle of Equivalence?*, §11.

μπορούν να μετασχηματιστούν το ένα στο άλλο, αποδίδουν το ίδιο φυσικό περιεχόμενο, αντιπροσωπεύουν δηλαδή το ίδιο ακριβώς φυσικό σύστημα.

Οι επανειλημμένες, ωστόσο, απόπειρες διερεύνησης του επιχειρήματος οπής δεν επαναφέρουν απλώς την παλιά αντιπαράθεση που συνδέεται με το όνομα του Λάιμπνιτζ για τον τρόπο που συνδέεται ο χώρος με την απόλυτη ουσία, αλλά θέτουν ουσιαστικά με τον πιο καθαρό τρόπο την απαίτηση να επανεξεταστεί η ίδια η διαδικασία συγκρότησης του χωροχρόνου ως "υλικής" πολλαπλότητας· από τη σκοπιά δηλαδή συγκρότησης της τελευταίας ως έννοιας. Το παλαιό φιλοσοφικό πρόβλημα επανέρχεται με την μεγαλύτερη οξύτητα: Με ποιο τρόπο τα αφηρημένα, μαθηματικά ή μη, στοιχεία μιας θεωρίας συνδέονται με την πραγματικότητα ή, αλλιώς, με ποιο τρόπο διαδικασίες που τυπικά ανήκουν στη σφαίρα της υποκειμενικής έννοιας προσδιορίζουν το περιεχόμενο κατηγοριών όπως το πράγμα, η ενέργεια ή το πεδίο, που, λόγω της έκδηλης "υλικότητάς" τους, εντάσσονται παραδοσιακά στη σφαίρα της λεγόμενης "αντικειμενικής ύπαρξης"; Άλλωστε, ήδη έχει διαφανεί ότι εδώ επιβάλλεται μια μεθοδολογική αντιστροφή, καθώς, ενώ η φυσική πραγματικότητα φαίνεται να απαιτεί τα μαθηματικά των διαφορικών εξισώσεων και του τανυστικού λογισμού, στην πραγματικότητα είναι, ακριβώς αντίστροφα, τα τελευταία εκείνα που επιβάλλουν το δικό τους ιδιαίτερο περιεχόμενο. Πράγματι, είναι η ίδια η συγκρότηση της μαθηματικής πολλαπλότητας εκείνη που, επιβάλλοντας την μη δυνατότητα σύγκρισης διανυσμάτων τοποθετημένων σε διαφορετικά σημεία της πολλαπλότητας, επιβάλλει την εννοιολογική κατάργηση της σχετικής κίνησης.

Ως άμεση συνέπεια, ενώ στην ειδική σχετικότητα μπορούμε να σκεφτούμε ένα αδρανειακό σύστημα συντεταγμένων, όπως προσδιορίζεται από μια σειρά ρολογιών σε σχετική ακινησία μεταξύ τους, στη γενική σχετικότητα αυτό δεν έχει κανένα νόημα, δεδομένου ότι είναι δυνατός ο ορισμός της σχετικής ταχύτητας δύο ρολογιών μόνο εάν αυτά βρίσκονται στην ίδια ακριβώς θέση. Η ίδια δηλαδή η, τόσο σημαντική στην ειδική σχετικότητα, έννοια του αδρανειακού πλαισίου *απαγορεύεται* τελικά, μέσω της ιδιαίτερης δομής της πολλαπλότητας, στα πλαίσια της γενικής σχετικότητας.

Άλλωστε, ακόμη και η ιδέα ότι οι νόμοι της ειδικής σχετικότητας πρέπει να διέπουν τις αρκετά μικρές περιοχές του χωροχρόνου, και της τοποθέτησης τοπικών αδρανειακών πλαισίων σε αυτές, δεν αντιστοιχεί παρά στη δυνατότητα επιλογής των κανονικών συντεταγμένων Ρήμαν σε οποιοδήποτε σημείο μιας πολλαπλότητας, καθώς σε αυτές τις συντεταγμένες η μετρική λαμβάνει την κανονική της μορφή και τα σύμβολα Κρίστοφελ μηδενίζονται.[xviii]

Είναι άλλωστε η ίδια η καμπυλότητα του χωροχρόνου εκείνη που μας υποχρεώνει τελικά να "απελευθερωθούμε" από την πεποίθηση ότι οι συντεταγμένες και οι μετασχηματισμοί συντεταγμένων αντιπροσωπεύουν τις πιθανές μετατοπίσεις των στερεών ράβδων ή την μεταφορά των ιδανικών ρολογιών,[92] καθώς η νομιμοποίηση τέτοιων υποθέσεων προϋποθέτει ήδη ένα βαθμό ομοιομορφίας ή συμμετρίας του χωροχρόνου. Η δυνατότητα, δηλαδή, της στερεής μετατόπισης και, επομένως, η ύπαρξη ενός αδρανειακού συστήματος δεν μπορούν να αποτελούν θεμελιακές αρχές σε μια θεωρία στην οποία η καμπυλότητα του χωροχρόνου διαφοροποιείται εξαρτώμενη από την κατανομή της μάζας και της ενέργειας. Αντίθετα, είναι δυνατόν να προκύψουν μόνο *a posteriori*, ως αποτέλεσμα δηλαδή μιας ιδιαίτερης κατανομής της μάζας και της ενέργειας, όπως σε ένα σύμπαν, π.χ. κενό από μάζα και ενέργεια ή με μια ιδιαίτερα συμμετρική κατανομή.[93]

Άλλωστε, δεν είναι απλώς το μαθηματικό δίχως έκταση σημείο που βρίσκεται πίσω από το αντίστοιχο υλικό σημείο, με αποτέλεσμα η υφιστάμενη μαθηματική απειρία για συγκεκριμένα σημεία της πολλαπλότητας να καθιστά απαγορευτική ακόμη και την ίδια τη φυσική ύπαρξη των τελευταίων,[94] αλλά και η ίδια η έννοια του

92. «Γιατί χρειάστηκαν ακόμη επτά χρόνια για την συγκρότηση της γενικής θεωρίας της σχετικότητας; Ο κύριος λόγος είναι ότι δεν είναι τόσο εύκολο να απελευθερωθεί κανείς από την ιδέα ότι οι συντεταγμένες πρέπει να έχουν ένα άμεσο μετρικό νόημα.» Αϊνστάιν, *The Library of Living Philosophers, Autobiographical Notes*, σελίδα 67.

93. Ντισάλλε, *Space and Time: Inertial Frames*.

94. «... κοντά στο κέντρο μιας, κατά Σβάρτσιλντ, μαύρης τρύπας η καμπυλότητα αυξάνει απεριόριστα, και στο ίδιο το κέντρο της είναι απροσδιόριστη,

πεδίου εν γένει, δηλαδή μιας τοπικής χωροχρονικής μεταβολής που μεταδίδεται στον χώρο, η οποία προκύπτει μέσω ακριβώς μιας νοηματικής ανάλυσης της ίδιας της δομής των διαφορικών εξισώσεων με μερικές παραγώγους.[95] Ενδεικτικό, άλλωστε, του τρόπου με τον οποίο η ερμηνεία της υφιστάμενης μαθηματικής δομής επιβάλλει την άποψή της στα υλικά στοιχεία της θεωρίας, είναι το γεγονός ότι, ενώ αρχικά λαμβανόταν σχεδόν ως αξίωμα ότι οι εξισώσεις της κίνησης είναι οι γεωδαιτικές εξισώσεις της πολλαπλότητας, την χρονική περίοδο από το 1927 έως το 1949, ο ίδιος ο Αϊνστάιν υπέδειξε ότι αν τα σωματίδια θεωρηθούν ως ιδιομορφίες του πεδίου τότε οφείλουν να διαδίδονται κατά μήκος των γεωδαιτικών τροχιών. Στα πλαίσια αυτής της θεώρησης, η ίδια η άμεση εποπτεία του σωματιδίου οφείλει να παραχωρήσει ευγενικά τη θέση της στην "έμμεση" έννοια των πεδιακών ιδιομορφιών.

Ταυτόχρονα, με δεδομένη την απαγόρευση της έννοιας του συστήματος αναφοράς στη γενική θεωρία της σχετικότητας, η καθολικότερη έννοια της συμμετρίας φαίνεται να αναδεικνύεται ως το ουσιαστικό μέσο της ποιοτικής διαφοροποίησης της προηγούμενης. Σύμφωνα με τον Φρήντμαν, ενώ στην ειδική θεωρία τρεις διακεκριμένες έννοιες, αυτές του συναλλοίωτου, της μη διακριτότητας και της συμμετρίας, συνεπάγονται κατ' αναγκαιότητα η μία την άλλη, στη γενική θεωρία η εννοιολογική διάκρισή τους αποκαθίσταται.[xix] Συγκεκριμένα, δεν μπορούμε να θεωρήσουμε τη γενική αρχή της σχετικότητας ως μια απαίτηση μη διακριτότητας, διότι η ομάδα της μη διακριτότητας της γενικής θεωρίας είναι ακριβώς η περιορισμένη ομάδα μετασχηματισμών από το ένα τοπικό αδρα-

---

που σημαίνει ότι οι εξισώσεις του Αϊνστάιν πλέον δεν ισχύουν, που σημαίνει (θα μπορούσε να ισχυριστεί κανείς) ότι αυτό το σημείο δεν υφίσταται ούτε καν ως μέρος του χωροχρόνου!» Χέφερ, *Causal Determinism*, ενότητα 4.3.2.

95. «Στη θεωρία του Μάξουελ δεν υπάρχουν υλικοί ηθοποιοί. Οι μαθηματικές εξισώσεις αυτής της θεωρίας εκφράζουν τους νόμους που διέπουν το ηλεκτρομαγνητικό πεδίο. Δεν συνδέουν –όπως οι νόμοι του Νεύτωνα– δύο γεγονότα απομακρυσμένα μεταξύ τους. Δεν συνδέουν τα *εδώ* γεγονότα με τις *εκεί* συνθήκες. Το πεδίο *εδώ* και *τώρα* εξαρτάται από το *άμεσα* γειτονικό πεδίο σε μια *άμεσα προηγούμενη* στιγμή.» Αϊνστάιν και Ίνφελντ, *Η εξέλιξη των Ιδεών στη Φυσική*, σελίδα 135.

νειακό σύστημα σε ένα άλλο. Ούτε μπορούμε να την θεωρήσουμε ως μια απαίτηση συναλλοίωτου, διότι η συναλλοίωτη ομάδα της θεωρίας είναι η ίδια όπως η συναλλοίωτη ομάδα κάθε άλλης χωροχρονικής θεωρίας. Ως εκ τούτου, σε καμία από αυτές τις ερμηνείες δεν συνιστά η γενική αρχή της σχετικότητας οποιοδήποτε είδος γενίκευσης της ειδικής αρχής της σχετικότητας, ενώ ο μόνος τρόπος να ερμηνευτεί η γενική αρχή ως τέτοια είναι να επαναδιατυπωθεί ως μια απαίτηση συμμετρίας.

Η θεωρητική σκέψη λοιπόν οφείλει, εκκινώντας εσωτερικά της εμπειρίας, να προσδιορίσει τον ειδικό τρόπο συγκρότησης του υλικού που προσκομίζει η τελευταία ώστε, στη συνέχεια, να επαναδιατυπώσει το ίδιο περιεχόμενο, ανυψώνοντάς το ωστόσο ώς την αναγκαία καθολικότητα, έστω και αν το τελευταίο μέσα σε τούτη την καθολική του μορφή στέκεται φαινομενικά ως κάτι εξωτερικό σε σχέση με τον ίδιο του τον εαυτό. Ως συνέπεια, άλλοτε θεωρείται πρωτεύων στην έρευνα ο έλεγχος ήδη γνωστών εννοιών στα νέα φαινόμενα και άλλοτε η ανάδειξη ως καθολικών, επιμέρους εμπειρικών διαπιστώσεων. Ωστόσο, στην πραγματικότητα η θεωρητική σκέψη, σε μια καθαρά αντιφατική διαδικασία, διερευνά το στοιχειωδώς συγκροτημένο εμπειρικό υλικό, αποδεχόμενη ότι οι σχέσεις που ανακαλύπτει ανήκουν στο εσωτερικό του τελευταίου, ενώ την ίδια ακριβώς στιγμή επιβάλλει η ίδια το δικό της, στην ιστορική του κάθε φορά ανάπτυξη μαθηματικό περιεχόμενο, μέσω διαδοχικών δοκιμών και ελέγχων.

Αλλά, καθώς οι σχέσεις των μαθηματικών οντοτήτων συνιστούν πάντα μια καθολικότερη διατύπωση, είναι πάντα απαραίτητη η πραγματοποίηση ενός συλλογιστικού σχήματος, όπου με την απόδοση φυσικού νοήματος σε επιμέρους στοιχεία οι επιθυμητές πειραματικά επικυρωμένες συνδέσεις προκύπτουν, με την μεσολάβηση των προηγούμενων σχέσεων, ως αναγκαίες. Η ιδιαιτερότητα άλλωστε των διαφορικών εξισώσεων, οι οποίες συγκροτούνται ως σχέσεις μεταξύ απειροστών ποσοτήτων, συνίσταται, όπως έχει ήδη επισημανθεί, στο ότι ο μαθηματικός χειρισμός τους προϋποθέτει ως όρο την ποιοτική ανάλυση των τελευταίων. Είναι αποκαλυπτικός ο τρόπος με τον οποίο ο Αϊνστάιν επιχειρεί να εκφράσει τις φυσικές συνέπειες των μη επίπεδων επιφανειών όταν, αποδίδοντας πρώτα χαρακτηριστικά στερεών ράβδων στα απειροστά στοιχεία μήκους που συμμετέχουν στον προσδιορισμό του μετρικού τανυστή, τοποθετεί κατόπιν τις τελευταίες πάνω σε ένα τραπέζι, όπου η θερμοκρασία μεταβάλλεται τοπικά, ενώ είναι αυτή ακριβώς η αναγκαία απόδοση φυσικού νοήματος στις απειροστές ποσότητες,[96] και ως εκ τούτου η δυνατότητα συγκρότησης εναλλακτικών σχέσεων, εκείνη που βρίσκεται στη ρίζα της αντιπαράθεσης σχετικά με τον συμβατικό χαρακτήρα του καθορισμού της ειδικής μορφής των μονάδων μέτρησης στη γενική θεωρία της σχετικότητας αλλά και στις απόπειρες φυσικοποίησης απειροστών μεγεθών, όπως στην με "άπειρα μικρή" ταχύτητα μετακίνηση των υπό συγχρονισμό ρολογιών.

Ως συνέπεια, ωστόσο, αυτής της διπλής κίνησης της θεωρητικής σκέψης, ακόμη και οι πιο τετριμμένες συνδέσεις της εμπειρίας αποκτούν πλέον τη δυνατότητα να εμφανίζονται όχι μόνο με την απλή αμεσότητα του προσδιορισμού τους, αλλά επίσης με την διπλή υπόσταση που αποκτούν μέσω της διερεύνησης αυτού ακριβώς του προσδιορισμού. Είναι χαρακτηριστική η διαμαρτυρία του ίδιου του Αϊνστάιν για το ότι οι μονάδες μέτρησης ακόμη και στη γενική θεωρία διατηρούν την "πρωτόγονη" εμπειρική τους μορφή, ως ρολόγια και μακρόστενες άκαμπτοι ράβδοι, αντί να προκύπτουν και αυτά ως λύσεις μερικών διαφορικών εξισώσεων,[xx] όπως και οι επανειλημμένες απόπειρες για την πραγματοποίηση ενός τέτοιου προσδιορισμού.[xxi] Από την άλλη, αν και μη εκφρασμένες ρητά ως αρχές συμμετρίας, από τη μία η ομοιογένεια και το ισότροπο του φυσικού χώρου και από την άλλη η ομοιομορφία του χρόνου έχουν θεωρηθεί ως προϋποθέσεις στη φυσική περιγραφή του κόσμου από την αρχή της σύγχρονης επιστήμης. Ωστόσο, στα πλαίσια των σύγχρονων θεωριών επιχειρείται ένας επαναπροσδιορισμός του περιεχομένου τόσο των φυσικών νόμων όσο και των συμμετριών, θεμελιώνοντας ουσιαστικά τη δυνατότητα μιας αντιστροφής της σχέσης τους, ώστε δηλαδή οι πρώτοι να προσδιορίζονται ακριβώς μέσω των τελευταίων.

96. Αϊνστάιν, *Relativity, the Special and General Theory; A Popular Exposition, Euclidean and Non-Euclidean Continuum*.

Η σχετικότητα της Σχετικότητας

Οι εξισώσεις του Αϊνστάιν, σε μια πρώτη εκτίμηση, δεν αποτελούν παρά διαφορικές εξισώσεις δεύτερης τάξης για τον μετρικό τανυστή πεδίου $g_{\mu\nu}$. Αλλά, παρά τον φαινομενικά ακριβή προσδιορισμό τους, οι τελευταίες είναι εξαιρετικά περίπλοκες· ο τανυστής και το βαθμωτό Ρίτσι προκύπτουν μέσω συστολών του τανυστή Ρήμαν, ο οποίος εμπεριέχει παραγώγους και γινόμενα των συμβόλων Κρίστοφελ, τα οποία με τη σειρά τους εμπεριέχουν την αντίστροφη μετρική και παραγώγους της μετρικής. Επιπλέον, ο τανυστής ενέργειας-ορμής $T_{\mu\nu}$ περιλαμβάνει επίσης, εν γένει, την μετρική, ενώ οι εξισώσεις είναι δύσκολο να επιλυθούν ακόμη και στο κενό, όπου μηδενίζεται ο συγκεκριμένος τανυστής. Οι εξισώσεις είναι επίσης μη γραμμικές, έτσι ώστε να μην είναι εφικτή η παραγωγή μιας τρίτης λύσης μέσω της υπέρθεσης δύο ήδη γνωστών.

Ακόμη περισσότερο, όχι μόνο δεν προκύπτει, από τον συγκεκριμένο φορμαλισμό, ένα μοναδικό πεδίο για ένα δεδομένο, μη σφαιρικά συμμετρικό, σύνολο συνοριακών συνθηκών και κατανομής μάζας, αλλά, μάλλον, δεν είναι δυνατόν να καθοριστεί ούτε καν η ίδια η τοπολογία της πολλαπλότητας.[97] Άλλωστε η ίδια η χρήση διαφορικών εξισώσεων συνεπάγεται εν γένει αυτή την μη πληρότητα, καθώς οι τελευταίες διαθέτουν μια άπειρη καταρχήν σειρά δυνατών λύσεων, και απαιτούν έναν ή περισσότερους περιορισμούς, ώστε να προκύψουν ορισμένες λύσεις. Η επίλυση, λοιπόν, των εξισώσεων Αϊνστάιν καθιστά αναγκαία την εισαγωγή κάποιων

97. «Οι εξισώσεις πεδίου της γενικής σχετικότητας στο κενό είναι δεύτερης τάξης. Θα μπορούσε κάποιος να αναμένει ότι δεδομένα που αποτελούνται από τη λύση και τις πρώτες παραγώγους της πάνω σε μια αρχική χωροειδή τρισδιάστατη πολλαπλότητα, με κάποιους περιορισμούς από τις πεδιακές εξισώσεις, θα προσδιόριζαν με μοναδικό τρόπο τη λύση για μεταγενέστερους χρόνους. Αλλά αυτά τα δεδομένα δεν είναι καθόλου σε θέση να το επιτύχουν: οποιαδήποτε λύση μπορεί να μετασχηματιστεί σε μια άλλη μέσω μετασχηματισμών συντεταγμένων που αφήνουν τα δεδομένα ανέπαφα. Οι εξισώσεις πεδίου δεν είναι σε θέση να καθορίσουν, με μοναδικό τρόπο, ούτε καν την τοπολογία μιας πολλαπλότητας επί της οποίας προσδιορίζεται μια λύση.» Μακντόναλντ, *Einstein's Hole Argument*.

εξωτερικών ως προς τις ίδιες υποθέσεων, με συνηθέστερη εκείνη που υποστηρίζει ότι η μετρική οφείλει να διαθέτει συγκεκριμένες συμμετρίες. Η γνωστοποίηση, ωστόσο, της λύσης Σβάρτσιλντ, που αφορά την σφαιρική συμμετρία, η οποία συνδέεται με συγκεκριμένο σύστημα συντεταγμένων, ήταν μάλλον μια αναπάντεχη εξέλιξη, τουλάχιστον για τον ίδιο τον Αϊνστάιν, καθώς ο τελευταίος πίστευε ή ήθελε να πιστεύει ότι οι πεδιακές εξισώσεις της γενικής σχετικότητας συγκροτούν μια γνήσια σχεσιακή θεώρηση. Γενικότερα, στα πλαίσια της γενικής θεωρίας της σχετικότητας, υφίσταται πάντα ένα προτιμώμενο σύστημα αναφοράς, που υπακούει σε ολικές συνοριακές συνθήκες οι οποίες είναι αναγκαίο να επιβληθούν ώστε να είναι δυνατή η ανάδειξη μιας λύσης.

Άλλωστε, είναι πλέον σαφές ότι η απαίτηση του γενικά συναλλοίωτου χαρακτήρα των εξισώσεων δεν συνιστά καθόλου, από μόνη της, επιχείρημα ενάντια στα προνομιακά αδρανειακά συστήματα αναφοράς, όπως αρχικά ήθελε να πιστεύει ο Αϊνστάιν, αφού ο συγκεκριμένος φορμαλισμός δεν συνιστά παρά μια ειδική μορφή που αφορά την μαθηματική διατύπωση μιας θεωρίας και δεν έχει καμία σχέση με το φυσικό περιεχόμενο της τελευταίας, καθώς ακόμη και οι νόμοι της νευτώνειας μηχανικής είναι δυνατόν να διατυπωθούν σε μια τέτοια μορφή. Ως αποτέλεσμα, ενώ η αρχική πρόθεση του Αϊνστάιν ήταν να αποστερήσει τα συστήματα συντεταγμένων μόνο από τις απόλυτες αδρανειακές κινήσεις, τελικά υποχρεώθηκε, όταν τα συστήματα συντεταγμένων έχασαν κάθε μετρική σημασία, να τους στερήσει ακόμη και την ίδια την ανεξάρτητη ύπαρξή τους.[xxii] Στην πραγματικότητα, η συγκεκριμένη απαίτηση συνδυασμένη με την αρχή της ισοδυναμίας, με την εκτίμηση, δηλαδή, της ελεύθερης πτώσης σε συνθήκες βαρύτητας ως "φυσικής" κίνησης, παρά ως εξαναγκασμένης απόκλισης από μια φυσική κίνηση, επιχειρηματολογεί υπέρ του μη επίπεδου χαρακτήρα της χωροχρονικής πολλαπλότητας.[xxiii] Η γενική θεωρία της σχετικότητας όχι μόνο την αποκαλούμενη ως αρχή του Μαχ δεν ικανοποιεί, αλλά, από μια εννοιολογική σκοπιά, ούτε λίγο ούτε πολύ φαίνεται να επιστρέφει σε μια θεώρηση παρόμοια με εκείνην της νευτώνειας μηχανικής, καθώς όχι μόνο η αδρανειακή μάζα ενός σώματος δεν οφείλεται στην επίδραση των άλλων σωμάτων του σύμπαντος, αλλά, στα πλαίσια της συγκεκριμένης θεωρίας, εμφανίζονται τέτοιες αυθύπαρκτες οντότητες όπως το πεδίο και εν γένει η αντίστοιχη μετρική, η οποία επηρεάζεται αλλά δεν καθορίζεται απόλυτα από την κατανομή των μαζών.[98]

Η απόλυτη, άλλωστε, σημασία του χωροχρόνου, στη γενική θεωρία της σχετικότητας, αναδεικνύεται σε κάθε απόπειρα ανάλυσης του παράδοξου των διδύμων. Πράγματι, στο συγκεκριμένο παράδοξο, η εσωτερική *σχέση* μεταξύ των τελευταίων παραμένει απόλυτα συμμετρική· η χωρική απόσταση μεταξύ τους, ξεκινώντας από το μηδέν, αυξάνει αρχικά μέχρι κάποια μέγιστη τιμή για να μειωθεί στη συνέχεια έως ότου μηδενιστεί. Η οποιαδήποτε λοιπόν διάκριση μεταξύ των διδύμων δεν είναι δυνατόν να εκφραστεί παρά μόνο μέσω του τρόπου με τον οποίο οι ατομικές κοσμικές τους γραμμές ενσωματώνονται στην απόλυτη μετρική πολλαπλότητα του χωροχρόνου. Άλλωστε, στα πλαίσια της γενικής θεωρίας της σχετικότητας, μεταξύ δύο δεδομένων γεγονότων επιτρέπονται διάφορες διακεκριμένες γεωδαιτικές τροχιές, με διαφορετικούς ιδιοχρόνους, όπου καμία προσφυγή σε επιταχύνσεις ή στην τοπική φυσική εν γένει δεν είναι σε θέση να αιτιολογήσει την προκύπτουσα ασυμμετρία.[xxiv] Αλλά ακόμη και αν το ερώτημα της σχετικής κίνησης τεθεί σε σχέση με την υπόλοιπη ύλη του σύμπαντος, επειδή η γενική σχετικότητα είναι, ως έχει, ελλιπής, υπό την έννοια ότι υπόκειται σε ολικές, μη απολύτως καθορισμένες από την ίδια συνθήκες, η τελευταία, από μόνη της, δεν είναι καθόλου σε θέση να ορίσει τον αδρανειακό δίδυμο. Τέλος, ακόμη και η ίδια η αρχή της ισοδυναμίας, παρότι πρακτικά χρήσιμη ως καθοδηγητική γραμμή, στα πλαίσια μιας σύγχρονης προσέγγισης, δεν θα αντιμετωπιζόταν από μια αυστηρή θεωρητική σκοπιά ως απόλυτα σωστή.

98. «Ο Αϊνστάιν αποφάνθηκε: "Ένα χωροχρονικό συνεχές, ελεύθερο από ιδιομορφίες, στο οποίο ο τανυστής ενέργειας-ορμής μηδενίζεται παντού, φαίνεται να αποκλείεται από τις τροποποιημένες πεδιακές εξισώσεις". Ωστόσο, το συμπέρασμα του Αϊνστάιν ανατράπηκε πολύ γρήγορα από τον W. de Sitter, ο οποίος έδειξε ότι οι *ad hoc* τροποποιημένες εξισώσεις πεδίου επιδέχονται ως λύση μια χωροχρονική δομή, ακόμη και απουσία ύλης.» Γιάμερ, *Έννοιες του Χώρου*, σελίδα 266.

Από την άλλη, η διερεύνηση των θεμελίων της εκάστοτε κυρίαρχης θεωρίας, πέρα από την αναδρομική, με κριτήριο τις δικές της έννοιες, θεμελίωση των προγενέστερων θεωριών, οδηγεί κάθε φορά σε μια πλήρη ανακατασκευή όλων των συλλογιστικών επιχειρημάτων της πρώτης και στην ανάδειξη κάθε δυνατής εναλλακτικής δυνατότητας.[99] Ο ίδιος ο εμπειρικός τρόπος καθορισμού του ταυτόχρονου που τίθεται ως θεμέλιο της ειδικής θεωρίας της σχετικότητας οδηγεί σε πολλαπλές εναλλακτικές δυνατές μορφές προσδιορισμού του, όπως άλλωστε η ανάλυση των συγκεκριμένων σχέσεων των στερεών ράβδων στον χώρο υποδεικνύει τις εναλλακτικές επιλογές. Άλλωστε, ενώ η ίδια η γενική θεωρία τυπικά δεν αποτελεί καθόλου γενίκευση της ειδικής, ωστόσο η τελευταία ουσιαστικά καθοδήγησε, με τη μορφή φυσικών επιχειρημάτων, τις κατευθύνσεις σε ό,τι αφορά τις μαθηματικές επιλογές της πρώτης. Μια άκυρη, δηλαδή, από κάθε άποψη φυσική θεωρία[100] προϋποτίθεται εννοιολογικά ως το θεμέλιο της γενικής θεωρίας της σχετικότητας, όπως με ανάλογο τρόπο η ευκλείδεια γεωμετρία, ενώ συνιστά απλώς μια ειδική γεωμετρία, τίθεται εννοιολογικά ως το καθολικό θεμέλιο κάθε άλλης γεωμετρίας. Η τόσο πολύ, λοιπόν, προβαλλόμενη εμπειρική επικύρωση της κυρίαρχης θεωρίας, με την απόλυτη εγκυρότητα που της προσδίδει, λειτουργεί απλώς ως νομιμοποιητική για τις νέες σχέσεις που αποκαλύπτονται. Το απόλυτο κύρος της τελευταίας επιβάλλει ότι οι νέες συνδέσεις στις οποίες στηρίζεται ή οι διαφορετικοί συλλογισμοί απόδοσης νοήματος που προϋποθέτει, όχι μόνο δεν είναι απορριπτέοι αφού

99. «Η πιο γενική προσχετικιστική χωροχρονική δομή, η οποία αποκαλείται από τον Earman ως "χωρόχρονος Mach", θέτει ως αξιώματα μόνο την απόλυτη ταυτοχρονία και τον ευκλείδειο χαρακτήρα των ταυτοχρονικών χώρων της. ... Η εισαγωγή μιας μετρικής χρόνου ... ανάγει τον "χωροχρόνο Mach" στον "χωροχρόνο Leibniz". Αν, στη συνέχεια, εισαγάγουμε ένα πρότυπο περιστροφής ορίζοντας ένα επιλεγμένο στερεό σύστημα ως μη περιστρεφόμενο, ο "χωροχρόνος Leibniz" ανάγεται στον "χωροχρόνο Maxwell".» ό.π., σελίδες 304-305.

100. Σήμερα η "ειδική θεωρία", εκτός από την ιστορική σημασία της, υφίσταται μόνο ως ένα σύνολο ευρέως εφαρμόσιμων τύπων, οριακών περιπτώσεων της γενικής θεωρίας της σχετικότητας.

συμμετέχουν στη συγκρότηση μιας ωφέλιμης για την πρακτική θεωρίας, αλλά, ακόμη περισσότερο, αξίζουν όλη την προσοχή της επιστημονικής σκέψης ώστε να διερευνηθούν οι δυνατότητες κάθε δυνατής εναλλακτικής επιλογής, συμβατής με το ευρύτερο νοηματικό πεδίο που οριοθετεί η συγκεκριμένη θεωρία.

Πράγματι, στα πλαίσια κάθε θεωρίας, ακόμη και σε ό,τι αφορά την καθαρά μαθηματική ανάπτυξη είναι εφικτή η δημιουργία εναλλακτικών επιλογών. Η ίδια η νευτώνεια μηχανική είναι πάντα δυνατόν να ανακατασκευαστεί διατηρώντας ανέπαφες τις πειραματικές της επικυρώσεις.[xxv] Σε ό,τι αφορά την ίδια τη γενική θεωρία, είναι εφικτός ένας αμέτρητος τέτοιος αριθμός μαθηματικών τροποποιήσεων, με πιο χαρακτηριστικές την εισαγωγή μιας "κοσμολογικής σταθεράς",[xxvi] την αποδοχή υψηλότερης τάξης όρων στη δράση, την εισαγωγή βαρυτικών βαθμωτών πεδίων ή ενός μη μηδενικού τανυστή στρέψης. Ταυτόχρονα, ιδέες που έχουν την προέλευσή τους στην κβαντική θεωρία, όπως η ιδέα της κβάντωσης του ίδιου του μήκους[101] ή η ιδέα της αντίστροφης παραγωγής του χώρου μέσω της στροφορμής,[102] έρχονται να συμπληρώσουν εναλλακτικά μοντέλα, όπως, π.χ. μεταθέσεις ή διπλασιασμούς που ωστόσο όλα υπάγονται σε μετασχηματισμούς βαθμίδας. Άλλωστε, ολόκληρος ο φορμαλισμός της ειδικής θεωρίας της σχετικότητας μετατρέπεται σε ειδική περίπτωση της καθολικότερης κβαντικής θεωρίας πεδίου μέσω ενός μαθηματικού περάσματος από τους κλασικούς αριθμούς, ή *c-numbers*, στους τελεστές, τους ανεπτυγμένους *q-numbers* της κβαντικής θεωρίας.

---

101. «Ο Heisenberg, στην προσπάθειά του να επιτύχει μια απλοποιημένη γενική αναπαράσταση της κβαντικής μηχανικής, προσπάθησε πρόσφατα να εγκαταλείψει την αρχή της συνέχειας στη ρημάνεια ή την ευκλείδεια γεωμετρία και εισήγαγε την πρόταση ενός "ελάχιστου μήκους", προκειμένου να αντιμετωπίσει ορισμένες δυσκολίες της κβαντικής ηλεκτροδυναμικής.» ό.π., σελίδα 255.

102. «... ο Penrose ακολουθεί μια στρατηγική που συνίσταται στο "να ξεκινήσουμε με την έννοια της στροφορμής –όπου έχουμε *διάκριτο* φάσμα– και χρησιμοποιώντας τους κανόνες συνδυασμού των στροφορμών να δούμε αν μπορεί κανείς να κατασκευάσει κατά κάποιον τρόπο από αυτό την έννοια του χώρου ..."» ό.π., σελίδα 324.

Η ιστορία με την δαρβινική εξέλιξη των ειδών φαίνεται να επαναλαμβάνεται με αξιοθαύμαστη ακρίβεια στον αποκαθαρμένο από την εμπειρία κόσμο των μαθηματικών Ιδεών, μόνο που ίσως εδώ είναι αδύνατο να κριθεί οριστικά αν μια νέα σύνθεση θα διαβεί επιτέλους κάποια στιγμή το κατώφλι της πραγματικότητας, μετατρεπόμενη στην αισθητή υπεραισθητή ουσία του πραγματικού κόσμου.

Άλλωστε, είναι χαρακτηριστικό ότι συχνά το προκύπτον εναλλάσσει τη θέση του με την ίδια του την προϋπόθεση. Στις επανειλημμένες απόπειρες αποφυγής των συνεπειών του επιχειρήματος οπής δεν αντιστρέφεται μόνο η προτεραιότητα της φυσικής υπόστασης των χωροχρονικών σημείων έναντι της ίδιας τους της σχέσης αλλά, στα πλαίσια μιας συγκεκριμένης ανακατασκευής της μαθηματικής δομής στην οποία εντάσσονται, τα χωροχρονικά σημεία παραχωρούν ακόμη και τον "αυτονόητο" χαρακτηρισμό τους ως των απλούστερων νοηματικά στοιχείων της θεωρίας. Συγκεκριμένα, ο Ρόμπερτ Τζέρεκ καταδεικνύει ότι η γενική θεωρία της σχετικότητας είναι δυνατόν να αναδιατυπωθεί στα πλαίσια αλγεβρικών δομών αποκαλούμενων ως άλγεβρες Αϊνστάιν.[103] Ειδικότερα, ενώ με την χρήση του τανυστικού φορμαλισμού η λογική σειρά συγκρότησης ακολουθεί το σχήμα σύνολο σημείων → τοπολογία → μέγιστος άτλας → διαφορική πολλαπλότητα, στον φορμαλισμό της άλγεβρας Αϊνστάιν κανένα χωροχρονικό γεγονός δεν εμφανίζεται σε αυτόν από την αρχή, καθώς, βασίζεται σε μια εναλλακτική διαδικασία συγκρότησης των αντίστοιχων δομών: Από τον μεταθετικό δακτύλιο προκύπτει η διαφορική δομή και από εκεί η διαφορική πολλαπλότητα.[104]

103. Τζέρεκ, *Einstein Algebras*.

104. «Τα κύρια πλεονεκτήματα ενός καθαρώς αλγεβρικού χειρισμού είναι ότι κανένα χωροχρονικό γεγονός δεν εμφανίζεται σε αυτόν από την αρχή. Υπάρχουν στοιχεία των αφηρημένων αλγεβρών, τα οποία θεωρούνται ως πρωταρχικά "αντικείμενα" της θεωρίας. Μόνο κατόπιν μιας αλλαγής στην εκδοχή Γκέλφαντ της δεδομένης A άλγεβρας Αϊνστάιν ... μετατρέπονται αυτά τα στοιχεία σε συναρτήσεις πραγματικών τιμών ..., που αναλαμβάνουν τον ρόλο των χωροχρονικών "γεγονότων".» Χέλλερ, *Einstein Algebras and General Relativity*, σελίδες 286-287.

Αλλά καθώς οι θεωρίες της φυσικής, παρότι εξαρτημένες στην αφετηρία τους από την προγενέστερη από τις ίδιες "επεξεργασία" της πειραματικής εμπειρίας, αφού ανυψώσουν ως την καθολικότητα την τελευταία, επιστρέφοντας τελικά στον τόπο της προέλευσής τους, μέσω του ειδικού περιεχομένου της ιδιαίτερης μαθηματικής τους δομής αποκτούν πάντα τη δυνατότητα να επανασυγκροτούν οι ίδιες το αντικείμενό τους, πλέον κάθε τι, ο ίδιος ο χωροχρόνος[105] αλλά και ό,τι αποκτά ύπαρξη, κάθε χειροπιαστό πειραματικό ον του φυσικού κόσμου ή ακόμη οι ίδιες οι δυνατότητες νοήματος της σωματιδιακής και της πεδιακής αντίληψης δοκιμάζονται με κάθε νεοεμφανιζόμενη μαθηματική κατασκευή. Η γνωστή ιστορία με τον αιθέρα φαίνεται να επαναλαμβάνεται διαρκώς.[xxvii] Ενώ ως θεμέλιο των θεωριών της σχετικότητας στέκονται οι πεπερασμένες ταχύτητες διάδοσης των αλληλεπιδράσεων, η κβαντική θεωρία, επιτρέποντας την ύπαρξη "συσχετισμένων", ανεξάρτητων από την οποιαδήποτε απόσταση, καταστάσεων, αφήνει προκλητικά ανοικτό το ζήτημα της άπειρης ταχύτητας. Ταυτόχρονα, ένας αλλόκοτος κόσμος, επικυρωμένος ή μη εμπειρικά, από νετρίνα ή αναζητούμενα σωματίδια Χίγκς, μαύρες τρύπες, σκοτεινή ύλη, δυνάμει φωτόνια, γκραβιτόνια, χορδές, υπερχορδές, εμφανίζεται σε κάθε στροφή της θεωρίας.[106]

105. Το 2004, ο Ντέιβιντ Γκρος έχοντας κερδίσει το βραβείο Νομπέλ στη φυσική δηλώνει: «Όλοι στην θεωρία χορδών είναι πεπεισμένοι ... ότι ο χωροχρόνος είναι καταδικασμένος. Αλλά δεν ξέρουμε με τι θα αντικατασταθεί. Έχουμε τεράστια πληθώρα στοιχείων ότι *ο χώρος* είναι καταδικασμένος. Έχουμε ακόμη και παραδείγματα, καθορισμένα με σαφήνεια από μαθηματική άποψη, όπου ο χώρος είναι μια παράγωγη έννοια ... Αλλά κατά την άποψή μου το μεγάλο ερώτημα που δεν έχει απαντηθεί καθόλου ακόμα είναι: "πώς μπορούμε να φανταστούμε μια δυναμική θεωρία της φυσικής στην οποία ο *χρόνος* είναι παράγωγο μέγεθος;" ... Μου είναι πολύ δύσκολο να φανταστώ μια διατύπωση της φυσικής *δίχως* τον χρόνο ως πρωταρχική έννοια επειδή η φυσική θεωρείται κατά κανόνα ως πρόβλεψη του μέλλοντος βάσει του παρελθόντος.» *Time, Internet Encyclopedia of Philosophy*, ενότητα 8.

106. Χαρακτηριστικά, στις πρώτες απόπειρες συμφιλίωσης των σχετικιστικών θεωριών με την κβαντική μηχανική, στις αποκαλούμενες δηλαδή ως *σχετικιστικές κβαντικές θεωρίες πεδίου*, η απαίτηση ενσωμάτωσης στην κβαντική θεώρηση όχι μόνο των υλικών σωματιδίων αλλά και των αντίστοιχων δυνά-

Τίποτε πλέον δεν είναι δυνατόν να αποκλειστεί. Δίπλα στην κατάργηση της ίδιας της ύπαρξης[107], τον "χρονογεωμετρικό ντετερμινισμό" ή την "χρονογεωμετρική μοιρολατρία"[108] της ειδικής θεωρίας της σχετικότητας επιστρέφει η απόλυτη πρόβλεψη του μέλλοντος, δίχως ωστόσο να αποκλείεται η επιστροφή στο παρελθόν, ενώ μπροστά μας αποκαλύπτεται το ίδιο το σύμπαν ως κλειστή ολότητα με συγκεκριμένη κάθε φορά ημερομηνία γέννησης, είτε ακόμη πολλαπλά δυνατά σύμπαντα[109] που ίσως αναδύονται σαν φυσαλίδες[110] με πολλαπλές διαστάσεις και άπειρα πιθανά νοήματα. Άλλωστε, αν είναι αλήθεια ότι η φυσική καταγράφει τις αλλαγές που συμβαίνουν στη φύση, είναι εξίσου σωστό ότι στο φιλμ που χρησιμοποιεί προϋπάρχουν περισσότερο ή λιγότερο αφηρημένες μαθηματικές θεωρίες, θεωρίες ωστόσο που οι φυσικοί συχνά αντιμετωπίζουν απλώς ως αριθμητικές σχέσεις, ως αφηρημένες δηλαδή ταυτότητες, υποτιμώντας τόσο την ποιοτική σχέση όσο και τις συγκεκριμένες προϋποθέσεις εφαρμογής τους. Ως εκ τούτου, για μια ακόμη φορά, η απαίτηση για την κατανόηση της ίδιας της διαδικασίας της σκέψης, του τρόπου, της μεθόδου της και τελικά της ιστορίας, δηλαδή της προέλευσης, της καταγωγής των εννοιών

μεων που ενεργούν οδήγησε στην εισαγωγή ειδικών για κάθε δύναμη σωματιδίων, όπως δυνάμει φωτονίων, γκραβιτονίων κ.τ.λ., τα οποία λειτουργούν ακριβώς ως φορείς μεταβίβασης αυτών των αλληλεπιδράσεων.

107. «Η έννοια της ύπαρξης ... δεν μπορεί να σχετικοποιηθεί δίχως να καταστραφεί ολοκληρωτικά το νόημά της.» Γκέντελ, *Collected Works Vol. II, A Remark about the Relationship Between Relativity and Idealistic Philosophy*, σελίδα 203.

108. Σάβιτ, *Being and Becoming in Modern Physics*, ενότητα 3.

109. «Κάποιοι τουλάχιστον από τους υποστασιοκράτες (substantivalists) θα βεβαιώσουν ... ότι υπάρχουν διακεκριμένοι δυνατοί κόσμοι στους οποίους ισχύει η ίδια γεωμετρία, αλλά οι οποίοι ωστόσο είναι διακεκριμένοι εξαιτίας του γεγονότος ότι διαφορετικά χωροχρονικά σημεία διαδραματίζουν διαφορετικούς ρόλους (στον έναν κόσμο η μέγιστη καμπυλότητα εμφανίζεται στο τάδε σημείο, ενώ στον άλλο εμφανίζεται στο δείνα σημείο).» Μπέλοτ & Ήρμαν, *Presocratic quantum gravity*, σελίδα 228.

110. Η δομή των εξισώσεων που σχετίζονται με το πρόβλημα ελάχιστων επιφανειών, όπως είναι οι επιφάνειες φυσαλίδων από σαπούνι, παρουσιάζουν ισχυρή αναλογία, από μαθηματική άποψη, με αυτήν των εξισώσεων της γενικής θεωρίας της σχετικότητας.

είναι εκείνη που αναδεικνύεται ως κυρίαρχη στο πεδίο κάθε φυσικής έρευνας.

Η μέθοδος

Οι κατηγορίες

Σε μια πρώτη εκτίμηση θα θεωρούσε κανείς ότι η επαναστατική συμβολή του Καντ στη φιλοσοφική σκέψη συνίσταται στην εισαγωγή δύο κρίσιμων διαφορών που αφορούν τις "a priori πηγές της γνώσης": από τη μία της διαφοράς ανάμεσα στην αίσθηση και τη νόηση[111] και από την άλλη της διάκρισης της ίδιας της νόησης, στη Διάνοια, που μέσω των κατηγοριών καθιστά δυνατή την συγκρότηση της εμπειρίας, και στον Λόγο, αποκλειστικό έργο του οποίου είναι να ρυθμίζει αυτήν ακριβώς την διαδικασία συγκρότησης, σύμφωνα με "όλες τις δυνατές αρχές της ενότητας". Ωστόσο η πραγματική πρόθεση της *Κριτικής του Καθαρού Λόγου* είναι να αναδείξει ακριβώς τον συγκεκριμένο τρόπο με τον οποίο οι προηγούμενες διακεκριμένες ικανότητες αλληλοσυνδέονται, τόσο ώστε κάθε αποσπασματική χρήση τους να μην τροφοδοτεί το ανθρώπινο πνεύμα με τίποτε περισσότερο από πλάνες.

Η εποπτεία λοιπόν προϋποθέτει τη νοητική "αυτενέργεια", την πραγματοποίηση δηλαδή νοητικών συνδέσεων ώστε να είναι δυ-

111. «Έργο των αισθήσεων είναι να σχηματίζουν εποπτείες· έργο του νου να σκέπτεται.» Καντ, *Προλεγόμενα σε κάθε μελλοντική Μεταφυσική*, σελίδα 94.

νατή η μετατροπή της σε εμπειρία.[112] Η πρόσληψη του πολλαπλού της εποπτείας συμβαίνει πάντοτε ως μια σύνθεση που εμπεριέχει αναγκαιότητα, σε ό,τι αφορά την χρονική διαδοχή των καταστάσεων που συνθέτουν γεγονότα,[113] ενώ είναι αυτοί ακριβώς οι "κανόνες" της πρόσληψης εκείνοι που εμπεριέχουν το "σχήμα" για την επεξήγηση των ίδιων των κατηγοριών της νόησης.

Οι ίδιες οι κατηγορίες αναγνωρίζονται σωστά ως εσωτερικές διαδικασίες σύνδεσης και όχι ως κάτι εξωτερικό και άρα υπερβατικό προς το ίδιο το φαινόμενο. Ωστόσο, παρότι η εποπτεία στον χώρο και στον χρόνο εξηγεί τις κατηγορίες ως κανόνες σύνδεσης, προϋποθέτει ως δεδομένους τους καθορισμούς των συνδεόμενων στοιχείων. Αυτή η εξωτερικότητα των στοιχείων της εποπτείας μοιάζει πράγματι απόλυτη όταν εξετάζονται οι συγκεκριμένες σχέσεις τους, απομονωμένες, μέσα στην εκάστοτε ιστορική περίοδο. Όταν ωστόσο προσφύγουμε στην ίδια την ιστορική εξέλιξη κάθε σχέσης, ο ορισμός ανανοηματοδοτείται με τέτοιο τρόπο ώστε τελικά ενώ η εποπτεία φαίνεται να παραμένει η ίδια, οι σχέσεις προκύπτουν διαφορετικές.

Στη θέση, για παράδειγμα, της εποπτείας του πλήθους των διαστημάτων στον χώρο αναδύεται ο γενικευμένος ορισμός του αριθμού ως ορίου της συγκλίνουσας ακολουθίας, ενός ορισμού του οποίου ο αριθμός, ως ένα πλήθος μονάδων, προκύπτει ως ειδική περίπτωση. Από την άλλη ενώ η εποπτεία του χώρου πράγ-

112. «Αλλά η σύνδεση ενός πολλαπλού εν γένει δεν μπορεί ποτέ να γεννηθή μέσα μας μέσω των αισθήσεων και κατά συνέπεια ούτε μπορεί να περιέχεται συνάμα στην καθαρή μορφή της κατ' αίσθηση εποπτείας· γιατί αυτή [η σύνδεση] είναι μια πράξη αυτενέργειας της παραστατικής ικανότητας και επειδή αυτήν, προς διαχωρισμό από την αισθητικότητα, πρέπει να την ονομάζουμε νόηση ...» Καντ, *ΚΚΛ*, Β 129-130.

113. «Βλέπω λ.χ. ένα πλοίο να κατεβαίνη το ρεύμα του ποταμού. Η κατ' αίσθηση αντίληψη της πιο κάτω θέσεώς του στο ρεύμα του ποταμού ακολουθεί στην κατ' αίσθηση αντίληψή μου της πιο πάνω θέσεώς του και είναι αδύνατο, στην πρόσληψη του φαινομένου, να προσπέση το πλοίο στην κατ' αίσθηση αντίληψή μας πρώτα στην κάτω και ύστερα στην επάνω θέση του ρεύματος. Άρα εδώ η σειρά ακολουθίας των κατ' αίσθηση αντιλήψεων στην πρόσληψη είναι καθορισμένη και σ' αυτή τη σειρά είναι δεμένη και η πρόσληψη.» Καντ, *ΚΚΛ*, Α 192.

ματι προϋποτίθεται για την αναζήτηση των σχέσεων μεταξύ των προσδιορισμένων μορφών του, η θέση, το πιο απλό, νοηματικά "καθαρό", στοιχείο του τελευταίου ορίζεται όχι μέσω της καθαρής εποπτείας αλλά, όπως ήδη έχει αναπτυχθεί, μέσω της αναγκαίας διαμεσολάβησης ενός αισθητού, "εμπειρικού" σώματος ώστε να συγκροτηθεί τελικά ως εκείνη η ιδιαίτερη νοηματική ενότητα μέσα στην οποία συνδέονται η σχέση της διαφοράς, ανάμεσα στο πράγμα και στο κενό, με την σχέση της ταυτότητας των τελευταίων, μια θεμελίωση η οποία αποκαλύπτει την αναγκαιότητά της όχι μόνο κατά την μετάβαση από την προσδιορισμένη απόσταση στην αριθμητική τιμή της τελευταίας αλλά, ακόμη περισσότερο, όταν στέκεται ως προϋπόθεση για την ανάδειξη του συνόλου των δυνατών μετατοπίσεων της στέρεης ράβδου ως ομάδας.

Άλλωστε, η θεωρητική σκέψη, διαισθανόμενη τις κορυφαίες στιγμές της πορείας της, στρεφόταν πάντα με ανυπομονησία σε εκείνο το υλικό της εμπειρίας, που φαίνεται να υποχρεώνει τις αφαιρέσεις που χρησιμοποιεί η ίδια ώστε να καθίστανται δυνατές αυτές ακριβώς οι εμπειρικές συνδέσεις, αφαιρέσεις που λειτουργούν είτε ως στοιχεία των εποπτειών του χώρου ή του χρόνου είτε ως καθαρές κατηγορίες είτε ακόμη ως παράγωγες έννοιες, να *επιστρέφουν* σε εκείνο από το οποίο έχουν αφαιρεθεί, δηλαδή την εμπειρία, αναζητώντας σε αυτό που άφησαν πίσω τους, τους όρους της δικής τους συγκρότησης, πραγματοποιώντας έτσι μια κίνηση, που ενώ εμφανίζεται ως απλώς αναλυτική και σε ό,τι αφορά την τυπική μορφή της αντιφατική, στην πραγματικότητα επιτυγχάνει να τις απελευθερώσει, ως νόημα, από τους τυχαίους περιορισμούς της γέννησής τους, ώστε να καταστεί εφικτό το υλικό που προσκόμισε η εμπειρία να επαναπροσδιοριστεί σε όλη του την έκταση για να εναρμονιστεί με την καθολικότητα που απαιτεί η μορφή τους, διαισθανόμενες και οι ίδιες ότι η επίτευξη του σκοπού τους θα σημάνει αναπόφευκτα και την δική τους τροποποίηση καθώς δεν θα μπορούν να αποτραβηχτούν ανεπηρέαστες πίσω στον εαυτό τους παρά μόνο με τη ρητή προϋπόθεση ότι ο χαρακτήρας τους ως όρων για τη δυνατότητα κάθε μελλοντικής εμπειρίας θα συνδέεται από εδώ και στο εξής με την επεξήγηση των νεοαποκτηθέντων συνδέσεών τους.

Απλές λοιπόν εμπειρικές αναλύσεις, όπως ότι η απόσταση δεν νοείται ως πραγματική αν δεν είναι δυνατό να διανυθεί από κάθε πραγματικό αντικείμενο ενώ το μέτρο της συνδέεται αναπόσπαστα με την χρονική διάρκεια που απαιτεί η κάλυψή της από το τελευταίο, άρα ότι όχι μόνο η ύπαρξη κάθε πράγματος προϋποθέτει τον χώρο αλλά και αντίστροφα ο χώρος, ως έννοια, προϋποθέτει τα πράγματα και την μετατόπισή τους, και άρα μέσω αυτών συνδέεται τόσο νοηματικά όσο και ποσοτικά με τον χρόνο ή η εμπειρική υπόθεση ότι αν δύο ράβδοι επικαλύπτονται ακριβώς σε κάποια περιοχή του χώρου οφείλουν να επικαλύπτονται με τον ίδιο τρόπο και σε οποιαδήποτε άλλη περιοχή ή, ακόμη, ότι η ποσοτική αναλογία των διαστημάτων που οριοθετούν ένα τρίγωνο είναι η ίδια με την ποσοτική αναλογία των πραγματικών στερεών ράβδων που τοποθετούνται με τον ίδιο τρόπο, αναλογία που ωστόσο είναι δυνατό να διαφοροποιείται από περιοχή σε περιοχή, τέτοιες αυτονόητες επισημάνσεις για τους δεσμούς των γεωμετρικών σχέσεων με τις σχέσεις που ανακαλύπτει η ανθρώπινη πρακτική μέσα στον υλικό κόσμο που πραγματοποιείται, επισημάνσεις που τις μετέτρεψε σε αυτονόητες άρα και σε περιττές η πίστη στην απόλυτη καθολικότητα της ισχύος των διαπιστώσεων αυτής της πρακτικής, είναι εκείνες που συγκρότησαν την απαραίτητη εννοιολογική βάση ώστε να γίνει δυνατή η διερεύνηση των συγκεκριμένων περιορισμών τους άρα και της ρεαλιστικής γενίκευσής τους.

Θέτοντας συνεπώς ο Καντ την εποπτεία του χώρου ως όρο της δυνατότητας διάκρισης όμοιων, για τη νόηση, τόπων αποκαλύπτει πράγματι τη δυνατότητα συγκρότησης μαθηματικών μορφών όπως της τοπολογίας και βέβαια του συστήματος συντεταγμένων. Ωστόσο, η κατανόηση της λογικής συγκρότησης των φυσικών θεωριών προϋποθέτει αυτήν ακριβώς τη δυνατότητα μετατροπής του νοήματος τού εκάστοτε "δεδομένου" πολλαπλού της εποπτείας. Η αμεσότητα της εποπτείας επιστρέφει στην διαμεσολαβημένη από τις δικές της ουσιαστικές σχέσεις, ωστόσο ξανά αμεσότητα, της επιστροφής. Ως εκ τούτου κάθε τι, ο χώρος, ο χρόνος όχι μόνο εμφανίζονται πάντα δύο φορές αλλά κάθε εμφάνιση συνιστά όρο για την εμφάνιση της άλλης. Ως παράδειγμα, ο χρόνος όχι πλέον ως η ικανότητα της εποπτείας του αλλά η ίδια η χρονική διάταξη των απομακρυσμένων στον χώρο γεγονότων προσδιορίζεται μέσω μιας ανάλυσης της έννοιας του ταυτόχρονου, όπου ως ουσιαστικός όρος της τελευταίας τίθεται η αναγκαιότητα η οποία διέπει την διάδοση των φωτεινών σημάτων στις διαφορετικές κατευθύνσεις του χώρου. Ακόμη περισσότερο, πέρα από την ερμηνεία της γενικής θεωρίας της σχετικότητας, όπου η τοπολογία προϋποθέτει την μετρική και τις απόπειρες προσδιορισμού ή έστω περιορισμού τόσο της μετρικής όσο και της τοπολογίας με αποκλειστικό κριτήριο τις σχέσεις αιτιότητας, είναι χαρακτηριστικές οι απόπειρες να επαναθεμελιωθεί κάθε τι που παραδοσιακά φαίνεται ότι ανήκει στην αυστηρή δικαιοδοσία της εποπτείας, όπως για παράδειγμα η διάκριση ανάμεσα στο "δεξιά" και το "αριστερά" μέσω των νόμων που διέπουν τις ασθενείς αλληλεπιδράσεις ή, ακόμη, ο ίδιος ο αριθμός των διαστάσεων του χώρου. Η θεωρητική σκέψη την ίδια στιγμή που προσλαμβάνει άθικτη την εποπτεία, επικαλούμενη την ουσία των πραγμάτων της, επιβάλλει την αυτοαναίρεσή της.

Ωστόσο η ίδια η νόηση, έχοντας συναίσθηση της διάκρισής της από την οποιαδήποτε παράσταση συνοδεύει την καθαρή έννοια, από τη μία συνθέτει σχέσεις δίχως κανένα εποπτικό ανάλογο, όπως είναι τα μιγαδικά εκθετικά ή το σπιν στην κβαντική θεωρία και από την άλλη, γνωρίζοντας ήδη καλά ότι η προσκόλληση σε παραστάσεις που αποδίδουν εμπειρικές σχέσεις οδηγεί συχνά σε καταστρεπτικές σχετικά με τον ακριβή καθορισμό του νοήματος συνέπειες, επιζητά την απόλυτη χειραφέτησή της από οτιδήποτε θεωρεί ότι είναι ξένο προς αυτήν. Η γνωστή αντίθεση ανάμεσα στην "παραστατική" μέθοδο του Αϊνστάιν και τη "λογική" μέθοδο του Χίλμπερτ είναι αντανάκλαση αυτής της διαμάχης για την προτεραιότητα της εποπτείας ή της καθαρής νόησης, καθώς στον πρώτο η παράσταση οφείλει να έχει τον καθοδηγητικό ρόλο ενώ στον δεύτερο δεν αντιστρέφεται απλώς η κατάσταση αλλά, σε μια αναζήτηση του απόλυτου, η παράσταση ανακηρύσσεται από μια ορισμένη σκοπιά ως περιττή.[xxviii]

Η ικανότητα ωστόσο του ανθρώπινου πνεύματος για εξωτερική εποπτεία του χώρου και εσωτερική εποπτεία του χρόνου συνιστά πράγματι την απόλυτη προϋπόθεση για κάθε γνώση. Αν όμως η εποπτεία κατανοείται απλώς ως εικόνα τότε αντιστοιχεί στο καθαρό, δίχως προσδιορισμούς Είναι, που όπως σωστά επισημαίνει η νοηματική ανάλυση του Χέγκελ ισοδυναμεί με το τίποτε. Η εποπτεία λοιπόν περιέχει ήδη σκέψη και σε αυτήν ακριβώς την σκέψη καλεί, ξανά ο Χέγκελ, να στραφεί με απόλυτη προσήλωση η σκέψη μας. Η εποπτεία συνιστά πάντα την εκ των ουκ άνευ προϋπόθεση για την σκέψη ωστόσο, ακριβώς αντίστροφα, η προϋπάρχουσα σκέψη συνιστά την απόλυτη προϋπόθεση για την εποπτεία που προκύπτει ή, αλλιώς, η εποπτεία γεννάει την σκέψη, την ίδια ακριβώς στιγμή που η σκέψη συγκροτεί την εποπτεία. Ακόμη και η ίδια η έννοια της ολότητας που φαίνεται να συνοδεύει την εποπτεία, στην πραγματικότητα λειτουργεί μόνο ως καθοδηγητική ιδέα η οποία πραγματοποιείται μόνο εν μέρει και μόνο στο τέλος μιας διαδικασίας αποκατάστασης της διαφοράς μέσω του Λόγου. Άλλωστε είναι ο Λόγος εκείνος, ο οποίος σε κάθε διάσπαση, σε κάθε διαφορά που θέτει η νόηση, υποδεικνύει και τελικά συγκροτεί μια ολότητα, την οποία ωστόσο –και εδώ ακριβώς έγκειται το διαλεκτικό στοιχείο– έχει ήδη, από την αρχή της διαδικασίας, προϋποθέσει ως όρο ώστε να πραγματοποιηθεί η ίδια η διάσπαση. Ως συνέπεια, η μαθηματική μέθοδος δεν διαφέρει στην ιστορική της πορεία από την μέθοδο της λογικής. Η ιστορική ανάλυση της συγκρότησης νέων μαθηματικών ορισμών αποδεικνύει την διαλεκτική αναίρεση ακόμη και των στοιχειωδέστερων μαθηματικών εννοιών, που φαίνονται να στηρίζονται απόλυτα στην εποπτεία.

Στην *Κριτική του Καθαρού Λόγου* ο Καντ, προϋποθέτοντας ότι για τον χαρακτηρισμό δύο διαφορετικών ποιοτήτων ως διαδοχικών είναι αναγκαία η κοινή αναφορά τους σε κάτι "το διαρκές και το παραμόνιμο",[114] συμπεραίνει ότι η χρησιμοποίηση από τον νου μιας αμετάβλητης ουσίας συνδέεται ακριβώς με την ίδια την

114. «... δεν μπορούμε ποτέ να καθορίσουμε αν το πολλαπλό αυτό ως αντικείμενο της εμπειρίας υπάρχει σύγχρονα ή διαδοχικά, αν δεν υπόκειται σ' αυτήν κάτι ως βάση, το οποίο να υπάρχει πάντοτε δηλ. κάτι το διαρκές και το παραμόνιμο ...» Καντ, *ΚΚΛ*, Α 182.

απόπειρα συγκρότησης των χρονικών σχέσεων των φαινομένων.[115] Ο Καντ εξηγεί ότι όταν ο νους προϋποθέτει μια σταθερή ύπαρξη πίσω από τον μεταβαλλόμενο κόσμο των φαινομένων ώστε "κάθε τι που έχει χαρακτήρα υπάρξεως να μπορεί να νοείται ως προσδιορισμός της",[116] εκείνο που πραγματικά προϋποτίθεται δεν είναι παρά η ίδια η μονιμότητα του χρόνου, αυτή που στην εσωτερική αίσθηση συνδέεται με τη δυνατότητα να διατάσσονται τα αισθήματα ως προς την χρονική τους τάξη και η οποία, σε ό,τι αφορά τα φαινόμενα, είναι αναγκαίο να μετατρέπεται σε κάτι εξωτερικό και ανεξάρτητο από την συνείδηση, σε "ουσία" ώστε να συγκροτηθεί εκείνο το απαραίτητο σταθερό υλικό υπόβαθρο που στηρίζει ή αλλιώς "υποβαστάζει" τους αντικειμενικούς χρονικούς προσδιορισμούς των φαινομένων.

Ωστόσο, γιατί οφείλει να τίθεται ως αναγκαία προϋπόθεση της αναφοράς στην χρονική ενότητα δύο προσδιορισμών μια τέτοια απόλυτα αφηρημένη οντότητα όπως είναι ο ίδιος ο χρόνος, της οποίας η μη αισθητή ωστόσο σταθερή ύπαρξη αναπληρώνει τα τυχόν κενά, ακόμη και αν οι αισθητές ποιότητες εξαφανιστούν, ώστε να μην απειλείται σε οιαδήποτε περίπτωση η συνέχεια της χρονικής αλληλουχίας; Γιατί δεν αρκούν απλά μηχανικά συστήματα όπως το ρολόι, που με την ακριβή περιοδική του κίνηση θα μεσολαβούσε ώστε να συσχετίσει ως διαδοχικούς ή σύγχρονους οποιουσδήποτε ποιοτικούς προσδιορισμούς; Μήπως στην πραγματικότητα, πέρα από την ανάγκη της συνείδησης να μετατρέπει τον κόσμο των πραγμάτων σε έναν κόσμο "κατ' εικόνα και καθ' ομοίωση" με την ίδια, ο Καντ σπεύδει να υποστηρίξει αυτή την αμετάβλητη ουσία θέλοντας ουσιαστικά να εναρμονιστεί με κάτι, που ενώ εμφανίζεται ως συμπέρασμα της κατασκευής στην εποχή του φιλοσόφου θεωρούνταν ως απόλυτη προϋπόθεση κάθε φυσικής θεωρίας, την ύπαρξη δηλαδή ενός και μοναδικού υπεραισθητού

115. «Άρα στον χρόνο που ο ίδιος είναι αμετάβλητος και παραμόνιμος ανταποκρίνεται στην περιοχή του φαινομένου το αμετάβλητο στην ύπαρξη, δηλαδή η ουσία και μόνο σε σχέση μ' αυτήν είναι δυνατό να προσδιορίζεται η ακολουθία και το συνάμα των φαινομένων κατά τον χρόνο.» ό.π., Α 144.

116. ό.π., Β 225.

απόλυτου χρόνου, εντός του οποίου συμβαίνουν και καταγράφονται τα γεγονότα;[117]

Είναι αλήθεια ότι η δυνατότητα αναφοράς στον χρόνο, από μια ορισμένη άποψη, προηγείται πράγματι της εμπειρίας καθώς είναι απαραίτητη η επίκληση αυτής ακριβώς της αναφοράς ώστε να εξειδικευθεί ως χρονική η απόλυτη καθολικότητα, που χαρακτηρίζει τη δυνατότητα μιας σχέσης απλώς ως τέτοιας. Ωστόσο ο ίδιος πλέον ο χρόνος, η χρονική δηλαδή διάταξη, προϋποθέτει ως όρο συγκρότησης του νοήματός του τον ποιοτικό προσδιορισμό του γεγονότος, έναν προσδιορισμό, που ενώ δεν καθορίζεται ως μια μετατροπή καθώς στερείται του υποστρώματος της ουσίας, ορίζεται απλώς ως καθαρό γίγνεσθαι. Αλλά αυτό, το υπό τη μορφή του χωροχρονικού σημείου, γίγνεσθαι παρότι εμφανίζεται με τη σειρά του ως κάτι στατικό είναι υποχρεωμένο να προσδιορίζεται ως χρονική στιγμή, όπως τουλάχιστον ανέδειξε η ειδική θεωρία της σχετικότητας ακριβώς μέσω της ανάλυσης του ταυτόχρονου, μέσω του συσχετισμού του δηλαδή με μιαν "άλλη", απομακρυσμένη χωρικά από το ίδιο, χρονική στιγμή. Συνεπώς δεν είναι παρά η σχέση των γεγονότων εκείνη που τα επαναπροσδιορίζει ακριβώς ως χρονικές στιγμές. Ως εκ τούτου, το συμβάν, το γεγονός ως χρονική στιγμή, οφείλει να κατανοείται ως αυτοσχετική έννοια, ως έννοια δηλαδή που ορίζεται μόνο μέσω της επιστροφής και ενσωμάτωσης στον δικό της εαυτό της σχέσης με το άλλο της και συνεπώς δεν είναι καθόλου δυνατό να θεωρείται ως ένα αυτοτελές πράγμα ανίκανο να διατηρεί μαζί ως εσωτερικές του ιδιότητες και ταυτόχρονα να τις αρνείται ως τέτοιες, το παρόν, το παρελθόν και το μέλλον του.

Σε ό,τι αφορά τώρα την ίδια την "απόλυτη" ουσία, η φυσική, στη γενικότερη απόπειρά της να αναδείξει την "κρυμμένη" ουσία των πραγμάτων, πραγματοποίησε τις δικές της χαρακτηριστικές μετατοπίσεις. Ξεκινώντας από τα πιο κοντινά στην κοινή εμπειρία, σκληρά και αμετάβλητα σώματα και την απόλυτη αναγκαιό-

117. «Ι. Ο απόλυτος, αληθινός και μαθηματικός χρόνος, από μόνος του, και από την ίδια του τη φύση, ρέει ομοιόμορφα άσχετα με οτιδήποτε εξωτερικό ...» Νεύτωνας, *Philosophiae Naturalis Principia Mathematica, Scholium.*

τητα, προχώρησε στις θεωρίες για την μάζα, την ενέργεια, τα υλικά ή σε άλλη διατύπωση τα "άυλα" πεδία και τους στατιστικούς νόμους των σωματιδίων τροποποιώντας και σχετικοποιώντας σε κάθε τέτοια μετάβαση, καίτοι στηριζόταν σε αυτά, το νόημα των προγενέστερων.

Οι κατηγορίες, λοιπόν, παραμένοντας κατηγορίες, πραγματοποιημένες δηλαδή συνδέσεις του εμπειρικού υλικού, διατηρώντας διαρκώς τη δυνατότητα ανανοηματοδότησής τους,[118] μετατρέπονται σε υποκειμενικές Ιδέες, υπερβατολογικές προϋποθέσεις του ίδιου τους του εαυτού. Το μειονέκτημα άλλωστε της λεγόμενης "λειτουργικής" θεώρησης, με τον αποκλεισμό των "υπερβατικών" αναζητήσεων στα πλαίσια της εμπιστοσύνης προς το εκάστοτε περιεχόμενο των φυσικών θεωριών και την σιωπηρή ως εκ τούτου αποδοχή απόλυτων ορίων, παρά την ευεργετική συνεισφορά σε ό,τι αφορά την διευκρίνιση των πραγματικών εμπειρικών συνδέσεων που στηρίζουν την θεωρία, συνίσταται στην αποσιώπηση αυτής ακριβώς της διπλής υπόστασης των κατηγοριών, της δυνατότητας δηλαδή τελικά της θεωρητικής σκέψης να επαναδιατυπώνει το ίδιο το περιεχόμενο των κατηγοριών που χρησιμοποιεί. Άλλωστε, ακόμη και σε ό,τι αφορά τις διατυπώσεις της κβαντικής θεωρίας μέσω των οποίων η τελευταία φαίνεται να αυτοκαταργείται πρακτικά ως επιστημονική θεωρία, διακηρύσσοντας την αναίρεση του ίδιου του όρου συγκρότησής της, στην πραγματικότητα, δεν πρόκειται παρά για μια προειδοποίηση που συνδέεται με έναν συγκεκριμένο περιορισμό της *μορφής* της αναγκαιότητας,

118. «Το επιχείρημά μου είναι ότι αιώνες αποτυχημένων προσπαθειών να διατυπωθεί μια αρχή της αιτιότητας, η ισχύς της οποίας δύσκολα θα μπορούσε να αμφισβητηθεί από νέες επιστημονικές θεωρίες, έχει αφήσει την έννοια της αιτιότητας τόσο πλαστική, που οποιαδήποτε νέα επιστήμη μπορεί εν δυνάμει να προσαρμοστεί σε αυτήν. Μια τέτοια, με τόση πλαστικότητα, έννοια αποτυγχάνει να περιορίσει την πιθανότητα και είναι από φυσική άποψη κενή. Αυτή η μορφή αιτιώδους σκεπτικισμού δεν είναι η παραδοσιακή του Χιουμ ή εκείνη της θετικιστικής ποικιλομορφίας. Δεν παρακινείται από μια αυστηρή επιστημολογία που εμποδίζει με την οποιαδήποτε συνεπαγωγή την μεταφυσική. Παρακινείται από την απαίτηση να λαμβάνεται το περιεχόμενο των ώριμων επιστημονικών θεωριών μας σοβαρά.» Νόρτον, *Causation as Folk Science*, σελίδες 1-2.

όταν η τελευταία διατυπώνεται σε σχέση με συγκεκριμένα εμπειρικά φαινόμενα.[119] Έτσι ενώ στο πείραμα συμβολής παρατηρείται –σε μια κατοπινή χρονική στιγμή από την εκτόξευση των σωματιδίων– η κατανομή των κροσσών στο πέτασμα, η θεωρία προειδοποιεί για τυχόν πλασματικότητα σε ό,τι αφορά την αναγκαιότητα του συγκεκριμένου φαινομένου. Μια τέτοια ωστόσο προειδοποίηση για τυχόν αναίρεση μιας πειραματικής καταγραφής ουσιαστικά στρέφει την θεωρητική σκέψη ακριβώς στην έρευνα για την περαιτέρω διερεύνηση ετούτης της τυχαιότητας,[120] όπως άλλωστε η αναζήτηση της καθολικότητας δεν συνιστά απόπειρα αποκάλυψης της παραμόνιμης απόλυτης ουσίας, αντίθετα συνιστά πανίσχυρη μέθοδο δοκιμής νέων ιδεών σε παλιούς τομείς.[xxix]

Από την άλλη, οι κατηγορίες, ως απομονωμένες μεταξύ τους, καθίστανται ανεπαρκείς. Η κατανόηση του ειδικού περιεχομένου μιας συνθετότερης κατηγορίας προϋποθέτει την κατανόηση της πορείας ανάπτυξης της τελευταίας μέσω των σχετικά απλούστερων νοηματικά κατηγοριών. Αλλά όσο σημαντική είναι η θέση ότι η συνθετότερη κατηγορία εμπεριέχει και προϋποθέτει την απλούστερη τόσο σωστή είναι η θέση ότι και η απλούστερη κατηγορία επαναπροσδιορίζεται μέσα από την συγκεκριμενοποίηση της πρώτης. Ως εκ τούτου, η αμφισβήτηση της Καντιανής "παραγωγής" των κατηγοριών από τη σκοπιά της φυσικής συνιστά ουσιαστικά αμφισβήτηση στον παγιωμένο τρόπο με τον οποίο υπονοεί ότι οφείλουμε να αντιλαμβανόμαστε τις τελευταίες, ως τελικά αιώνιες προεμπειρικές μορφές της ανθρώπινης σκέψης.

---

119. «... το αποτέλεσμα *ενός μεμονωμένου* πειράματος με σωματίδια φαίνεται αρχικά *εντελώς απρόβλεπτο*. Η μεμονωμένη επανάληψη είναι η αιτία ενός μεμονωμένου αποτελέσματος. Η επανάληψη όμως *πολλών* μεμονωμένων αλλά όμοιων πειραμάτων δημιουργεί μια κατανομή πειραματικών τιμών γύρω από την αναμενόμενη τιμή. Η αναμενόμενη τιμή εμφανίζεται τώρα με όχι λιγότερη αναγκαιότητα απ' ό,τι οι υπόλοιποι φυσικοί νόμοι.» Σκουλάτος, *Διαβάζοντας Κβαντική Φυσική*, σελίδα 250.

120. Το 1952, ο Ντέιβιντ Μπομ διατύπωσε μια εναλλακτική ερμηνεία της κβαντικής μηχανικής επιχειρώντας να αποκαταστήσει την αιτιοκρατία και την προσδιορισιμότητα στον μικρόκοσμο.

Πράγματι, όλες οι κατηγορίες του Είναι δεν μεταβαίνουν απλώς αλλά προϋποθέτουν τις κατηγορίες της Ουσίας. Ο ειδικός χαρακτήρας του ταυτοχρόνου θεμελιώνεται, για παράδειγμα, πάντα στην ειδική μορφή του χωροχρόνου, συστατικά σημεία του οποίου είναι οι συγκεκριμένες χρονικές στιγμές. Άλλωστε η λογική ανάλυση των κατηγοριών που φαινομενικά συνδέονται με την αμεσότητα της εποπτείας, κατηγοριών όπως η ποιότητα ή η ποσότητα, αποδεικνύει ότι οι τελευταίες είναι υποχρεωμένες να καταρρεύσουν ως αμεσότητες, αποκαλύπτοντας τα θεμέλια της συγκρότησής τους στις εσωτερικές ουσιαστικές τους σχέσεις. Η αδυναμία εντούτοις της αναλυτικής φιλοσοφίας βρίσκεται ακριβώς εδώ, στην αντιμετώπιση δηλαδή των κατηγοριών ως απομονωμένων μέσα στην ιδιαίτερη σφαίρα τους, αποκομμένων από τα αναγκαία νοηματικά περάσματα μεταξύ αυτών ακριβώς των σφαιρών. Η επιθυμία, για παράδειγμα, της αποφυγής μιας μεταφυσικής, αποκομμένης από το Είναι, Ουσίας οδηγεί στην επαναδιατύπωση των παλαιών ορισμών καθώς το πραγματικό πρόβλημα δεν λύνεται με την κατάργηση της Ουσίας αλλά με την ανάδειξη εκείνης της αυτοσχετικής κίνησης που συνδέει την Ουσία με την εκδήλωσή της ως φαινομένου. Άλλωστε η γενική θεωρία της σχετικότητας, με την "κατάργηση" των βαρυτικών δυνάμεων που επιφέρει,[121] όχι μόνο καταργεί μια Ουσία που τίθεται καταρχάς ως εξωτερική προς το φαινόμενο, τις κινήσεις δηλαδή των ουράνιων σωμάτων, αλλά ταυτόχρονα οδηγεί στην ανάδυση μιας νέας Ουσίας, εκείνης των γεωμετρικών σχέσεων του χώρου, όπως άλλωστε στις σχέσεις των τροχιών του Κέπλερ όπου η Ουσία εκδηλώνεται άμεσα ως κινηματική συμπεριφορά, που έχοντας αποβάλει κάθε εξωτερικότητα εμφανίζεται ακριβώς ως φαινόμενο.

---

121. Αξίζει να σημειωθεί ότι η δύναμη καταργείται κατά έναν άλλο τρόπο στα πλαίσια της κλασικής κβαντικής μηχανικής, όπου τα σωματίδια δεν "αλληλεπιδρούν" άμεσα μεταξύ τους αλλά "συσχετίζονται" μέσω κατάλληλων μετρήσεων. Στον ίδιο δηλαδή τον αυτοσχετικό ορισμό του σωματιδίου εμπεριέχεται ως το αναγκαίο του πλέον "έτερον" η ειδική σχέση του τελευταίου με την μακροσκοπική μετρητική συσκευή· η τελευταία, κατά την στιγμή της μέτρησης ενώ διακρίνεται κατηγορηματικά ως η μία πλευρά, αποδίδει ταυτόχρονα την ολότητα της σχέσης με το σωματίδιο.

Αλλά η θεωρητική σκέψη αποκαλύπτει άμεσα την πραγματική της φύση όταν αποκαλύπτει ως απόλυτη προϋπόθεση για την κατανόηση της διαλεκτικής των προηγούμενων κατηγοριών την κατανόηση της διαλεκτικής των κατηγοριών της Έννοιας, όπου τελικά κάθε τοποθέτηση σχετικά με την θεμελίωση του Είναι προϋποθέτει έναν συλλογισμό, που ωστόσο κάθε φορά είναι ουσιαστικά τριπλός καθώς οι ακραίοι όροι εναλλάσσουν τη θέση τους με τον μεσαίο, ο οποίος λειτουργεί ως το θεμέλιο του εκάστοτε σχήματος.

Χαρακτηριστικά, η εποπτική διερεύνηση των σχέσεων των αμοιβαίως περιορισμένων περατών γραμμών του επιπέδου συνιστά όχι μόνο διερεύνηση της Ουσίας αλλά αποκαλύπτει την ίδια στιγμή το πλαίσιο εκείνων των καθολικών αρχών, που οδηγεί τόσο στην αναζήτηση των δυνατών επιμέρους γεωμετριών όσο και στον επαναπροσδιορισμό της ίδιας της γεωμετρίας του επιπέδου ως μίας τέτοιας ειδικής μορφής της. Από την άλλη, κάθε τι, η οποιαδήποτε εμπειρική διαπίστωση αποκτά τη δυνατότητα να τεθεί ως αξιωματική αφετηρία ενός συλλογισμού. Η αρχή του Μαχ είναι δυνατό να τεθεί ως το απόλυτο αξίωμα σε ό,τι αφορά τον λειτουργικό ορισμό όλων των φυσικών μεγεθών της μηχανικής ενώ είναι χαρακτηριστική η απαίτηση του Αϊνστάιν, υπό το βάρος των λογικών συνεπειών της πεπερασμένης ταχύτητας διάδοσης των αλληλεπιδράσεων, να τίθεται το αίτημα της ανεξάρτητης σύνδεσης στον χώρο σε απόλυτο τελικά κριτήριο της ίδιας τής ύπαρξης. Αλλά σε κάθε τέτοια περίπτωση είναι πάντα η επικύρωση των πειραματικών προβλέψεων, που συνιστώντας την πραγματική μείζονα, αντιστρέφει στην πραγματικότητα το σχήμα του συλλογισμού αποκαλύπτοντας ως ουσιαστικά παράγωγη την φαινομενικά αξιωματική σχέση.

Είναι αλήθεια ότι η ικανότητα της φυσικής να αλλάζει τις θεωρίες της και μαζί να τροποποιεί τους ορισμούς της για τα πράγματα, αποκαλύπτοντας κάθε φορά μέσω της πραγματικής διαλεκτικής τους τις ουσιώδεις σχέσεις των τελευταίων, χαρακτηρίζει όλη την ιστορική της πορεία. Άλλωστε, καθώς κάθε "τούτο δω" ενώ δίνει την εντύπωση ότι διαθέτει μια συγκεκριμένη ταυτότητα και απαιτεί ένα συγκεκριμένο όνομα, αργά ή γρήγορα διαπιστώνει ότι διαθέτει και άλλες σχέσεις με τον υπόλοιπο κόσμο, η διαδοχική ανακάλυψη των οποίων προκαλεί τον αναπόφευκτο μετασχηματισμό όχι απλώς των ιδιοτήτων του αλλά του ίδιου του πράγματος, μιας και το τελευταίο ορίζεται ως το σύνολο αυτών ακριβώς των σχέσεων και όχι ως διαδοχική άθροιση διαφορετικών ως προς το ίδιο ιδιοτήτων. Ως εκ τούτου, καθώς κάθε τι ορίζεται μέσω μιας καταρχάς τυχαίας, επιμέρους κρίσης, η οποία ποτέ δεν περιέχει όλες τις σχέσεις του, επιβάλλεται να αντιμετωπίζεται όχι στατικά αλλά με την αναζήτηση της μελλοντικής του αποκάλυψης, αντλώντας τον ορισμό του όχι από το περιορισμένο παρόν αλλά από το άπειρο μέλλον του.

Αλλά καθώς κάθε νέα "υπόσταση", όπως η μάζα, η ενέργεια ή το πεδίο, κάθε "πραγματικότερη" αναλλοίωτη Ουσία, δεν παύει να είναι την ίδια στιγμή μια καθολικότερη έννοια και ο τρόπος θεμελίωσής της ένας ενιαίος συλλογισμός, η απολυτότητα τόσο του όντος όσο και της ίδιας της αναγκαιότητας, δίχως ωστόσο να εγκαταλείπεται τίποτε από την αντικειμενικότητά τους, αντικαθίσταται από την ευλυγισία της έννοιας. Κάθε τοποθέτηση, για παράδειγμα, σχετικά με το, απολύτως ή μη, προκαθορισμένο μέλλον στα πλαίσια της ειδικής σχετικότητας οφείλει, πριν από κάθε τι άλλο, να επανεξετάσει τα κριτήρια αποδοχής της δομής του χωροχρόνου Μινκόφσκι, καθώς ακόμη και τέτοιοι προσδιορισμοί όπως το ίδιο το χωροχρονικό σημείο ή οι μονάδες μέτρησης, ενδεδυμένοι την πλέον απόλυτη αμεσότητα, αντλούν στην πραγματικότητα το περιεχόμενό τους ακριβώς από το συλλογιστικό επιχείρημα, στο οποίο οφείλει την εγκυρότητά της η ειδική δομή στην οποία εντάσσονται.

Η ανάδειξη άλλωστε του τρόπου συγκρότησης οποιασδήποτε φυσικής θεωρίας ως συλλογιστικού σχήματος επιτυγχάνεται, αν και εμμέσως αλλά πάντως με τον πιο χαρακτηριστικό τρόπο, από τον Πουανκαρέ όταν ο τελευταίος, διακρίνοντας από τη μία και θέτοντας σε ίση βάση από την άλλη ένα γεωμετρικό μέρος και ένα πρόσθετο "φυσικό" μέρος σε κάθε φυσική θεωρία, υποδεικνύει ότι με την εισαγωγή κατάλληλων τροποποιήσεων στο φυσικό μέρος της συνολικής θεωρίας, κάθε γεωμετρική υπόθεση διασώζεται εκ των πραγμάτων, μιας και παραμένει άτρωτη από οποιαδήποτε εμπειρική επικύρωση. Ως συνέπεια, είναι καταρχήν εφικτή η επιλογή μεταξύ εναλλακτικών θεωριών, οι οποίες είναι εξίσου συμβατές με τα ίδια παρατηρησιακά στοιχεία. Εκείνο ωστόσο που υποδεικνύει ο Πουανκαρέ είναι ότι τα συστατικά στοιχεία του αντικειμενικού κόσμου, ως Είναι και ως Ουσία, αποκτούν πάντα τη δυνατότητα, διαχωριζόμενα και αντιπαρατιθέμενα το ένα προς το άλλο, να συνδέονται σε ένα ενιαίο συλλογιστικό σχήμα αφού προηγουμένως επαναπροσδιοριστούν ως υποκειμενικές κρίσεις. Η ειδική γεωμετρία του χώρου τίθεται ως η μία κρίση του σχήματος, το φυσικό περιεχόμενο ως η δεύτερη ενώ η σχέση των δύο επαναπροσδιορίζεται ως το συμπέρασμα του συλλογισμού. Ωστόσο, ενδεικτική της συζήτησης σχετικά με αυτήν ακριβώς τη δυνατότητα αναδιατύπωσης των συγκροτητικών όρων της θεωρίας, ως όρων που ανήκουν στη σφαίρα της υποκειμενικής Έννοιας, είναι τόσο ο χαρακτηρισμός ως συμβατικής της δυνατότητας επιλογής μετρικής όσο και οι απόπειρες για τον περιορισμό αυτής της "σύμβασης" με την εισαγωγή ενός σχετικά αυτοτελούς ορισμού των συντεταγμένων. Αλλά πέρα από την υπενθύμιση του ίδιου του Αϊνστάιν σχετικά με την αναπόφευκτη ενσωμάτωση κάθε τέτοιων ορισμών στο ενιαίο συλλογιστικό σχήμα της θεωρίας, η μετατροπή της Ουσίας σε καθολικό, σε Έννοια, επιτρέπει την εφαρμογή της τελευταίας ως προσωρινής· ο ίδιος ο κόσμος γίνεται προσωρινός, επιτρέποντας ή ακόμη περισσότερο αναμένοντας το άνοιγμα στο τυχαίο, αποκαλύπτοντας μέσα σε αυτήν του την αναμονή την ουσία της ίδιας της φυσικής ως μιας διαδικασίας αυτοαναίρεσης των ίδιων των εννοιών της.

Η Φυσική ως συγκροτητική διαλεκτικής

Είναι φανερό ότι τα ερωτήματα που στέκονται στη βάση των θεωριών της φυσικής έχουν την καταγωγή τους όπως και τα ερωτήματα της φιλοσοφίας στις πρώτες, παλιές ερωτήσεις των ανθρώπων για τον κόσμο που ζουν: τι είναι ον και τι όχι, ποια είναι τα τελικά συστατικά της φύσης, τι παραμένει σταθερό και αναλλοίωτο μέσα στον φθαρτό κόσμο των φαινομένων. Η φυσική αναζητούσε πάντα κι αναζητά ακόμη τους δικούς της ορισμούς, τις δικές της "ουσίες" κι αυτή η συζήτηση διατρέχει όλες τις θεωρίες της, σε όλες τις εποχές. Αν όμως είναι αλήθεια ότι στην ιστορία τα πιο βασικά ερωτήματα επαναλαμβάνονται σε ό,τι αφορά τη μορφή τους, δεν συμβαίνει το ίδιο και με το περιεχόμενο των απαντήσεων αφού κάθε εποχή από τη μία παίρνει υπόψη της έναν διαφορετικό κόσμο φαινομένων, συνήθως ευρύτερο της προηγούμενης, και από την άλλη έχει ήδη επίγνωση των απαντήσεων που έχουν προηγηθεί. Από την άλλη, η επιστήμη της Λογικής, δεν ενδιαφέρεται για τον τρόπο ανάπτυξης μιας συγκεκριμένης θεωρίας αλλά μάλλον για το περιεχόμενο και τον τρόπο σύνδεσης των κατηγοριών, των στοιχειωδέστερων δηλαδή συνδέσεων που πραγματοποιεί το ανθρώπινο πνεύμα μέσω της επιστήμης, μέσα στην οποιαδήποτε θεωρία. Ως αποτέλεσμα, κάθε σημαντική εξέλιξη των Ιδεών της φυσικής επιβάλλει στην επιστήμη της λογικής την επαναδιατύπωση της ανάπτυξης των κατηγοριών της.

Χαρακτηριστικά, πέρα από την ιστορική τροποποίηση των κατηγοριών της ποσότητας που ήδη εκτέθηκε, ακόμη και η ίδια η ανάπτυξη των κατηγοριών της ποιότητας τροποποιείται ακριβώς εξαιτίας της ενσωμάτωσης των προηγουμένων στο εκάστοτε θεωρητικό σχήμα. Στα πλαίσια, για παράδειγμα, της γενικής θεωρίας της σχετικότητας ο καθορισμός των χωροχρονικών σημείων συμβαίνει μέσω της ένταξης των τελευταίων στην ιδιαίτερη δομή της πολλαπλότητας Ρήμαν και στα συλλογιστικά σχήματα που συνδέονται με την συγκρότηση των συγκεκριμένων τανυστικών εξισώσεων. Το χωροχρονικό σημείο προσδιορίζεται, καθότι "μετέχει" της υλικότητας του πεδίου ως αδιαχώριστο με το Είναι του, ως η πιο απλή ταυτότητα του καθορισμού, διακρινόμενο καταρχήν από τα υπόλοιπα σημεία με έναν καθαρά αρνητικό τρόπο, μέσω δηλαδή τοπολογικών απλώς διαφορών. Ωστόσο το χωροχρονικό σημείο, περικλείοντας στον ίδιο του τον ορισμό την χρονική στιγμή, περιέχει ως συγκροτητικό όρο του νοήματός του την μεταβολή, στην πιο αφηρημένη της μορφή ως γίγνεσθαι. Συνεπώς κάθε σημείο του πεδίου είναι ένα ανηρημένο, υπό τη μορφή του Είναι, ακίνητο γίγνεσθαι, προσδιορίζεται δηλαδή καταρχάς ως ένα παρείναι (Dasein), σύμφωνα με την ορολογία της εγελιανής *Λογικής*.[122] Το σημείο διατηρεί βέβαια πάντοτε τη δυνατότητα να αποκτά μια ποιότητα διακεκριμένη από το άμεσο Είναι του, μέσω της παρουσίας ενός σωματιδίου σε αυτό ώστε, ενσωματώνοντας την τελευταία στον εαυτό του, να αποκτά τον πιο ανεπτυγμένο προσδιορισμό του Κάτι.[123]

Ωστόσο τόσο το ίδιο το Είναι του σημείου της πολλαπλότητας όσο και η περαιτέρω ανάπτυξη των εσωτερικών σχέσεων των σημείων της τελευταίας προϋποθέτουν ένα "τοπικό" εφαπτόμενο επίπεδο, τις σχέσεις δηλαδή των απειροστών ποσοτήτων που συνδέονται με αυτό αλλά και την ιδιαίτερη δομή του χωροχρόνου. Στον χώρο Μινκόφσκι, για παράδειγμα, τα χωροχρονικά σημεία σχετίζονται άμεσα μεταξύ τους με μια εξωτερική σχέση ενώ, αντίθετα, σε εκείνον του Ρήμαν, όπου κάθε τέτοια άμεση εξωτερική σχέση των σημείων απαγορεύεται κατηγορηματικά, κάθε σημείο προσδιορίζεται ακριβώς ως αυτοσχετιζόμενο, ως σχετιζόμενο δηλαδή μόνο με τον δικό του εαυτό, έχοντας ωστόσο ήδη ενσωματώσει τις εξωτερικές σχέσεις του με τα υπόλοιπα μέσω των δικών του ιδιαίτερων συντελεστών σύνδεσης[124] ενώ αυτή η ιδιαίτερη

122. «Από το γίγνεσθαι εξέρχεται το παρείναι, το οποίο είναι η απλή ενότητα του είναι και του τίποτε. Λόγω αυτής της ενότητας έχει τη μορφή μιας *αμεσότητας*. Η μεσολάβησή της, το γίγνεσθαι, κείται πίσω της· έχει αναιρεθεί και έτσι το παρείναι εμφανίζεται ως πρώτο, ως αφετηρία της ακολουθούσας ανάπτυξης.» Χέγκελ, *GW21*, σελίδα 97.

123. Στην *Επιστήμη της Λογικής* το παρείναι αντιδιαστέλλεται προς τον πιο ανεπτυγμένο προσδιορισμό του Κάτι, όπου η αρχικά άμεση ενότητα του Είναι και του καθορισμού, με τη μορφή της ποιότητας, αφού διασπαστεί, επιστρέφει και αποκαθιστά τον εαυτό της.

124. Κάθε σημείο της πολλαπλότητας διαθέτει την αντίφαση να είναι μόνο για τον εαυτό του, διαθέτοντας το δικό του εφαπτόμενο επίπεδο ενώ ταυτόχρονα είναι μόνο προς τη σχέση του με το άλλο, το οποιοδήποτε άλλο σημείο της πολλαπλότητας. Υφίσταται δηλαδή μόνο ως *υπέρβαση του περιορισμού* να είναι μόνο για τον εαυτό του. Αυτή ακριβώς η αντίφαση είναι εκείνη που παρέχει τη δυνατότητα ανάπτυξης και τον εφοδιασμό του σημείου με εφαπτόμενο επίπεδο, μετρική, κ.τ.λ.

σχέση των σημείων της πολλαπλότητας δεν συνιστά παρά την ουσιαστική συγκροτητική σχέση της τελευταίας. Από την άλλη είναι χαρακτηριστική, στα πλαίσια της διατύπωσης εναλλακτικών προτάσεων και ερμηνειών, η εξελισσόμενη ως τις μέρες μας αντιπαράθεση μεταξύ εκείνων που «κατανοούν την ύπαρξη του χωροχρόνου από την άποψη της ύπαρξης των συστατικών σημείων του και σχολιάζουν τις χωροχρονικές σχέσεις μεταξύ των υλικών γεγονότων βάσει των χωροχρονικών σχέσεων μεταξύ των σημείων στα οποία αυτές συμβαίνουν και εκείνων που αρνούνται ότι τα χωροχρονικά σημεία απολαμβάνουν αυτό το στέρεο είδος της ύπαρξης και αποδέχονται τις χωροχρονικές σχέσεις μεταξύ των γεγονότων ως πρωταρχικών.»[125]

Από την άλλη, οι ίδιες οι διατυπώσεις των αρχών διατήρησης της ενέργειας ή της ορμής, όπου μια άυλη, διαχωρισμένη από το πράγμα οντότητα, ένας αριθμός ή μια τριάδα αριθμών αναδεικνύεται ως εκείνο που διατηρεί τον εαυτό του κατά την χρονική εξέλιξη των φαινομένων, δημιουργούν στην πραγματικότητα τις πρακτικές προϋποθέσεις για την εγκατάλειψη της αυστηρής αιτιοκρατίας, καθώς η διατήρηση μιας αριθμητικής τιμής δεν σημαίνει, καταρχήν, παρά έναν ειδικό περιορισμό σε ό,τι αφορά την μελλοντική κατάσταση ενός κλειστού συστήματος σωμάτων, έναν περιορισμό που λειτουργεί πρακτικά ως αποκλεισμός κάποιων αποτελεσμάτων και όχι ως πρόβλεψη της *μίας* συγκεκριμένης κατάστασης. Σιωπηρά αλλά σταθερά η επιστημονική σκέψη, μέσω των διατηρήσιμων ποσοτήτων, θα οδηγηθεί στην αποδοχή των πολλών δυνατών εκβάσεων του ίδιου πειράματος και από εκεί, αναπόφευκτα, στην αναζήτηση της στατιστικής αναγκαιότητάς τους.

Η *συγκεκριμένη* λοιπόν ανάπτυξη των κατηγοριών στην κλασική εγελιανή *Λογική*, προϋποθέτοντας υποσυνείδητα τη φυσική της εποχής της, δεν συνιστά στην πραγματικότητα παρά ένα *συγκεκριμένο* παράδειγμα προσδιορισμού των τρόπων μετάβασης από την απλούστερη στην συνθετότερη έννοια, θέτοντας ως αναγκαίο

125. Μπέλοτ & Ήρμαν, *Presocratic quantum gravity*, σελίδα 227.

μεθοδολογικό όρο για την κατανόηση κάθε τέτοιου περάσματος την ανάδειξη της τυπικής, από την άποψη της μορφής, ωστόσο ουσιαστικά συμπληρωματικής από την άποψη της αφομοίωσης του περιεχομένου, αντίφασης. Αλλά είναι πάντα η φυσική εκείνη που αναιρεί πρακτικά κάθε απολυτότητα στον τρόπο ανάπτυξης της λογικής, καθώς υποχρεώνεται, για τις δικές της και μόνο ανάγκες, να πραγματοποιεί νέες συνδέσεις μεταξύ των κατηγοριών και τροποποιώντας ουσιαστικά το ίδιο το περιεχόμενό τους να "γράφει" σε κάθε σημαντικό της βήμα μια νέα *Λογική*.[126] Από την άλλη, είναι με τη σειρά της ξανά η φιλοσοφική σκέψη εκείνη που, ακολουθώντας τις υποδείξεις της φυσικής, θα αναζητήσει το "μυστικό" νόημα, αυτόν τον ιδιαίτερο τρόπο με τον οποίο *κάθε φορά* αλληλοσυνδέονται μεταξύ τους οι κατηγορίες της λογικής, έναν τρόπο που συγκροτεί εκείνο το νόημα, που η επιστημονική γλώσσα παρότι το διατυπώνει δεν το συνειδητοποιεί.

Αλλά, συνειδητοποιώντας ότι η παραγωγή νέων ιδεών στη φυσική προϋποθέτει μια διαδικασία διερεύνησης της σχέσης ανάμεσα σε δύο ήδη γνωστές έννοιες, μια διαδικασία μέσω της οποίας προκύπτει τελικά μια *τρίτη*, ποιοτικά διαφορετική έννοια, που δεν περιέχει απλώς τις αρχικές έννοιες αλλά που επαναπροσδιορίζει εξ ολοκλήρου το νόημά τους ως στιγμών πλέον, ακριβώς, της συγκροτηθείσας σχέσης τους, μια διαδικασία που φαίνεται να επιβεβαιώνει την υπόδειξη του Χέγκελ για τον τρόπο ανανοηματοδότησης προηγουμένως αυτόνομων εννοιών στα πλαίσια συγκρότησης της άπειρης σχέσης τους, όπως πράγματι συνέβη στο νόημα παραδοσιακών κατηγοριών της λογικής, όπως μεταξύ του σημείου και του διαστήματος στη συγκρότηση της έννοιας της παραγώγου ή μεταξύ του απείρου και του περατού στον προσδιορι-

126. «Πριν από τον Αϊνστάιν ... δεν φαίνεται κανείς να έχει σοβαρά αμφισβητήσει τη δυνατότητα δύο οποιωνδήποτε γεγονότων να σχετίζονται αιτιακά το ένα προς το άλλο, ανεξάρτητα από την χωρική και την χρονική τους απόσταση. Η άρνηση αυτής της φαινομενικά τετριμμένης διαπίστωσης αποτελεί ίσως τη βαθύτερη καινοτομία που επέρχεται από την Σχετικότητα στη φυσική φιλοσοφία. Έχει ανατρέψει εντελώς τις παραδοσιακές απόψεις μας για τον χρόνο, τον χώρο και την αιτιότητα.» Τορέτι, *Relativity and Geometry*, σελίδα 247.

σμό του ορίου ή, γενικότερα, όπως μεταξύ της άλγεβρας και της γεωμετρίας στη συγκρότηση της "αναλυτικής" γεωμετρίας είτε, από την άλλη, μεταξύ του χώρου και της ύλης ή των "ατόμων" και του κενού, στη θεμελίωση της έννοιας του πεδίου αλλά και όπως συνέβη στις διαδικασίες συγκρότησης επιμέρους εννοιών, εννοιών που προσδιορίστηκαν στην πορεία επεξεργασίας του εμπειρικού υλικού, όπως μεταξύ της μάζας και της ενέργειας ώστε να αναδειχθεί μία ευρύτερη έννοια της τελευταίας ή της ορμής και της ενέργειας στα πλαίσια του τετραδιάστατου διανύσματος ορμής – ενέργειας ή μεταξύ της ηλεκτρικής και της μαγνητικής συνιστώσας του ηλεκτρομαγνητικού πεδίου ή ακόμη και μεταξύ ολόκληρων παραδοσιακά ανεξάρτητων κλάδων, όπως ήταν η οπτική και ο ηλεκτρισμός ή η κλασική μηχανική και η θερμοδυναμική, θα μπορούσε, λοιπόν να υποστηρίξει κανείς ότι η εξέλιξη των ιδεών στη φυσική δεν συνιστά παρά μία διαδικασία καθαρής θεωρητικής σύνθεσης, η οποία θα ήταν *καταρχήν* δυνατό να προβλεφθεί πριν ακόμη από την συγκεκριμένη ιστορική πραγματοποίησή της, τουλάχιστον σε ό,τι αφορά τις πραγματοποιήσιμες, πιθανές εκδοχές της.

Αν ωστόσο επιχειρήσουμε να καταστρώσουμε ένα πίνακα που θα έδειχνε τους δυνατούς συνδυασμούς μεταξύ των θεμελιωδών τουλάχιστον κατηγοριών της λογικής θα βρισκόμασταν σύντομα στη θέση του αφελούς αστρολόγου που διαπιστώνει, πριν ακόμη ελέγξει την πραγματική δύναμη των προβλέψεών του, ότι η θέση του Ήλιου σε σχέση με τους απλανείς αστέρες δεν είναι η ίδια με εκείνη που ήταν στην αρχαιότητα. Πράγματι, αρκεί μια προσεκτική ματιά στην ιστορία της εξέλιξης των εννοιών στη φυσική για να διαπιστώσουμε ότι το "καθαρό" νόημα των κατηγοριών, παρόλο που οι τελευταίες προϋποτίθενται σε κάθε προσπάθεια σύνδεσης του εμπειρικού υλικού, προσδιορίζεται με τη σειρά του από την συγκεκριμένη ιστορία του, από τον συγκεκριμένο δηλαδή τρόπο που έχει πραγματοποιήσει τις προηγούμενες συνδέσεις η αντίστοιχη κατηγορία με αποτέλεσμα να έχει τη δυνατότητα να τροποποιείται όχι μόνο μέσω της αλληλοσύνδεσης των ίδιων των κατηγοριών αλλά και μέσω της επιμειξίας των τελευταίων με άλλες "δευτερεύουσας" σημασίας έννοιες, που μεσολαβούν ακριβώς για την διασύνδεση των παραδοσιακών κατηγοριών. Ποιος αλήθεια θα υποψιαζόταν, πριν αλλά και μετά τον Γαλιλαίο, ότι το πρόβλημα της συνδεδεμένης με την έννοια του χώρου πραγματικής υπόστασης ή αλλιώς της σχέσης ανάμεσα στο Είναι και το μη-Είναι όπως εκδηλώνεται στην ατομική θεωρία, θα συνδεόταν με την ταπεινή ιδέα του συστήματος αναφοράς ή ότι η κατηγορία της αιτιότητας δεν θα μπορούσε πλέον να σημαίνει την σύνδεση γεγονότων που διαδέχονται αναγκαία το ένα το άλλο στον χρόνο αλλά θα επαναπροσδιοριζόταν ως η σύνδεση ανάμεσα στην συγκεκριμένη διάταξη ενός φυσικού συστήματος και την αναμενόμενη σχέση μεταξύ των αποτελεσμάτων που καταγράφονται, μέσω μιας μεγάλης σειράς ανεξάρτητων μεταξύ τους πειραματικών εκτελέσεων, ιδέα που έλκει την καταγωγή της ούτε λίγο ούτε πολύ από την πρακτική των τυχερών παιγνίων;

Ο ουσιαστικός μεσαίος όρος του συλλογισμού, που ενοποιεί νοηματικά δύο προηγουμένως ανεξάρτητες έννοιες καθώς παραμένει πάντα έργο της ίδιας της ιστορίας δεν είναι καθόλου δυνατόν να επινοηθεί εκ των προτέρων ακόμη και από την ισχυρότερη ανθρώπινη διάνοια. Η Λογική εμπεριέχει όχι μόνο ιστορικότητα αλλά και *τυχαιότητα*. Η πραγματική ιστορική εξέλιξη, δημιουργώντας νέες έννοιες, επαναπροσδιορίζει το περιεχόμενο των ίδιων των κατηγοριών που συγκροτούν το θεμέλιο πάνω στο οποίο στηρίχτηκε η συγκεκριμένη εξέλιξη, ωστόσο, ενώ οι θεωρίες αναδύονται πάντα τυχαία ως προϊόν μιας σύμπτωσης ανάμεσα σε μία προϋπάρχουσα λογική δομή και την εκάστοτε εμπειρική περιγραφή κάποιων φαινομένων, ενσωματώνουν αυτήν την τυχαιότητα στην ιστορία τους ώστε η τελευταία να εμφανίζεται ως απόλυτα αναγκαία. Σε κάθε ωστόσο περίπτωση η φυσική δεν διστάζει να αναδεικνύει σε κάθε της βήμα την ενότητα όλων των αντιθέσεων που σχετίζονται με τη γνώση, του σχετικού με το απόλυτο, της ακρίβειας με την προσέγγιση, του γενικού με το επιμέρους, της αναγκαιότητας με το τυχαίο, διατυμπανίζοντας σε όλους τους τόνους ότι είναι μια θεωρία που βρίσκεται πάντα σε εξέλιξη είτε διέρχεται περιόδους έντονων αναζητήσεων είτε περιόδους νηφάλιας συστηματικής επεξεργασίας και όπου το μόνο βέβαιο είναι η ανυπαρξία κάθε απόλυτου, εκείνου δηλαδή που είτε ως φύση είτε ως νόημα θα παρέμενε αιώνια αμετάβλητο μέσα στις μεταβαλλόμενες περιστάσεις.

Η μέθοδος της κριτικής και η κριτική της μεθόδου

Η ανάλυση των εννοιών της φυσικής από τη φιλοσοφική σκέψη προϋποθέτει ωστόσο στο κάθε της βήμα όχι μόνο τις εξελίξεις στη φυσική αλλά κυρίως τις εξελίξεις στην ίδια τη φιλοσοφία. Ως εκ τούτου, η διαμόρφωση μιας διαλεκτικής, ως μεθόδου ερμηνείας των φυσικών θεωριών, απαιτεί την ιστορική κάθε φορά προετοιμασία των δικών της πραγματικών προϋποθέσεων, μια προετοιμασία που, ωστόσο, συντελείται μέσα από την ανάπτυξη και την ωρίμανση φαινομενικά αντίθετων προς την ίδια φιλοσοφικών τάσεων.

Είναι αλήθεια ότι στις αρχές και προς τα μέσα του εικοστού αιώνα τα πράγματα για την φιλοσοφική σκέψη φαίνονται να αρχίζουν για μια ακόμη φορά από την αρχή καθώς η τελευταία, επιθυμώντας να διαχωρίσει την επιστημονική δραστηριότητα από τον ανορθολογισμό επιχειρεί να ανακαλύψει και να διατυπώσει εκείνα τα κριτήρια μέσω των οποίων καθίσταται εφικτός ένας ασφαλής διαχωρισμός. Δεν είναι τυχαίο ότι τα πιο χαρακτηριστικά στοιχεία του παραδοσιακού εμπειρισμού ενσωματώνονται στο ρεύμα του "λογικού εμπειρισμού", ένα ρεύμα που δύο αιώνες μετά επιδιώκει ξανά την αυστηρή διάκριση ανάμεσα στην "καθαρή" επιστημονική μέθοδο και την μεταφυσική. Ωστόσο ενώ στον δέκατο έβδομο αιώνα οι επιστήμες που βρίσκονταν είτε στη γέννηση είτε στα πρώτα δειλά τους βήματα στρέφονταν προς τον εμπειρισμό –ή πίστευαν ότι τον ακολουθούσαν– αναζητώντας εκείνη την μέθοδο που θα τις διαχώριζε από τα θρησκευτικά δόγματα της Μεσαιωνικής σκέψης, τώρα η ραγδαία ανάπτυξη της τεχνολογίας και η αξεδιάλυτη σύμφυσή της με την παραγωγή καθιστά ολοένα και πιο κρίσιμο το ζήτημα της αποτελεσματικότητας, της επιτυχίας των επιστημονικών μεθόδων. Άλλωστε η φυσική έχει, ήδη από τον δέκατο ένατο αιώνα, πραγματοποιήσει το αποφασιστικό άλμα, επιτυγχάνοντας την πλήρη μαθηματικοποίηση των θεωριών της.

Από την άλλη, θεωρητικά πλαίσια που έμοιαζαν αμετάβλητα και "αιώνια" όπως εκείνα που αφορούν τον χώρο, τον χρόνο ή την αναγκαιότητα, αποδεικνύονται απολύτως ακατάλληλα να ανταποκριθούν στα νέα δεδομένα. Ως αποτέλεσμα, την ίδια στιγμή που η φυσική τροποποιεί βιαστικά τις σχέσεις των εννοιών της, κάθε απόπειρα κατανόησης αυτής ακριβώς της επιστημονικής δραστηριότητας οφείλει να ξεκινήσει για μια ακόμη φορά από επιμέρους αναλύσεις καθώς μια συνολική κατανόηση των εξελίξεων φάνταζε, εκ των πραγμάτων, αρκετά απομακρυσμένη.

Στα πλαίσια λοιπόν του λογικού εμπειρισμού, η απόλυτη προτεραιότητα δίνεται στην άμεση παρατήρηση και στην καταγραφή της φύσης προϋποθέτοντας ότι για την επιστημονική σκέψη αρκεί ο κοινός νους και η τήρηση "προφανών" λογικών κανόνων. Η απόλυτη ταυτότητα από τη μία και η απόλυτη διαφορά από την άλλη αποτελούν τα θεμέλια της επιχειρούμενης λογικής ανάπτυξης. Οι προτάσεις των διατυπούμενων νόμων εφοδιάζονται με αληθοτιμές 1 και 0. Η αλήθεια είναι αλήθεια και το λάθος λάθος. Οι "λογικιστές" προϋποθέτοντας ως στέρεη βάση κάθε "υγιούς" σκέψης την αριστοτελική λογική παράδοση επιχειρούν ουσιαστικά να πραγματοποιήσουν το όραμα του Λάιμπνιτζ για μια λογική, μέσω της οποίας κάθε θεωρία οφείλει να προκύπτει ως επιμέρους εφαρμογή των γενικών αρχών.

Ταυτόχρονα, απόλυτο κριτήριο της εγκυρότητας μιας θεωρίας καθίσταται η πειραματική επαλήθευση των προβλέψεών της, μια διαδικασία η οποία συνιστά τελικά και την ειδοποιό διαφορά της επιστήμης με την μεταφυσική. Η θεωρία της οποίας οι προβλέψεις δεν επικυρώνονται πειραματικά οφείλει να παραχωρεί ευγενικά τη θέση της σε μια άλλη. Η πρόληψη, η ιδεολογία ή η μεταφυσική φαίνεται ότι επιτέλους εξοστρακίζονται από την καθαρή επιστήμη ενώ η "ερμηνεία" αφήνεται ως κάτι αδιάφορο ή έστω επουσιώδες στους φιλοσόφους. Ωστόσο, το τελικό αποτέλεσμα μοιάζει ακριβώς αντίθετο από τις προθέσεις των δημιουργών του καθώς όταν η πραγματική ιστορική εξέλιξη των θεωριών εξοστρακίζεται κι αυτή ως ένα περιττό βάρος τότε δεν είναι παρά οι ίδιες οι ιδέες της θεωρίας εκείνες που δίχως την κατανόηση της διαδικασίας γένεσής τους, ενδεδυμένες πλέον με το κύρος της απολυτότητας, μετατρέπονται, σε κάθε εποχή, ακριβώς σε εκείνα τα μεταφυσικά απόλυτα όντα που επιθυμούσε η κριτική να εκδιώξει από την επιστήμη. Άλλωστε, η πέρα από κάθε αμφισβήτηση προσήλωση των φυσικών, στα τέλη του δέκατου ένατου αιώνα, στην "καθαρή" επιστήμη δεν εμπόδισε καθόλου ώστε η εμπιστοσύνη στη δυνατότητα των "απόλυτων" προβλέψεων της μηχανικής να αντικατασταθεί από έναν κυκεώνα σύγχυσης και λαθών μόλις το πείραμα άφησε κάποιες υποψίες σχετικά με την εγκυρότητα ενός τέτοιου αυτοσυνεπούς οικοδομήματος.

Από την άλλη, ως άρνηση του λογικού θετικισμού, συγκροτείται μια κριτική που αφορά ένα από τα κύρια δόγματα του πρώτου, την "καθαρότητα", δηλαδή, των παρατηρησιακών δεδομένων από κάθε θεωρητική ερμηνεία, υποδεικνύοντας ότι η κάθε επιμέρους θεωρία εντάσσεται αναπόφευκτα σε ένα κεντρικό θεωρητικό πλαίσιο γενικότερων προϋποθέσεων. Η καθολική απόλυτη λογική απομακρύνεται και αντικαθίσταται από τις ιστορικά εξελισσόμενες, συγκεκριμένες προϋποθέσεις των εκάστοτε θεωριών. Ακόμη περισσότερο όχι μόνο η παρατήρηση εξαρτάται άμεσα από το θεωρητικό πλαίσιο αλλά συνιστά συγκροτητικό στοιχείο της ίδιας της επιστημονικής έρευνας ακριβώς η προτεραιότητα ή ακόμη περισσότερο η "προκατάληψη" της θεωρίας απέναντι στο πείραμα. Μέσω των "παραδειγμάτων" της φυσικής κάθε εποχή έχει τη δική της εικόνα για τη φύση. Η επόμενη γενιά έχει πάντα στο μυαλό της την εικόνα της προηγούμενης. Άλλωστε την εμπεδώνει πρακτικά στην χρησιμοποίηση της φύσης προς όφελός της. Η νέα γενιά στέκεται μπροστά στα σχήματα των προηγουμένων, μαθαίνει να κοιτά τη φύση μέσα από αυτά, συνεχίζει τις μισοτελειωμένες εργασίες τους, εξετάζει τις υποθέσεις τους, ανακαλύπτει νέα εμπειρικά δεδομένα όπου ελέγχει τις θεωρίες της. Ακόμη και τα νέα πειράματα εκτελούνται πάντα μέσα στα πλαίσια των παλαιών παραδειγμάτων.

Ακόμη, σημαντικά εμπόδια στην πορεία προς την επιστήμη ή ακόμη στην πορεία μέσα στην επιστήμη φαίνεται να στέκονται προλήψεις ή σταθερά παγιωμένες απόψεις, τις οποίες ασπάζονται άτομα, ομάδες ανθρώπων ή ακόμη κοινωνίες ολόκληρες. Έτσι, η "καθαρή" επιστήμη υφίσταται μόνο ως μία κενή αφαίρεση αφού οι επιστήμονες ζουν και εργάζονται μέσα στις κοινωνίες της εποχής τους, επηρεάζονται από τις προκαταλήψεις τους και έχουν ιδιαίτερα συμφέροντα από την επικράτηση της γνώμης τους. Η επιστημονική δραστηριότητα έχει στενούς δεσμούς με την παραγωγή αποτελώντας η ίδια μέρος της κοινωνικής ζωής. Η επιρροή των κοινωνικών σχέσεων και των σχέσεων εξουσίας, ιδιαίτερα όταν η επιστήμη συνδέεται με ζητήματα τεχνολογίας, είναι καθοριστική για την επικράτηση της μίας ή της άλλης διατύπωσης. Οι επιστήμονες απορρίπτουν, πράγματι, τις λανθασμένες θεωρίες για τη φύση, όμως, η απόρριψή τους είναι μία πραγματική ιστορική διαδικασία, όπου δεν λείπουν οι πραγματικές συγκρούσεις, η ιδιοτέλεια ακόμη και τα τυχαία περιστατικά. Ως αποτέλεσμα, η ιστορία της επιστήμης εμπεριέχει πλήθος περιπτώσεων όπου η θεωρία διατηρείται παρά τις αντενδείξεις των πειραμάτων.

Από την άλλη, μέσα από τη νέα αντίληψη η επιστημονική διαδικασία μπορεί πλέον να ιδωθεί, όχι ως μεμονωμένα επεισόδια κάποιων ιδιοφυών δημιουργών, αλλά ως πραγματική κοινωνική διαδικασία που έχει την δική της ιστορική πορεία, μια πορεία που ωστόσο δεν είναι προδιατεταγμένη ή προσχεδιασμένη, καθώς διατηρεί πάντα τη δυνατότητα να ενσωματώνει ανακαλύψεις που οφείλονται σε τυχαία περιστατικά. Η επιστημονική διαδικασία, όμως, κατανοείται ακόμη λίγο ή πολύ ως συμπτωματική. Μια πιο προσεκτική εξέταση της εξέλιξης των εννοιών αποδεικνύει ότι η ποιοτική αλλαγή της εικόνας και μαζί των προϋποθέσεων δεν σημαίνει μόνο ασυνέχεια ή ασυμμετρία. Η αλλαγή, η απόρριψη της μορφής συμβαίνει συνήθως μέσω της αφομοίωσης πλευρών του περιεχομένου. Όταν το παλαιό πλαίσιο ανατρέπεται, τα πορίσματά του, ενταγμένα μέσα στο ευρύτερο πλαίσιο και περιορισμένα μέσα στις νέες συνθήκες, γίνονται πιο *απόλυτα*. Η ανατροπή, την ίδια στιγμή, σταθεροποιεί τις θεωρίες που ανατρέπει διευκρινίζοντας το νόημά τους και καθορίζοντας τα πραγματικά τους όρια.

Η συγκεκριμένη φιλοσοφική κατεύθυνση ανέδειξε ουσιαστικά τα σημεία της διαλεκτικής που ενυπάρχουν στην ανάπτυξη των φυσικών θεωριών ωστόσο δεν τα κατανοεί ως τέτοια. Η χρησιμοποίηση των παραδοσιακών κατηγοριών της λογικής ως μέσου για την κατανόηση του νοήματος και, ιδιαίτερα, η κατανόηση της διπλής διαδικασίας της σύγκρισης, της ταυτόχρονης δηλαδή ανάδειξης τόσο της ταυτότητας όσο και της διαφοράς μεταξύ του παλαιού και του νέου, η ανάδειξη αυτής της διαδικασίας ως του θεμελίου που χαρακτηρίζει κάθε πνευματική δημιουργία παραμένει έξω από τον ορίζοντά της. Μένοντας σε μία περιγραφική αντίληψη των κρίσεων και αδυνατώντας να διεισδύσει στην μαθηματική πλευρά της θεωρίας μένει αδύναμη να κατανοήσει τον τρόπο γένεσης, συγκρότησης και εξέλιξης των νέων εννοιών.

Μια τέτοια θεώρηση ωστόσο, μένοντας εγκλωβισμένη στην επιφάνεια, αδυνατεί να κατανοήσει το περιεχόμενο που η ίδια έφερε στο φως. Ακόμη περισσότερο, η υποτίμηση της διαλεκτικής για την κατανόηση της αυτοανάπτυξης ή, ισοδύναμα, της αυτοαναίρεσης των θεωριών θα οδηγήσει κάποιες φορές σε ακραίες αντιλήψεις όπως ότι οι τελευταίες, θεωρούμενες ως απλώς συμβατικά δημιουργήματα των εκάστοτε κοινωνικών συνθηκών, οφείλουν να αντιμετωπίζονται με την ίδια ισότιμη βαρύτητα σε ό,τι αφορά τους ισχυρισμούς τους. Στην καλύτερη περίπτωση απομένει ένας "ορθολογισμός" όπου η επιλογή μεταξύ των θεωριών εξαρτάται από την καλή πρόθεση των ομιλητών και την μη παραποίηση των στοιχείων, που όμως δεν διαθέτει απάντηση όταν όλοι έχουν τις καλύτερες προθέσεις και όλα τα στοιχεία είναι σωστά, ταυτόχρονα όμως αντιφατικά.

Η ανάπτυξη ωστόσο των δύο επιστημολογικών ρευμάτων του εικοστού αιώνα δημιούργησε εκείνη την πραγματική βάση που θα επιτρέψει την κατανόηση της εξέλιξης του νοήματος των φυσικών θεωριών ως μιας πραγματικής ιστορικής διαδικασίας, μιας διαδικασίας που μας υπενθυμίζει κάθε τόσο ότι οι έννοιες που χρησιμοποιεί η επιστήμη «όχι μόνο δεν είναι απόλυτες αλλά ακριβώς το αντίθετο, είναι εκείνη η απαραίτητη ευλυγισία και τα αμοιβαία τους περάσματα που τις καθιστά ικανές να αποδώσουν την πραγματική συμπεριφορά»[127] του αντικειμένου τους. Η διαλεκτι-

127. Σκουλάτος, *Διαβάζοντας Κβαντική Φυσική*, σελίδα 251.

κή θεώρηση όμως δεν καταγράφει απλώς την ιστορική διαδρομή των θεωριών αλλά, ελέγχοντας τις συνδέσεις που πραγματοποιεί η γλώσσα που κατασκευάζουν και χρησιμοποιούν οι επιστήμονες, ελέγχει τελικά και την κατανόηση των τελευταίων γι' αυτήν, είναι δηλαδή στην ουσία της μια κριτική.

Ως εκ τούτου ενώ για την κατανόηση της λεγόμενης "τυπικής" λογικής προτείνεται η μελέτη του ιδιαίτερου συμβολισμού της, ενός συμβολισμού που αντλεί ουσιαστικά το περιεχόμενό του από μια ιδιαίτερη μαθηματική πρακτική, αντίθετα, για την κατανόηση της διαλεκτικής είναι ουσιώδης η μελέτη και η ανάδειξη όλων των κρίσιμων εννοιολογικών μεταβάσεων τόσο των μαθηματικών όσο και των καθολικών θεωριών για τη φύση αφού είναι οι τελευταίες που παράγουν μέσα στην δική τους πραγματική ιστορική εξέλιξη το ίδιο το περιεχόμενο της τελευταίας. Πράγματι ενώ είναι η μέθοδος εκείνη που αποκαλύπτοντας την επιστήμη ως διαδικασία, κι αυτό επιτυγχάνεται αποβάλλοντας από τις έννοιες της τελευταίας κάθε μυστικισμό, αποκαλύπτοντας δηλαδή μέσα από την φαινομενική κυριαρχία των στιγμών και των συμβόλων, την προέλευση, την καταγωγή όλων ανεξαιρέτως των εννοιών και τον ιδιαίτερο τρόπο με τον οποίο η μία έννοια περιέχει την άλλη, υποδεικνύει τις σωστές αποστάσεις από κάθε οντοποίηση, από τη δύναμη ή τις καμπυλώσεις του χώρου ώς τα κουάρκ και τις χορδές, μια μέθοδος που δεν αποκαλύπτει άμεσα την αλήθεια του κόσμου αλλά αποκαλύπτοντας την αλήθεια του νοήματος συγκρότησης του κόσμου αποκαλύπτει τελικά τον κόσμο τον ίδιο, αντίστροφα, είναι οι επιστήμες, με τη σειρά τους, εκείνες που, συγκροτώντας τον συμβολισμό τους ώστε να συμπυκνώσουν τα πορίσματά τους στις έννοιες, έρχονται να αναλύσουν και μαζί να *συγκεκριμενοποιήσουν* την εγελιανή διαλεκτική.

Αλλά όταν στα πλαίσια της εκπαιδευτικής διαδικασίας ζητείται απλώς η εκμάθηση των κανόνων χειρισμού των συμβόλων τότε από εκείνους τους συλλογισμούς που χαρακτηρίζουν την ιστορική ανάπτυξη της θεωρίας, ο σπουδαστής εξασκείται στη χρησιμοποίηση μόνο της τελικής μορφής, μαθαίνοντας να πραγματοποιεί μόνο εκείνο τον συλλογισμό που συνδέει τη γενική σχέση με τους συγκεκριμένους επιμέρους τομείς, όπου η εγκυρότητα των προβλέψεών της έχει πλέον επικυρωθεί. Σε αυτή την πλευρά του συλλογισμού κυρίαρχο στοιχείο είναι η μεσολάβηση του γενικού, ως καθολικά έγκυρου, ώστε να συνδεθεί το ατομικό με το επιμέρους. Ωστόσο κατά την εφαρμογή ενός "καθολικού" νόμου πραγματοποιούμε ουσιαστικά έναν τριπλό συλλογισμό όπου κάθε όρος καταλαμβάνει διαδοχικά τη θέση τού, συνδέοντος τους δύο άλλους, μεσαίου όρου. Τα διαφορετικά νοήματα των τριών συλλογισμών, που αποδίδουν τόσο τον τρόπο δημιουργίας της σχέσης όσο και τις συνέπειες που συνεπάγεται, αν ιδωθούν ως μια ενιαία διαδικασία, αποκαλύπτουν το νόημα της διατυπωθείσας γενικής κρίσης.

Όμως, στην εκπαιδευτική διαδικασία, όπου το αποτέλεσμα εμφανίζεται εκριζωμένο από τις ιστορικές του συνθήκες ανάπτυξης, τόσο ο προφανής κυρίαρχος συλλογισμός όσο και οι συλλογισμοί που υπονοούνται ενισχύουν και μαζί απολυτοποιούν *την πίστη* του σπουδαστή στην καθολική εγκυρότητα του εκάστοτε εμφανιζόμενου ως καθολικού νόμου. Η σημασία άλλων ατελέστερων μορφών συλλογισμού, η εσφαλμένη αναλογία ή η σύμπτωση που όμως εμφανίστηκαν αναπόφευκτα κατά την διαδικασία συγκρότησης της γενικής σχέσης και έχουν την δική τους σημασία για την κατανόηση των προϋποθέσεών της ή την επισήμανση των ενδεχόμενων αντιρρήσεων για την καθολική ισχύ της, αντιμετωπίζονται ως εάν να μην υπήρξαν ποτέ. Ως αποτέλεσμα, το πλεονέκτημα του συλλογισμού αναγκαιότητας να επιτυγχάνει ορθές προβλέψεις στους επιμέρους τομείς του, συνιστώντας το αποκορύφωμα της επιστημονικής δραστηριότητας, μετατρέπεται, εξαιτίας της μονομερούς απόλυτης παρουσίασής του, σε μειονέκτημα και τροχοπέδη για την συνολική κατανόηση της επιστημονικής πρακτικής. Συχνά, η αναγκαία κριτική στάση του φιλοσόφου, η εξερευνητική ματιά του επιστήμονα μετατρέπονται στην άγρυπνη επιτήρηση της σχολαστικής εφαρμογής των κανόνων του πιο πρόσφατου παραδείγματος. Τα μεσαιωνικά μοναστήρια ξαναχτίζονται. Οι νέοι μοναχοί, στο όνομα της έρευνας, ξαναγράφουν τα χειρόγραφα των πιο τολμηρών αναζητήσεων του παρελθόντος τονίζοντας την δική τους θέληση για τυποποίηση.

Ακόμη περισσότερο, η συγκρότηση θεωριών με προβλέψεις που επικυρώνονται σε μία σειρά από διαφορετικές περιστάσεις και εντυπωσιακές συχνά εφαρμογές, περιβάλλει με μύθο αλλά και με έναν ιδιόμορφο μυστικισμό τόσο τις θεωρίες όσο και τους ίδιους τους δημιουργούς των τελευταίων. Το αποτέλεσμα, εκριζωμένο από τις ιστορικές του συνθήκες ανάπτυξης, τον προβληματισμό και τις συζητήσεις που συνοδεύουν τη γέννησή του, μέσα στο γενικότερο κλίμα ευδαιμονίας, απολυτοποιείται ενώ οι ίδιοι οι επιστήμονες στέκονται άλλοτε έκπληκτοι και άλλοτε αμήχανοι σαν πραγματικοί μαθητευόμενοι μάγοι μπροστά σε έναν κόσμο εννοιών, που ωστόσο αυτοί οι ίδιοι έχουν δημιουργήσει. Όταν η φιλοσοφία, η διδασκαλία για το νόημα της γλώσσας, κυριολεκτικά "η τέχνη να εργάζεται κανείς με τις έννοιες",[128] αποκοπεί από την τρέχουσα επιστημονική πρακτική, κάθε είδους μεταφυσικοί παραλογισμοί εκφέρονται από τα πιο έγκυρα χείλη είτε πρόκειται για τις προδιατεταγμένες "αρμονίες" της φύσης ή ακόμη για την ίδια την "οικονομία" της σκέψης. Τα πορίσματα της επιστήμης συμπυκνωμένα και κωδικοποιημένα μέσα στον μαθηματικό συμβολισμό μετατρέπονται σε μυστικοποιημένους κώδικες για τους ειδικούς και πηγή μυθευμάτων, μυστικισμού ακόμη και παραλογισμού για το ευρύ κοινό που θα επεδίωκε να κατανοήσει.

Αλλά και η ίδια η διαλεκτική οφείλει, πριν από καθετί άλλο, να διαχωριστεί από τα φαντάσματα του εαυτού της. Η ορμητική ανάπτυξη των επιστημών στα μέσα και προς τα τέλη του δέκατου ένατου αιώνα, σαρώνοντας από το προσκήνιο τη "φυσική φιλοσοφία" και τις ιδεαλιστικές θεωρίες, θέτει στο περιθώριο και τις εγελιανές διατυπώσεις της διαλεκτικής, μιας διαλεκτικής που είχε ωριμάσει, ουσιαστικά, μέσα από μια πορεία κριτικής αφομοίωσης του έργου του Καντ. Η μέθοδος, με την υλιστική της πια μορφή, ακολουθεί την δική της αυτόνομη πορεία. Γεννημένη ωστόσο η τελευταία στην πάλη ενάντια στην εξουσία ακολούθησε σε ό,τι αφορά την επιρροή της την πορεία των επαναστατικών κινημάτων τόσο στις ενθουσιώδεις ανόδους τους όσο και στον εκφυλισμό τους.

128. «... η τέχνη να εργάζεται κανείς με έννοιες δεν είναι έμφυτη ... αλλά απαιτεί πραγματική σκέψη· σκέψη που κι αυτή επίσης έχει μια μακρά εμπειρική ιστορία, ούτε μεγαλύτερη αλλά ούτε και μικρότερη, από την εμπειρική έρευνα της φύσης.» Ένγκελς, *Collected Works Vol. 25, Anti-Dühring*, σελίδα 14.

Ως συνέπεια, μετά την χρησιμοποίηση του ονόματος για την υπεράσπιση εξουσιών, η "διαλεκτική" ηχεί σε όσους γνωρίζουν ως απαράμιλλος δογματισμός και για τους άλλους ως αδιάφορη πολυσυλλεκτικότητα, όπου απλώς η κάθε άποψη νομιμοποιείται να αποκτά, ισότιμη με τις υπόλοιπες, βαρύτητα. Η ουσία της μεθόδου, κρυμμένη στις δυσπρόσιτες διατυπώσεις του ίδιου του Χέγκελ και παραμένοντας μακριά από τα φώτα της δημοσιότητας, αναμένει υπομονετικά τους εκάστοτε μεμονωμένους εξερευνητές.

Άλλωστε, η κριτική μέθοδος ως έμβλημα του ολοκληρωτισμού αντικαταστάθηκε με ένα είδος πολεμικής ρητορικής, όπου κάθε τι που έμοιαζε να διαφέρει καταδικαζόταν. Για τις ανάγκες της προπαγάνδας, ιδιοφυείς επισημάνσεις, μέσω επιλεκτικών παραδειγμάτων, μετατράπηκαν σε γενικόλογες διακηρύξεις εξανεμιζόμενες σε ένα ασαφές απροσδιόριστο περίγραμμα όπου χωρούσε οτιδήποτε. Ακόμη και σήμερα στις εργασίες των φιλοσόφων που την "ασπάζονται" η ταυτότητα επιβάλλεται παντού, δημιουργώντας την εντύπωση μιας ολοκλήρωσης που δεν αντιστοιχεί στην ήδη πραγματοποιημένη ανάπτυξη. Αλλά η αφηρημένη ταυτότητα ήταν πάντα το κενό περιεχόμενο των λογικών θεωριών. Άλλωστε η μέθοδος, για να επιτελέσει τον κατεξοχήν ενοποιητικό της ρόλο, οφείλει να επιμείνει στην ακριβή κατανόηση της διαφοράς, αναγνωρίζοντας ακόμη και την πιο απλή διάκριση ως την πραγματική αφετηρία της διαδικασίας της γνώσης. Ταυτόχρονα, η ανάδειξη της τυχαίας ανάπτυξη των θεωριών, της αναλογίας, της διαφορετικότητας και της σύμπτωσης αντικαθίσταται από την αλόγιστη υμνολογία σε εκείνο που φαίνεται ότι αποδεικνύει την προσωπική θέση του φιλοσόφου που την εκπροσωπεί ώστε η διεισδυτική διαλεκτική μέθοδος να εξομοιώνεται η ίδια με τον αντίπαλο που τόσο κατηγορεί, να μετατρέπεται τελικά, εμμέσως πλην σαφώς, σε "ιδεαλισμό".

Από την άλλη η διαλεκτική, ως λογική, όχι μόνο δεν αντικαθιστά αλλά πολύ περισσότερο οφείλει να αυτοπροσδιοριστεί ως εγγενώς ελλιπής, αφού της "λείπει", ως θεωρητικής μεθόδου, ακριβώς το αντίθετό της, η πράξη, η επιστημονική πρακτική και καθώς δεν είναι παρά μόνο η τελευταία, εκείνη που με τη βελτίωση των τεχνικών της αποκτά κάθε φορά τη δύναμη να ανοίγει "τα κλειστά παράθυρα" που υποδεικνύει η θεωρία, προσκομίζοντας ως έμμεση ανταμοιβή στην τελευταία "εμποτισμένες" πάντα θεωρητικά, ωστόσο απροσδόκητες συνήθως παρατηρήσεις, νέες υπονοούμενες συνδέσεις, η αποκάλυψη των δυνατοτήτων των οποίων θα απασχολήσει άμεσα την θεωρητική σκέψη. Άλλωστε το τελικό απόλυτο κριτήριο που διαχωρίζει την επιστήμη από κάθε μεταφυσική είναι ακριβώς το "σώζειν τα φαινόμενα", η απαίτηση δηλαδή της επιστροφής κάθε καθολικής διατύπωσης στην ταπεινή εμπειρία και της επαναδιατύπωσης των πιο απλών φαινομένων· της ανατολής του ηλίου ή της πέτρας που πέφτει. Μια τέτοια προτεραιότητα του "εμπειρικού", του "υλικού", οφείλει άλλωστε να προσδιορίζει την οποιαδήποτε "υλιστική" στάση στο ζήτημα της κατανόησης της συγκρότησης της επιστήμης.

Αλλά ακόμη περισσότερο, η ανθρώπινη συνείδηση προϋποθέτει τη φύση με μια βαθύτερη έννοια, τη φύση όχι ως αφηρημένη έννοια αλλά πολύ περισσότερο ως ποικιλομορφία ποιοτικών μεταβολών ή ως σχετική σταθερότητα αντικειμένων· με εκείνη τη βαθύτερη έννοια ότι σε αυτήν ακριβώς τη φύση οφείλει η συνείδηση ακόμη και τις πρωταρχικές συνδέσεις μέσω των οποίων συγκροτείται η ίδια, τις κατηγορίες δηλαδή της λογικής. Η έννοια της αιτίας παγιώνεται στη συνείδηση του ανθρώπου ως εκείνο που θέτει ο ίδιος συνειδητά αναμένοντας την έλευση του αιτιατού ενώ η μεσολάβηση του εργαλείου ως διαμεσολάβηση ανάμεσα στον ίδιο και το αντικείμενο φαίνεται να συγκροτεί την ίδια τη δυνατότητα του συλλογιστικού σχήματος.

Η κοινωνία

Η συνείδηση της *Φαινομενολογίας του πνεύματος*, αναζητώντας την ίδια την απόλυτη γνώση στο αντικείμενο το οποίο θέτει κάθε φορά ενώπιόν της, συνειδητοποιεί κατά την ολοκλήρωση των ερευνών της ότι η πραγματική ολοκλήρωση μιας τέτοιας αναζήτησης προϋποθέτει την διερεύνηση μιας καθαρά λογικής κίνησης, της λογικής κίνησης των "ουσιοτήτων"· εκείνων των στοιχειωδών εννοιών μέσω των οποίων συγκροτείται τελικά οποιοδήποτε αντικείμενο είτε αυτό ανήκει στη φύση είτε, όπως συμβαίνει με την θρησκεία, την τέχνη ή τους νόμους, ανήκει στην αποκλειστική σφαίρα του ίδιου του πνεύματος.

Η ανθρώπινη ωστόσο λογική ικανότητα όχι μόνο ως η ικανότητα ιδιοφυών θεωρητικών συλλογισμών αλλά κυρίως ως η ικανότητα αποκάλυψης της αλήθειας, και άρα ως το προνομιακό σημείο σύμπτωσης του απόλυτα υποκειμενικού με το απόλυτα αντικειμενικό, προκαλώντας στο πνεύμα των σοφών κάθε εποχής το δέος, προκαλεί ταυτόχρονα, στις πλέον διαφορετικές συνθήκες και από τους πλέον διαφορετικούς διανοητές, την επαναδιατύπωση της ίδιας ουσιαστικά εκείνης ιδέας, που με την πιο χαρακτηριστική απλότητα αποδίδουν τα λόγια του Ιωάννη: "Ἐν ἀρχῇ ἦν ὁ λόγος, καὶ ὁ λόγος ἦν πρὸς τὸν θεόν, καὶ θεὸς ἦν ὁ λόγος".[129]

Στις μέρες μας, η ιστορικά διαμορφωμένη, ελεύθερη συνείδηση, απαλλαγμένη πλέον από κάθε κοινωνική απαίτηση τεκμηρίωσης της ύπαρξης ή μη κάθε θεού, είτε ως δημιουργού της λογικότητας του φυσικού κόσμου είτε ως απαράμιλλου εγγυητή του ηθικού νόμου, με τη βεβαιότητα ότι ό,τι συμβαίνει εντός του μεμονωμένου ατόμου συμβαίνει πάντοτε ως κοινωνική σχέση, αναμένει από την επιστήμη την διερεύνηση εκείνων των μη συνειδητών διαδικασιών που ευθύνονται για την διαμόρφωση τόσο των συνειδητών πεποι-

129. «... η λογική οφείλει να κατανοείται ως το σύστημα του καθαρού λόγου, ως το βασίλειο της καθαρής σκέψης. *Αυτό το βασίλειο είναι η αλήθεια δεδομένου ότι αποκαλύπτεται μέσα στην απόλυτη φύση της.* Μπορεί επομένως να ειπωθεί ότι αυτό το περιεχόμενο είναι *η έκθεση του Θεού όπως αυτός είναι μέσα στην αιώνια ουσία του πριν από την δημιουργία της φύσης και ενός πεπερασμένου νου.*» Χέγκελ, *GW21*, σελίδα 34.
«Αλλά ο επιστήμονας έχει καταληφθεί από το νόημα της παγκόσμιας αιτιότητας. ... Το θρησκευτικό του συναίσθημα παίρνει τη μορφή ενός παράφορου θαυμασμού του φυσικού νόμου, που αποκαλύπτει μια τέτοια ανώτερη διάνοια ώστε, συγκρινόμενες μ' αυτήν όλες οι συστηματικές σκέψεις και πράξεις των ανθρώπινων όντων είναι μια εντελώς ασήμαντη αντανάκλασή της.» Αϊνστάιν, *Πώς βλέπω τον κόσμο, Η θρησκευτικότητα της Επιστήμης*, σελίδα 30.

θήσεων του τελευταίου όσο, ακόμη περισσότερο, και της ίδιας της λογικής του υπόστασης. Το σύγχρονο επιστημονικό πνεύμα και επιθυμεί και οφείλει να υπάρχει ως απόλυτα επαναστατικό. Τίποτε απρόσιτο ή υπερβατικό δεν υφίσταται γι' αυτό. Κάθε τι διαλύεται σε αλληλοεξαρτώμενους εννοιακούς προσδιορισμούς, έτοιμο ως εκ τούτου να ανακατασκευαστεί και να ανακαλυφθεί ξανά, ως διαφορετικό από τον ίδιο του τον εαυτό.

Είναι, ωστόσο, αυτή ακριβώς η επαναστατική στάση της επιστήμης απέναντι στην οποιαδήποτε δεδομένη έννοια, η συνειδητοποίηση ακριβέστερα της *δυνατότητας* αυτομετατροπής του αντικειμένου μέσω μιας καθαρά νοητικής αυτενέργειας του υποκειμένου, εκείνη που στρέφει ξανά το επιστημονικό πνεύμα στην διερεύνηση του ιδιαίτερου χαρακτήρα της τελευταίας και ως εκ τούτου στην διερεύνηση, τελικά, των θεμελίων του ίδιου του επιστημονικού του εαυτού. Αλλά καθώς η ανθρώπινη συνείδηση, παραμένοντας πάντα η ίδια φύση, κάτι υλικό, που φαίνεται να επιτρέπει την άμεση διερεύνηση οποιασδήποτε νοητικής διαδικασίας ως αποκλειστικά υλικής διεργασίας, συγκροτείται πάντα ως εκείνο που δεν δικαιούται να δραπετεύσει από τον απόλυτο, άυλο κόσμο των εννοιών του, ως κάτι μόνο κοινωνικό, και μάλιστα ως ταυτότητα της ταυτότητας και της διαφοράς με την άλλη συνείδηση, είναι τελικά η ίδια η κοινωνική ζωή εκείνη που συνιστά το πραγματικό θεμέλιο της όποιας, a priori, σε σχέση με την εμπειρία, δυνατότητας συγκρότησης της γνώσης.

Ενώ λοιπόν είναι η θεαματική ανάπτυξη της φυσιολογίας εκείνη που μάλλον θα εξακολουθεί να μας εκπλήσσει με τα ευρήματά της σχετικά με τις a priori ή μη δυνατότητες της νόησης, θα είναι πάντοτε εκείνες οι αποδεκτές, σε επιμέρους κοινωνικές ομάδες, Ιδέες που θα καθοδηγούν, στα πλαίσια ενός πραγματικού "παίγνιου σύμπραξης",[130] τη συνείδηση στις εμπειρικές της έρευνες, μιας συνείδησης ωστόσο που θα είναι, επίσης πάντοτε, υποχρεωμένη να μετατρέπει κάθε τι σε υποκείμενο, να συγκροτεί δηλαδή

130. Το παίγνιο εκείνο που σύμφωνα με τον Βιτγκενστάιν διαθέτει πάντα τη δυνατότητα να επαναπροσδιορίζει τους κανόνες που θέτει σε αντιδιαστολή με την ακαμψία που χαρακτηρίζει το παίγνιο αντιπαλότητας.

το αντικείμενό της ως αυτοσχετιζόμενο, που έχει αφομοιώσει ως δικό του "έτερον" την έννοια ως καθολικό.

Παρατηρήσεις

i. «Σαλβιάτι: Κλειστείτε παρέα μ' έναν φίλο μέσα στην πιο απλόχωρη καμπίνα ενός μεγάλου πλοίου και φροντίστε να υπάρχουν μέσα εκεί μύγες, πεταλούδες και άλλα ιπτάμενα ζωύφια καθώς και ένα μεγάλο δοχείο νερό με ψαράκια· κρεμάστε σε κάποιο ύψος έναν μικρό κουβά και διευθετήστε τον έτσι ώστε το νερό του να χύνεται σταγόνα σταγόνα σ' ένα άλλο δοχείο με μικρό στόμιο που θα το έχετε τοποθετήσει από κάτω· ... κάντε το πλοίο να κινηθεί με ταχύτητα οσοδήποτε μεγάλη θέλετε· υπό την προϋπόθεση ότι η κίνηση είναι ομαλή και δεν υπάρχουν διακυμάνσεις, δεν θα αντιληφθείτε καμιά αλλαγή στα φαινόμενα που απαριθμήσαμε πριν και κανένα από αυτά δεν θα σας επιτρέψει να διαπιστώσετε αν το πλοίο προχωρεί ή αν είναι σταματημένο ... ούτε μία σταγόνα δεν θα πέφτει προς την πλευρά της πρύμνης, παρότι το πλοίο, όσο χρόνο η σταγόνα βρίσκεται στον αέρα, έχει διανύσει περισσότερο από μια παλάμη. Στο νερό τους τα ψαράκια θα κολυμπούν με την ίδια ευκολία προς το ένα ή το άλλο μέρος του δοχείου και θα κατευθύνονται με την ίδια άνεση προς την τροφή, σε όποια πλευρά των τοιχωμάτων του δοχείου κι αν την έχουμε τοποθετήσει· οι πεταλούδες και οι μύγες, τέλος, θα συνεχίσουν να πετούν αδιακρίτως προς όλες τις κατευθύνσεις. Και ποτέ δεν θα τις δούμε να συσσωρεύονται στην πλευρά της καμπίνας που βρίσκεται αντίκρυ στην πρύμνη· πράγμα που σίγουρα θα συνέβαινε εάν όφειλαν να εξαντλούν δυνάμεις για ν' ακολουθούν το πλοίο στη γρήγορη *πορεία του.»* Γαλιλαίος, *Διάλογος για τα δύο μεγαλύτερα κοσμικά συστήματα*, όπως παρατίθεται: Μπαλιμπάρ, σελίδες 33-34.

ii. «II. Ο απόλυτος χώρος, από την ίδια του τη φύση, χωρίς καμιά σχέση με οτιδήποτε εξωτερικό, παραμένει πάντοτε ίδιος και αμετακίνητος. ... IV. Η απόλυτη κίνηση είναι η μετατόπιση ενός σώματος από έναν απόλυτο τόπο σε έναν άλλο· και η σχετική κίνηση, η μετατόπιση από έναν σχετικό τόπο σε έναν άλλο. Έτσι, μέσα σε ένα πλοίο που ταξιδεύει, ο σχετικός τόπος ενός σώματος είναι εκείνο το μέρος του πλοίου το οποίο καταλαμβάνει το σώμα· ή εκείνο το μέρος της κοιλότητας που κατέχει το σώμα, και το οποίο επομένως κινείται μαζί με το πλοίο· και η σχετική ηρεμία είναι η παραμονή του σώματος στο ίδιο μέρος του πλοίου ή της κοιλότητάς του. Αλλά η πραγματική, η απόλυτη ηρεμία, είναι η παραμονή του σώματος στο ίδιο μέρος του αμετακίνητου εκείνου χώρου, μέσα στον οποίο κινείται το ίδιο το πλοίο, η κοιλότητά του, και όλα όσα περιέχει.» Νεύτωνας, *Philosophiae Naturalis Principia Mathematica, Scholium*.

iii. Η λογική εξήγηση που δόθηκε από τον Λόρεντζ στηρίχθηκε σε αυτό που ο ίδιος ονόμασε "υπόθεση μοριακής δύναμης". Στην υπόθεση δηλαδή ότι όλες οι δυνάμεις μέσω των οποίων συνδέονται όλα τα υλικά σώματα, συμπεριλαμβανομένων των μορίων που συγκροτούν τις μονάδες μέτρησης της απόστασης και του χρόνου, είναι δυνάμεις παρόμοιας φύσης με τις ηλεκτρομαγνητικές και μετασχηματίζονται από το ένα γαλιλαϊκό σύστημα συντεταγμένων σε ένα άλλο ακριβώς όπως οι τελευταίες, ώστε η αριθμητική τιμή του μήκους μιας ράβδου να παραμένει η ίδια ανεξάρτητα από το εάν η ράβδος διαστέλλεται ή συστέλλεται.

iv. Η διάκριση, για παράδειγμα, μεταξύ ομοπαραλληλικής και προβολικής γεωμετρίας βρίσκεται στο γεγονός ότι οι ομοπαραλληλικά αναλλοίωτες έννοιες, όπως ο παραλληλισμός, είναι το κατάλληλο περιεχόμενο της πρώτης γεωμετρίας, όχι όμως της δεύτερης. Ωστόσο, μέσω των υποκρυπτόμενων ομάδων συμμετριών, οι σχέσεις μεταξύ τους είναι δυνατόν να επαναθεμελιωθούν στο επίπεδο της ομάδας. Δεδομένου ότι η ομάδα της ομοπαραλληλικής γεωμετρίας είναι υποομάδα της ομάδας της προβολικής γεωμετρίας, οποιαδήποτε έννοια αναλλοίωτου στην προβολική γεωμετρία έχει *a priori* νόημα εντός της ομοπαραλληλικής γεωμετρίας ενώ κάτι τέτοιο δεν ισχύει για το αντίθετο.

v. Ένα ακόμη χαρακτηριστικό παράδειγμα συνιστά η ανάπτυξη της έννοιας του τελεστή: «Από τη στιγμή της δημιουργίας τους ως αυτόνομα μεγέθη και διατηρώντας τον ορισμό τους ως ειδικές διαδικασίες μετασχηματισμού διανυσμάτων, οι τελεστές των φυσικών μεγεθών έρχονται αναπόφευκτα σε επαφή τόσο μεταξύ τους όσο και με τα άλλα στοιχεία της θεωρίας: τους αριθμούς και τα διανύσματα. Οι τελεστές προστίθενται μεταξύ τους, πολλαπλασιάζονται με τους αριθμούς, αλλά και υψώνονται σε δυνάμεις, δημιουργούν αναπτύγματα και εκθετικά. Σε ό,τι αφορά τις αμοιβαίες τους σχέσεις, οι τελεστές συγκροτούν μια ιδιαίτερη μαθηματική δομή, μία άλγεβρα. Η δημιουργία του μεταθέτη παίζει τον ρόλο της εσωτερικής πράξης στην άλγεβρα των τελεστών. ... Ο μηδενισμός του μεταθέτη μετατρέπει τους τελεστές σε αριθμούς. ... Από την άλλη, οι απλοί αριθμοί μέσα στις πράξεις τους συμπεριφέρονται ως τελεστές. Είναι τελεστές των οποίων η δράση συνίσταται στον απλό πολλαπλασιασμό των διανυσμάτων με την τιμή τους, είναι δηλαδή *οι πιο απλοί τελεστές. Οι πιο απλές πράξεις της αριθμητικής, η πρόσθεση και ο πολλαπλασιασμός, περιέχουν τη δράση των πιο απλών τελεστών, δηλαδή των αριθμών, πάνω στα πιο απλά διανύσματα, που είναι ξανά οι αριθμοί.*» Σκουλάτος, *Διαβάζοντας Κβαντική Φυσική*, σελίδα 165.

vi. Το ιδιαίτερο χαρακτηριστικό ενός τοπολογικού χώρου S είναι ότι περιέχει μια συλλογή υποσυνόλων, που ονομάζονται *ανοικτά σύνολα* (περιλαμβανομένων τόσο του ίδιου του S όσο και του κενού συνόλου), τα οποία είναι κλειστά στις ενώσεις και τις πεπερασμένες τομές ενώ ένα σημείο p είναι ένα οριακό σημείο ενός υποσυνόλου A του S εάν και μόνο εάν κάθε ανοικτό σύνολο του S, που περιέχει το p, περιέχει ένα ακόμη σημείο του A διακεκριμένο από το p.

vii. Μια απεικόνιση μεταξύ δύο ομάδων που διατηρεί την πράξη της ομάδας καλείται ομομορφισμός. Στην αφηρημένη άλγεβρα ομομορφισμός είναι μια απεικόνιση από μια αλγεβρική δομή σε μια άλλη του ίδιου τύπου, η οποία διατηρεί την σχετική δομή. Εάν ένας ομομορφισμός έχει έναν αντίστροφο που είναι επίσης ομομορφισμός τότε ονομάζεται ισομορφισμός και οι δύο ομάδες αποκαλούνται ισομορφικές. Η έννοια του ισομορφισμού εφαρμόζεται όταν δύο σύνθετες δομές είναι δυνατόν να απεικονιστούν η μια επάνω στην άλλη, κατά τέτοιο τρόπο ώστε σε κάθε μέρος της μιας δομής να υπάρχει ένα αντίστοιχο μέρος στην άλλη δομή, όπου "αντίστοιχο" σημαίνει ότι τα δύο μέρη διαδραματίζουν όμοιους ρόλους στις αντίστοιχες δομές τους.

viii. Στα μαθηματικά, μια άλγεβρα Λι είναι μια αλγεβρική δομή, η οποία σχετίζεται με αντικείμενα όπως είναι οι ομάδες Λι και οι διαφορίσιμες πολλαπλότητες. Μια άλγεβρα Λι είναι ένας διανυσματικός χώρος g πάνω σε κάποιο πεδίο F μαζί με μια δυαδική πράξη $[\cdot, \cdot] : g \times g \rightarrow g$, η οποία αποκαλείται αγκύλη Λι, και η οποία ικανοποιεί ιδιότητες όπως η διγραμμικότητα και η ταυτότητα Γιακόμπι. Στην κάθε ομάδα Λι, μπορούμε να αντιστοιχίσουμε μια άλγεβρα Λι, η οποία συλλαμβάνει πλήρως την τοπική δομή της ομάδας· τουλάχιστον εάν η ομάδα Λι είναι συνεκτική.

ix. Ο Ένγκελς αποδίδει με τον πιο γλαφυρό τρόπο το κλίμα της εποχής: «Θα έλεγε όμως κανείς πως δεν μπορεί να ήταν απλώς μια ανώφελη λογομαχία αφού στάθηκε ικανή να προκαλέσει έναν Λάιμπνιτζ να στραφεί ενάντια σ' έναν Καρτέσιο και απασχόλησε έναν άνθρωπο σαν τον Καντ σε τέτοιο βαθμό ώστε αφιέρωσε σ' αυτήν το πρώτο του έργο· έναν αρκετά μεγάλο τόμο. Και πραγματικά, πώς μπορεί να νοηθεί ότι η κίνηση έχει δύο αντιφατικά μεταξύ τους μέτρα, ότι δηλαδή, στη μια περίπτωση είναι ανάλογη με την ταχύτητα και στην άλλη ανάλογη με το τετράγωνο της ταχύτητας;» Ένγκελς, *Collected Works Vol. 25, Dialectics of Nature*, σελίδες 379-380.

x. {Σύμφωνα με τους Αϊνστάιν και Ίνφελντ στην προσχετικιστική φυσική η ύλη είναι δυνατόν να διακριθεί από τα πεδία μέσω των ιδιοτήτων τους. Συγκεκριμένα, η ύλη έχει ενέργεια και μάζα ενώ τα πεδία έχουν μόνο ενέργεια. Δεδομένου ότι η μάζα και η ενέργεια είναι διακεκριμένα μεγέθη, στην προσχετικιστική φυσική, υπάρχουν φυσικά κριτήρια που μας επιτρέπουν να διακρίνουμε την ύλη από τα πεδία, ποιοτικά. Έτσι είναι λογικό να υιοθετηθεί μια οντολογία, η οποία να περιέχει και την ύλη και τα πεδία. Εντούτοις, στην σχετικιστική φυσική, η ποιοτική διάκριση μεταξύ της ύλης και των πεδίων χάνεται λόγω της ισοδυναμίας μάζας και ενέργειας. Συνεπώς, στα πλαίσια της ίδιας θεώρησης, η διάκριση μεταξύ της ύλης και των πεδίων δεν είναι πλέον ποιοτική. Αντ' αυτού η διαφορά είναι μόνο ποσοτική, δεδομένου ότι "η ύλη είναι όπου η συγκέντρωση της ενέργειας είναι μεγάλη, το πεδίο όπου η συγκέντρωση της ενέργειας είναι μικρή ..."} Φλόρες, *The Equivalence of Mass and Energy*, ενότητα 2.2.

xi. «Θεωρήστε το παράδοξο των διδύμων, την ουσία του οποίου αναγνώρισε ο ίδιος ο Αϊνστάιν στο πρώτο του κιόλας άρθρο για την ειδική θεωρία της σχετικότητας ... Η γνωστή ωστόσο ανθρωπομορφική εκδοχή του συγκεκριμένου παραδόξου οφείλεται στον Λανζεβέν, ο οποίος εφάρμοσε την αρχή της ασυμμετρικής γήρανσης σε διδύμους, ο ένας εκ των οποίων διανύει μια κλειστή διαδρομή ενώ ο άλλος παραμένει στη θέση του. Όπως είναι ευρέως γνωστό, η συμβατική ανάλυση δείχνει ότι ο "μετακινούμενος" δίδυμος που συναντά τον "ακίνητο" είναι γηραιότερος από τον τελευταίο. Εφόσον, όμως, από *κινηματική* σκοπιά, οι δίδυμοι υφίστανται μια συμμετρική σχέση, μια τέτοια διαφορά γήρανσης είναι παράδοξη. Ο Λανζεβέν επιλύει το παράδοξο ισχυριζόμενος ότι η κινηματική ασυμμετρία οφείλεται στην *δυναμική* πτυχή του φαινομένου και συγκεκριμένα στην επιτάχυνση την οποία υφίσταται *μόνο* ο ταξιδιώτης. Ωστόσο, σχεδόν αμέσως, ο φον Λάουε παρατηρεί ότι η προβλεπόμενη διαφορά στη γήρανση είναι δυνατό να αυξηθεί με την επιμήκυνση απλώς της διάρκειας του ταξιδιού, ανεξάρτητα δηλαδή από την επίδραση της οποιασδήποτε επιτάχυνσης· οι δυναμικές δηλαδή πτυχές του ταξιδιού πρέπει να είναι άσχετες!» Κρακλάουερ Α. και Κρακλάουερ Π., *On the Twin Non-paradox*.

xii. «Όπως ο Ερνστ Μαχ το κατάδειξε ήδη ρητά, στη θεωρία του Νεύτωνα υπάρχει το ακόλουθο σημείο, που δεν μας ικανοποιεί. Αν θεωρήσουμε την κίνηση όχι από την αιτιοκρατική άποψη αλλά από την καθαρά περιγραφική, θα δούμε πως δεν υπάρχει άλλη κίνηση εκτός από την κίνηση των πραγμάτων την σχετική ανάμεσά τους. ... επιζήτησαν ύστερα να τροποποιήσουν τις εξισώσεις της μηχανικής κατά τρόπο που η αδράνεια των σωμάτων να αναχθεί σε μια σχετική κίνηση όχι αναφορικά με τον απόλυτο χώρο, αλλά με το σύνολο των υπόλοιπων σταθμητών σωμάτων.» Αϊνστάιν, *Πώς βλέπω τον κόσμο, Η Θεωρία της Σχετικότητας* (Ομιλία που εκφωνήθηκε στο Λονδίνο), σελίδα 156.

xiii. «Αυτό μας παρακινεί να απαιτήσουμε ότι στο απουσίας ύλης πεδίο βαρύτητας ο συμμετρικός τανυστής $G_{\mu\nu}$ ... πρέπει να μηδενίζεται. Έτσι λαμβάνουμε δέκα εξισώσεις για τις δέκα ποσότητες $g_{\mu\nu}$ ... Θα πρέπει να επισημανθεί ότι υπάρχει ένας ελάχιστος μόνο βαθμός αυθαιρεσίας στην επιλογή αυτών των εξισώσεων. Γιατί πέραν του ότι δεν υπάρχει τανυστής δεύτερης τάξης που να σχηματίζεται από τον $g_{\mu\nu}$ και τις παραγώγους του, εκτός από τον $G_{\mu\nu}$ επιπλέον, αυτός ο τελευταίος δεν περιέχει παραγώγους ανώτερες της δεύτερης τάξης, ενώ είναι και γραμμικός ως προς αυτές τις παραγώγους. Αυτές οι εξισώσεις, που προκύπτουν με την μέθοδο των καθαρών μαθηματικών, ...» Αϊνστάιν, *Η θεμελίωση της γενικής θεωρίας της σχετικότητας*, σελίδες 78-79.

xiv. Από το αναλλοίωτο των νόμων της φυσικής σχετικά με την χωρική μετατόπιση προκύπτει ο νόμος της διατήρησης της γραμμικής ορμής· από το αναλλοίωτο που συνδέεται με την περιστροφή προκύπτει ο νόμος της διατήρησης της στροφορμής· από το αναλλοίωτο που συνδέεται με την χρονική μετατόπιση προκύπτει ο νόμος της διατήρησης της ενέργειας· από το αναλλοίωτο που συνδέεται με τυχαίες χωροχρονικές αλλαγές συντεταγμένων προκύπτει η διατήρηση του τανυστή ορμής-ενέργειας· από το αναλλοίωτο που συνδέεται με το αναλλοίωτο βαθμίδας του ηλεκτρικού δυναμικού και του διανυσματικού δυναμικού προκύπτει η διατήρηση του ηλεκτρικού φορτίου.

xv. {Αν θεωρήσουμε μια επίπεδη επιφάνεια με πολικές συντεταγμένες r, θ τότε, δεδομένου ότι η επιφάνεια είναι επίπεδη, οι γεωδαιτικές καμπύλες θα έπρεπε να είναι ευθείες γραμμές. Ωστόσο, παρότι οποιαδήποτε καθαρά ακτινική τροχιά (για την οποία $d\theta/ds = 0$)

είναι μια γεωδαιτική, οι "ευθείες", αναφορικά με την μεταβλητή θ (r = σταθ.), δεν είναι καθόλου γεωδαιτικές. Φυσικά, εάν εισαγάγουμε αυτές τις πολικές μετρικές συνιστώσες στον τύπο καμπυλότητας του Γκάους παίρνουμε $K = 0$, αποτέλεσμα σύμφωνο με το γεγονός ότι η επιφάνεια είναι επίπεδη. Ο λόγος που οι γεωδαιτικές σε αυτήν την επιφάνεια δεν είναι απλές γραμμικές συναρτήσεις των συντεταγμένων δεν είναι ότι οι γεωδαιτικές είναι καμπυλόγραμμες αλλά επειδή οι συντεταγμένες είναι καμπυλόγραμμες.} Μπράουν, *Reflections on Relativity, The Equivalence Principle.*

xvi. «Το επιχείρημα οπής δημιουργήθηκε από τον Αϊνστάιν, προς το τέλος του 1913, όταν η αναζήτησή του για μια γενική θεωρία της σχετικότητας φάνηκε να αντιμετωπίζει αξεπέραστα εμπόδια. Κατά τη διάρκεια του προηγούμενου έτους ήταν αποφασισμένος να βρει μια θεωρία για τη βαρύτητα, η οποία θα ήταν γενικά συναλλοίωτη, της οποίας δηλαδή οι εξισώσεις θα ήταν αμετάβλητες υπό τον οποιοδήποτε μετασχηματισμό των χωροχρονικών συντεταγμένων. Στην πραγματικότητα είχε εξετάσει ακόμη και τις διάσημες, γενικά συναλλοίωτες εξισώσεις, που τελικά θα υιοθετούσε τον Νοέμβριο του 1915. Στην αρχική του σύλληψη ο Αϊνστάιν θεώρησε έναν χωροχρόνο, όπου η ύλη βρίσκεται παντού εκτός από μια περιοχή, μια "οπή", όπου η ύλη απουσιάζει. ... Κατόπιν αναρωτήθηκε αν ο πλήρης προσδιορισμός τόσο της μετρικής όσο και των υλικών πεδίων εκτός της οπής θα καθόριζε μονοσήμαντα το πεδίο της μετρικής εντός της. ... η προκύπτουσα αρνητική απάντηση στάθηκε ικανή για την απόρριψη όλων εν γένει των συναλλοίωτων θεωριών.» Νόρτον, *The Hole Argument*, παράγραφος 8.1.

xvii. «Βάσει της γενικής σχετικότητας, από την άλλη, ο χώρος σε αντιδιαστολή με "εκείνο που γεμίζει τον χώρο", που εξαρτάται από τις συντεταγμένες, δεν έχει καμία χωριστή ύπαρξη. ... Εάν φανταστούμε ότι αφαιρούμε το βαρυτικό πεδίο, δηλαδή τις συναρτήσεις g_{ik}, δεν παραμένει ένας χώρος τύπου (1) [χωροχρόνος Μινκόφσκι] αλλά απολύτως *τίποτε*, και επίσης ούτε "τοπολογικός χώρος". Διότι οι συναρτήσεις g_{ik} δεν περιγράφουν μόνο το πεδίο, αλλά συγχρόνως επίσης τις τοπολογικές και μετρικές δομικές ιδιότητες της πολλαπλότητας. ... Δεν υπάρχει τέτοιο πράγμα όπως ένας κενός χώρος, δηλαδή ένας χώρος δίχως πεδίο. Ο χωροχρόνος δεν διεκδικεί ύπαρξη από μόνος του, παρά μόνο ως δομική ποιότητα του πεδίου.» Αϊνστάιν, *Relativity, the Special and General Theory; A Popular Exposition, Appendix v, Relativity and the Problem of Space.*

xviii. «Πράγματι, σε οποιοδήποτε σημείο p υπάρχει ένα σύστημα συντεταγμένων, στο οποίο ο $g_{\mu\nu}$ λαμβάνει την κανονική μορφή του και μηδενίζονται όλες οι πρώτες παράγωγοι του $\partial_\sigma g_{\mu\nu}$ (ενώ δεν είναι δυνατόν να μηδενιστούν όλες οι δεύτερες παράγωγοι $\partial_\rho \partial_\sigma g_{\mu\nu}$). Αυτές οι συντεταγμένες είναι οι κανονικές συντεταγμένες Ρήμαν και τα σχετικά διανύσματα βάσης συνιστούν ένα τοπικό πλαίσιο Λόρεντζ. Παρατηρούμε ότι στις κανονικές συντεταγμένες Ρήμαν η μετρική στο p προσομοιάζει με εκείνη του επίπεδου χώρου σε προσέγγιση πρώτης τάξης. Αυτή είναι η ακριβής έννοια της ιδέας ότι "αρκετά μικρές περιοχές του χωροχρόνου προσομοιάζουν με τον επίπεδο χώρο Μινκόφσκι".» Κάρολ, *Lecture Notes on General Relativity*, ενότητα 4.

xix. «Η ομάδα συμμετρίας μιας χωροχρονικής θεωρίας χαρακτηρίζει τα *αντικείμενα* αυτής της θεωρίας: μας λέει ποια αντικείμενα είναι απόλυτα και ποια δυναμικά, και το μέγεθος της ομάδας συμμετρίας είναι αντιστρόφως ανάλογο προς τον αριθμό των απόλυτων αντικειμένων. Η ομάδα της μη διακριτότητας μιας χωροχρονικής θεωρίας χαρακτηρίζει τους *νόμους* αυτής της θεωρίας: καθορίζει ποια συστήματα αναφοράς (καταστάσεις κίνησης) είναι διακριτά (μέσω ενός "μηχανικού πειράματος") σε σχέση με αυτούς τους νόμους, και στις καλά ορισμένες θεωρίες η ομάδα της μη διακριτότητας εμπεριέχεται στην ομάδα συμμετρίας ... Το συναλλοίωτο από την άλλη είναι περισσότερο μια ιδιότητα *των διατυπώσεων* των χωροχρονικών θεωριών, στην ουσία, παρά οι ίδιες οι χωροχρονικές θεωρίες: χαρακτηρίζει τα συστήματα διαφορικών εξισώσεων που αποδίδουν τους εσωτερικούς νόμους μιας χωροχρονικής θεωρίας, σε σχέση με κάποια ιδιαίτερη επιλογή συντεταγμένων ...» Φρήντμαν, *Foundations of Spacetime-Theories*, σελίδα 213.

xx. «Είναι εντυπωσιακό ότι η θεωρία εισάγει (εκτός από τον τετραδιάστατο χώρο) δύο τύπους φυσικών στοιχείων: (1) πρότυπες ράβδους και ρολόγια, και (2) άλλα υλικά στοιχεία, όπως το ηλεκτρομαγνητικό πεδίο, το υλικό σημείο, κ.λπ. Κατά κάποιο τρόπο αυτό είναι ασυνεπές· αν θέλουμε να είμαστε αυστηροί, τα μετρικά πρότυπα του χώρου και του χρόνου θα έπρεπε να προκύπτουν από τη λύση των θεμελιωδών εξισώσεων ... και όχι να εμφανίζονται ως αυτόνομες θεωρητικά οντότητες. Ωστόσο, αυτός ο τρόπος ενέργειας είναι δικαιολογημένος επειδή ήταν σαφές από την αρχή ότι οι αρχές της θεωρίας δεν είναι αρκετά ισχυρές ώστε να συναγάγουμε εξισώσεις αρκετά πλήρεις και απαλλαγμένες από αυθαιρεσίες, οι οποίες να αποτελέσουν τη βάση μιας θεωρίας των πρότυπων κανόνων και των ρολογιών.» Αϊνστάιν, *The Library of Living Philosophers, Autobiographical Notes*, σελίδα 59.

xxi. Χαρακτηριστικά, ο Βάυλ προτείνει ότι η μετρική στην περιοχή του παρατηρητή μπορεί να καθοριστεί εμπειρικά μέσω μικρών ουδέτερων μαζών, που πέφτουν ελεύθερα, σε συνδυασμό με τις τροχιές των ακτίνων φωτός. Βάυλ, *Zur infinitesimalgeometrie: Einordnung der projektiven und der konformen Auffassung*.

xxii. «Δεν αποδίδουμε εξ ορισμού φυσική σημασία στα συστήματα συντεταγμένων. Εάν επιθυμούμε να εφοδιάσουμε τον χωροχρόνο με αδρανειακές δομές, απόλυτες ή άλλες, αρχίζουμε από εκεί όπου σταμάτησε ο Αϊνστάιν. Ξεκινάμε εφοδιάζοντας μια πολλαπλότητα με μια ομοπαραλληλική σύνδεση (πεδίο μετατόπισης), οι φυσικές ευθείες της οποίας είναι οι αδρανειακές κινήσεις. Στα πλαίσια αυτά, τα συστήματα συντεταγμένων είναι κάτι παραπάνω από βολικές ετικέτες των χωροχρονικών γεγονότων.

Για τον Αϊνστάιν όμως τα πράγματα ήταν αρκετά διαφορετικά. Το λάθος του έγκειται στο ότι επιβάρυνε με φυσικό περιεχόμενο τα συστήματα συντεταγμένων. Η εννοιολογική πορεία, μέσω της ειδικής στη γενική σχετικότητα, χαρακτηρίζεται από μια βαθμιαία αποστέρηση των συστημάτων συντεταγμένων από την προκαθορισμένη φυσική τους σημασία. Αρχικά σκόπευε να αποστερήσει τα συστήματα συντεταγμένων μόνο από τις απόλυτες αδρανειακές κινήσεις. Από τη στιγμή όμως που ο Αϊνστάιν ξεκίνησε την διαδικασία, δεν θα μπορούσε να την σταματήσει. Η φυσική ανάπτυξη της θεωρίας αναγκαστικά τον οδήγησε πολύ μακρύτερα. ...

Τα συστήματα συντεταγμένων έχασαν την μετρική σημασία τους και, αφού βασάνισε το θέμα αρκετά, αναγκάστηκε τελικά να τους στερήσει μια έννοια ανεξάρτητης ύπαρξης, που τους είχε σιωπηλά αποδώσει.» Νόρτον, *Einstein's Triumph over the Spacetime Coordinate System: A Paper presented in Honor of Roberto Torretti*, σελίδα 11.

xxiii. «Το γενικό συναλλοίωτο δεν αποτελεί επιχείρημα εναντίον της ύπαρξης προνομιούχων καταστάσεων κίνησης, όπως ήλπιζε ο Αϊνστάιν ... Σύμφωνα με την αρχή της ισοδυναμίας οι τροχιές της ελεύθερης πτώσης ικανοποιούν όλα τα κριτήρια ώστε να χαρακτηριστούν ως αδρανειακές ενώ η διάκριση μεταξύ των τύπων των τροχιών εξαρτάται από την ιδιαίτερη επιλογή του συστήματος των συντεταγμένων. Ωστόσο, εξαιτίας του γενικού συναλλοίωτου οι τελευταίες αναδεικνύονται ως αδρανειακές ή ως γεωδαιτικές του χωροχρόνου· ένας χωροχρόνος ο οποίος, καθώς οι γεωδαιτικές του γραμμές επιδεικνύουν σχετικές επιταχύνσεις, χαρακτηρίζεται άμεσα ως καμπυλωμένος.» Ντισάλλε, *Space and Time: Inertial Frames*, ενότητα 2.9.

xxiv. {Ο απλούστερος τρόπος θα ήταν να τοποθετηθούν δύο ίδια ρολόγια στις ίδιες τοπικές συνθήκες –δίχως δηλαδή σύγκριση των θέσεών τους μέσω οποιασδήποτε εξωτερικής αναφοράς– σε τεμνόμενες τροχιές· το ένα ρολόι σε κυκλική και το άλλο σε ελλειπτική. Με αυτό τον τρόπο κάθε ρολόι, ενώ είναι διαρκώς σε ελεύθερη πτώση μεταξύ των περιοδικών συναντήσεών τους, υφίσταται διαφορετικές διάρκειες του ιδιοχρόνου. Σε οποιοδήποτε σημείο κατά μήκος εκείνων των δύο γεωδαιτικών τροχιών η τοπική φυσική είναι ίδια αλλά οι τροχιές ενσωματώνονται διαφορετικά μέσα στην συμπαντική πολλαπλότητα και είναι αυτή ακριβώς η διαφορετική ενσωμάτωση, που ευθύνεται για την διαφορά στον ιδιοχρόνο.} Μπράουν, *Reflections on Relativity, The Inertia of Twins.*

xxv. Μάλαμεντ, *Is Newtonian cosmology really inconsistent?*

xxvi. «Σύμφωνα με την παράθεση του Τζωρτζ Γκάμοφ, ο Αϊνστάιν χαρακτήρισε την κοσμολογική σταθερά ως το μεγαλύτερο λάθος της ζωής του. ... Ο Αϊνστάιν εισήγαγε την τελευταία όταν έγινε σαφές ότι δεν υπήρχε κάποια λύση των εξισώσεών του, που να αντιστοιχεί σε μια στατική κοσμολογία (ένα σύμπαν αμετάβλητο στον χρόνο σε μεγάλες κλίμακες) με μη μηδενική ύλη. Εάν η κοσμολογική σταθερά είναι σωστή τότε είναι πράγματι δυνατό να βρεθεί μια στατική λύση, αλλά είναι ασταθής στις μικρές διαταραχές. Από την άλλη, όταν ο Χαμπλ έδειξε ότι το σύμπαν διαστέλλεται, η αναζήτηση στατικών λύσεων έχασε τη σημασία της και ο Αϊνστάιν απέρριψε την πρότασή του.

Εν τούτοις, όπως και ο Ρασπούτιν, έτσι και η κοσμολογική σταθερά αποδεικνύεται δύσκολη στο να πεθάνει. Στις προκύπτουσες πεδιακές εξισώσεις

$$R_{\mu\nu} - ½\, R\, g_{\mu\nu} + \Lambda\, g_{\mu\nu} = 0$$

εάν θέλουμε μπορούμε να μετακινήσουμε τον πρόσθετο όρο στη δεξιά πλευρά και να τον θεωρήσουμε ως ένα είδος τανυστή ενέργειας-ορμής, με $T_{\mu\nu} = -\Lambda g_{\mu\nu}$ (διατηρείται αυτόματα λόγω της μετρικής συμβατότητας). Τότε, η κοσμολογική σταθερά Λ μπορεί να ερμηνευθεί ως η "ενεργειακή πυκνότητα του κενού", μια πηγή ενέργειας και ορμής, που είναι παρούσα ακόμη και ελλείψει υλικών πεδίων. Μια τέτοια ερμηνεία αποκτά σημασία επειδή η κβαντική θεωρία πεδίου προβλέπει ότι το κενό πρέπει να διαθέτει κάποιου είδους ενέργεια και ορμή.» Κάρολ, *Lecture Notes on General Relativity*, ενότητα 4.

xxvii. «Για τον ίδιο τον Μάξουελ ο αιθέρας συνέχιζε ακόμα να έχει καθαρά μηχανικές ιδιότητες, αν και το είδος τους ήταν πολύ πιο πολύπλοκο από τις μηχανικές ιδιότητες των σταθμητών στερεών σωμάτων. Όμως, ούτε ο Μάξουελ ούτε και οι συνεχιστές του κατάφεραν να επεξεργαστούν ένα μηχανικό μοντέλο για τον αιθέρα, το οποίο θα μπορούσε να παράσχει μια ικανοποιητική μηχανική ερμηνεία των νόμων του Μάξουελ για το ηλεκτρομαγνητικό πεδίο. Οι νόμοι ήσαν απλοί και ξεκάθαροι, ενώ οι μηχανικές ερμηνείες χονδροειδείς και αντιφατικές.» Αϊνστάιν, *Αιθέρας, Γεωμετρία και Εμπειρία, Ο αιθέρας και η θεωρία της σχετικότητας*, σελίδες 9-10.

xxviii. «... με τη νέα αφετηρία στα μαθηματικά, η οποία είναι γνωστή με το όνομα μαθηματική λογική ή "Αξιωματική". Η πρόοδος που επιτεύχθηκε με την αξιωματική συνίσταται στο ότι έχει διαχωρίσει ξεκάθαρα το λογικο-τυπικό από το αντικειμενικό ή ενορατικό περιεχόμενο των μαθηματικών ... Όμως, μία παρουσίαση των αρχών τους διευκρινισμένη με αυτόν τον τρόπο, κάνει επίσης πρόδηλο το γεγονός ότι τα μαθηματικά δεν μπορούν από μόνα τους να βεβαιώσουν τίποτε για τα αναπαραστάσιμα ή τα πραγματικά αντικείμενα. Στην αξιωματική γεωμετρία, οι λέξεις "σημείο", "ευθεία γραμμή" κ.λπ. ισχύουν μόνο για κενά εννοιολογικά σχήματα. Αυτό που τους δίνει υπόσταση, δεν έχει σχέση με τα μαθηματικά.» Αϊνστάιν, *Αιθέρας, Γεωμετρία και Εμπειρία, Γεωμετρία και Εμπειρία*, σελίδες 21-22.

xxix. «Το πνεύμα που πασχίζει για την ενοποίηση της θεωρίας δεν μπορεί να πειστεί ότι μπορεί να υπάρχουν δύο πεδία τα οποία, από τη φύση τους, είναι εντελώς ανεξάρτητα. Εκείνο που επιδιώκεται είναι μια –από μαθηματική σκοπιά– ενοποιημένη θεωρία πεδίου, στην οποία βαρυτικό και ηλεκτρομαγνητικό πεδίο θα εκπροσωπούνται μόνο ως διαφορετικές συνιστώσες ή εκδηλώσεις του ίδιου ομοιόμορφου πεδίου ...» Αϊνστάιν, *Physics 1901-1921, Nobel lecture*, σελίδα 489.

Βιβλιογραφία

α. Αϊνστάιν (Albert Einstein)
Αιθέρας, Γεωμετρία και Εμπειρία,
Βάνιας, 1997, μετάφραση Θάνος Χριστακόπουλος.
Η Ειδική Θεωρία της Σχετικότητας,
Τροχαλία, 1999, τροποποιημένη μετάφραση Θάνος Χριστακόπουλος.
Η Θεμελίωση της Γενικής Θεωρίας της Σχετικότητας,
Τροχαλία, 1999, τροποποιημένη μετάφραση Θάνος Χριστακόπουλος.
Πώς βλέπω τον κόσμο,
Μαρή, 1952, μετάφραση Μίνα Ζωγράφου - Μεραναίου.
Physics, 1901-1921,
World Scientific Publishing Co. Pte. Ltd, 1998.
Relativity, the Special and General Theory; A Popular Exposition,
15th edition, Routledge, London, 1960.
The Collected Papers of Albert Einstein Vol. 7, The Berlin Years: Writings, 1918 - 1921,
Princeton: Princeton University Press, 2002.
The Journal of the Franklin Institute,
221(3): 313–337.
The Library of Living Philosophers, Volume 7, Albert Einstein: Philosopher-Scientist,
Schilpp, Paul Arthur (ed.), Evanston Illinois, 1949.

β. Αϊνστάιν και Ίνφελντ (Albert Einstein & Leopold Infeld)
Η εξέλιξη των Ιδεών στη Φυσική,
Δωδώνη, Αθήνα, 1978, μετάφραση Ευτύχης Μπιτσάκης.

γ. Βάυλ (Hermann Weyl)
Zur infinitesimalgeometrie: Einordnung der projektiven und der konformen Auffassung,
Nachrichten: 99-112, Göttinger, 1921.

δ. Γιάμερ (Max Jammer)
Έννοιες Του Χώρου,
Πανεπιστημιακές Εκδόσεις Κρήτης, 2001,
μετάφραση Τζέλα Λάζαρη - Θάνος Χριστακόπουλος.

ε. Γκέντελ (Kurt Gödel)
Collected Works Vol. II,
(ed. by S. Feferman), Oxford: Oxford University Press, 1990.

στ. Ένγκελς (Friedrich Engels)
Karl Marx, Frederick Engels: Collected Works Vol. 25,
Lawrence & Wishart, London, 2010.

ζ. Ζερβός Παναγιώτης
Απειροστικός Λογισμός,
Καραβία, 1966.

η. Καντ (Immanuel Kant)
Κριτική του Καθαρού Λόγου,
Παπαζήση, μετάφραση Αναστάσιος Γιανναράς.
ΚΚΛ Α 475, μετάφραση Γιώργος Φαράκλας.
Προλεγόμενα σε κάθε μελλοντική Μεταφυσική,
Δωδώνη, 1982, μετάφραση Γιάννης Τζαβάρας.

θ. Κάρολ (Sean Carroll)
Lecture Notes on General Relativity
http://ned.ipac.caltech.edu/level5/March01/Carroll3/Carroll_contents.html

ι. Κουν (Thomas Kuhn)
Η δομή των επιστημονικών επαναστάσεων,
Σύγχρονα Θέματα, Ζ΄ Έκδοση,
μετάφραση Γ. Γεωργακόπουλος - Β. Κάλφας.

ια. Κρακλάουερ Α. & Κρακλάουερ Π. (A. F. Kracklauer & P. T. Kracklauer)
On the Twin Non-paradox
http://cds.cern.ch/record/481197/files/0012041.pdf

ιβ. Μακντόναλντ (Alan Macdonald)
Einstein's Hole Argument,
American Journal of Physics 69:223-225, 2001.

ιγ. Μάλαμεντ (David Malament)
Is Newtonian cosmology really inconsistent?
Philosophy of Science, 62:489-510, 1995.

ιδ. Μαρξ (Karl Marx)
Το Κεφάλαιο,
Σύγχρονη Εποχή, 1978, μετάφραση Παναγιώτης Μαυρομμάτης.

ιε. Μινκόφσκι (Hermann Minkowski)
Space and Time,
Minkowski Institute Press, 2012,
μετάφραση στα αγγλικά Fritz Lewerto - Vesselin Petkov.

ιστ. Μπάιερς (Nina Byers)
E. Noether's Discovery of the Deep Connection, Between Symmetries and Conservation Laws
https://arxiv.org/abs/physics/9807044

ιζ. Μπαλιμπάρ (Françoise Balibar)
Χώρος και Σχετικότητα,
Εστία, 1997, μετάφραση Μαρία Λογιωτάτου.

ιη. Μπασελάρ (Gaston Bachelard)
Το νέο επιστημονικό πνεύμα,
Πανεπιστημιακές Εκδόσεις Κρήτης, 2000,
μετάφραση Γιώργος Φαράκλας.

ιθ. Μπέλοτ & Ήρμαν (Gordon Belot & John Earman)
Presocratic quantum gravity,
in C. Callender & N. Huggett (Eds.), Physics Meets Philosophy at the Planck Scale: Contemporary Theories in Quantum Gravity, Cambridge: Cambridge University Press, 2001.

κ. Μπορν (Max Born)
Physics in My Generation,
Springer-Verlag, New York, 1968.

κα. Μπράουν (Kevin Brown)
Reflections on Relativity
https://www.mathpages.com/rr/rrtoc.htm

κβ. Νεύτωνας (Isaac Newton)
Newton: Philosophical Writings, ed. A. Janiak,
Cambridge: Cambridge University Press, 2004.
Philosophiae Naturalis Principia Mathematica,
Bk. 1 (1689), tr. Andrew Motte (1729), revised Florian Cajori,
Berkeley: University of California Press, 1934.

κγ. Ντισάλλε (Robert DiSalle)
Space and Time: Inertial Frames
https://plato.stanford.edu/entries/spacetime-iframes/

κδ. Νόρτον (John D. Norton)
Causation as Folk Science
https://www.pitt.edu/~jdnorton/papers/003004.pdf
Einstein's Triumph over the Spacetime Coordinate System: A Paper presented in Honor of Roberto Torretti
http://philsci-archive.pitt.edu/381/3/Norton-Torretti.pdf
The hole argument
https://plato.stanford.edu/entries/spacetime-holearg/
What was Einstein's Principle of Equivalence?
Studies in History and Philosophy of Science 16:203-246, 1985.

κε. Πλανκ (Max Planck)
Όψεις της φυσικής θεωρίας,
Κάτοπτρο, 1997, μετάφραση Γιώργος Κατσιλιέρης.

κστ. Πουανκαρέ (Henri Poincaré)
The Value of Science,
New York: Dover, 1958.

κζ. Σάβιτ (Steven Savitt)
Being and Becoming in Modern Physics
https://plato.stanford.edu/entries/spacetime-bebecome/

κη. Σκουλάτος Κωστής
Διαβάζοντας Κβαντική Φυσική,
Στάχυ, 1998.

κθ. Σοράμπτζι (Richard Sorabji)
Matter, Space and Motion,
Duckworth, 1988.

λ. Τζέρεκ (Robert Geroch)
Einstein Algebras,
Communications of Mathematical Physics 26:271-275, 1972.

λα. Τορέτι (Roberto Torretti)
Nineteenth Century Geometry
https://plato.stanford.edu/entries/geometry-19th/
Relativity and Geometry,
Dover Publications, 1983.

λβ. Φλόρες (Francisco Flores)
The Equivalence of Mass and Energy
https://stanford.library.sydney.edu.au/archives/spr2007/entries/equivME/

λγ. Φρήντμαν (Michael Friedman)
Foundations of Space-Time Theories: Relativistic Physics and Philosophy of Science,
Princeton University Press, 1983.

λδ. Χέγκελ (G. W. F. Hegel)
Gesammelte Werke 11, Deutsche Forschungsgemainschaft, Hamburg: Meiner, 1968, *Η Διδασκαλία περί της Ουσίας*, Δωδώνη, 1998, τροποποιημένη μετάφραση Δημήτρης Τζωρτζόπουλος.
Gesammelte Werke 12, Deutsche Forschungsgemainschaft, Hamburg: Meiner, 1968, *Η Υποκειμενική Λογική ή Διδασκαλία περί της Έννοιας*, Παπαζήσης, 2005, τροποποιημένη μετάφραση Δημήτρης Τζωρτζόπουλος.
Gesammelte Werke 21, Deutsche Forschungsgemainschaft, Hamburg: Meiner, 1968, μετάφραση Γιώργος Φαράκλας.
Εγκυκλοπαίδεια των φιλοσοφικών επιστημών,
Enzyklopädie der philosophischen Wissenschaften im Grundrisse 1830, Zweiter Teil. Die Naturphilosophie §245-376,
Main:Suhrkamp, μετάφραση Γιώργος Φαράκλας.

λε. Χέλλερ (Michael Heller)
Einstein Algebras and General Relativity,
International Journal of Theoretical Physics 31:277-288, 1992.

λστ. Χέλμχολτζ (Hermann von Helmholtz)
Hermann Von Helmholtz: Epistemological Writings,
Robert S. Cohen & Yehuda Elkana (eds.), Reidel, 1977.

λζ. Χέφερ (Carl Hoefer)
Causal Determinism
https://plato.stanford.edu/entries/determinism-causal